LA REVUE SCIENTIFIQUE ET INDUSTRIELLE DE L'ANNÉE
Année 1897

La Traction Mécanique

*Chemins de fer. — Tramways. — Voitures Automobiles. — Bateaux.
Véhicules aériens.*

PAR

J.-L. BRETON

Illustré de 332 figures.

LA REVUE SCIENTIFIQUE ET INDUSTRIELLE DE L'ANNÉE
81 bis, Boulevard Soult, 81 bis
PARIS

LIBRAIRIE E. BERNARD & Cie
53 ter, Quai des Grands-Augustins, 53 ter
PARIS

1898

PRIX : 7 fr. 50

La Traction Mécanique

LA REVUE SCIENTIFIQUE ET INDUSTRIELLE DE L'ANNÉE
Année 1897

La Traction Mécanique

Chemins de fer. — Tramways. — Voitures Automobiles. — Bateaux. Véhicules aériens.

PAR

J.-L. BRETON

Illustré de 352 figures.

LA REVUE SCIENTIFIQUE ET INDUSTRIELLE DE L'ANNÉE
81 bis, Boulevard Soult, 81 bis
PARIS

LIBRAIRIE E. BERNARD & Cⁱᵉ
53 ter, Quai des Grands-Augustins, 53 ter
PARIS

1898
—
PRIX : 7 fr. 50

LA TRACTION MÉCANIQUE

Nous allons consacrer une longue partie de notre ouvrage à cette importante question de la traction mécanique, qui est, à notre avis, une des plus intéressantes et des plus remarquables de l'actualité scientifique.

Les tramways mécaniques et les voitures automobiles ont surtout, pendant ces derniers temps, préoccupé la curiosité populaire; mais, pour étendre la question et lui faire embrasser tout le terrain qu'elle comporte, nous examinerons successivement la traction ou la propulsion mécanique des véhicules terrestres, nautiques et aériens. Nous ne dirons que quelques mots de la propulsion des ballons ou aéroplanes, qui n'a pas fait de bien grands progrès durant ces dernières années, et dont la solution pratique semble encore bien lointaine; nous nous étendrons davantage sur la traction ou propulsion des bateaux et navires, qui a été marquée, pendant le courant de l'année, par plusieurs essais audacieux et intéressants; mais nous nous occuperons surtout et bien plus complètement de la traction des véhicules terrestres et principalement des tramways et des voitures, qui a fait de si considérables progrès et peut maintenant être envisagée comme une question pleinement résolue, s'imposant d'une manière absolue.

Les systèmes de traction ou propulsion de ces trois sortes de véhicules : aériens, nautiques et terrestres, reposent sur des conditions toutes particulières qui les différencient nettement et rendent très difficile leur comparaison. Les véhicules aériens, ballons ou aéroplanes, surnagent dans un milieu gazeux extrêmement mobile et instable, ne présentant qu'un point d'appui très faible et incertain; sur l'eau, les bateaux se trouvent déjà dans un milieu présentant une plus grande cohésion et dans lequel ils ne sont pas, sauf les navires sous-marins, submergés en entier, la mobilité de l'eau est moins capricieuse et le point d'appui qu'elle procure plus ferme; sur terre, enfin, les véhicules se meuvent sur une surface plane et immobile fournissant un point d'appui résistant. De plus, les véhicules aériens doivent se maintenir en l'air soit par l'aide d'un gaz léger, qui leur donne un grand volume, augmente la résistance de l'air et exige un travail supplémentaire pour vaincre cette résistance, soit, comme dans les aéroplanes, par des plans inclinés qui, pour la même cause, absorbent également un travail supplémentaire, soit, enfin, par l'action d'hélices qui demandent directement une importante partie du travail moteur; pour les bateaux, il faut compter avec la résistance de l'eau qui devient considérable dans les grandes vitesses, ce qui a conduit, comme nous le verrons plus loin, M. Bazin à la conception de son original et remarquable navire rouleur; enfin, sur terre, la résistance de l'air n'est que secondaire et se trouve surpassée de beaucoup par les résistances de frottement sur les essieux et le sol que M. Giffard chercha à atténuer dans son chemin de fer hydraulique glissant.

Ces très rapides considérations montrent la complexité du problème de la traction ou propulsion mécanique des véhicules quelconques et les différentes solutions qu'il peut comporter.

Même en ne considérant que les véhicules terrestres, on trouve des conditions de marche nettement différentes, qui permettent une classification particulière des divers modes de traction. On peut, en effet, distinguer :

1° La traction des trains de voyageurs ou de marchandises sur voies ferrées spécialement réservées à cet usage et interdites à toute autre circulation. C'est le cas des chemins de fer dont les caractéristiques sont ordinairement : longues distances à parcourir, obtention de grandes vitesses, convois lourds et arrêts peu fréquents ;

2° La traction des tramways sur rails établis sur des routes publiques entièrement libres à la circulation des piétons et des voitures. Les convois sont, dans ce cas, peu importants, formés généralement d'une ou deux voitures, trois ou quatre au maximum, les distances à parcourir sont relativement petites, la vitesse à atteindre assez faible et les arrêts brusques et fréquents ;

3° La traction sur routes ordinaires de véhicules quelconques avec, comme conditions à remplir : une indépendance absolue des véhicules, une vitesse modérée pouvant facilement varier, de petites distances à parcourir, une légèreté aussi grande que possible et des arrêts rapides et souvent renouvelés.

Comme on le voit, ces diverses conditions de marche présentent des caractères propres, bien tranchés, qui exigent pour chacun d'eux un système de traction différent et bien approprié.

Pour les chemins de fer, la vapeur est encore presque uniquement employée, sauf dans quelques cas particuliers que nous examinerons en détail et dans lesquels on emploie avec grand avantage la traction électrique ; nous verrons également les intéressants essais faits en France par la Compagnie de l'Ouest avec quelques locomotives électriques du système Heilmann ; mais hâtons-nous de dire que ce n'est là qu'un système mixte, dans lequel l'électricité est simplement employée à transmettre aux essieux l'énergie mécanique engendrée par une machine à vapeur portée par la locomotive elle-même. On peut donc dire qu'à part quelques cas particuliers la vapeur règne encore en grand maître pour la traction des chemins de fer.

Pour les tramways qui forment la catégorie intermédiaire, on essaya tous les systèmes connus de traction, depuis la vapeur jusqu'au gaz et au pétrole ; mais c'est incontestablement l'électricité qui leur convient le mieux.

Quant aux voitures automobiles, à part quelques exceptions de voitures à vapeur ou électriques, leur traction est monopolisée par le pétrole.

En résumé, on peut dire qu'actuellement et sous réserve, bien entendu, des progrès futurs, la vapeur règne en maître absolu sur les chemins de fer, l'électricité triomphe sur les tramways et le pétrole l'emporte incontestablement pour les voitures automobiles.

Nous diviserons donc cette partie de notre ouvrage en cinq chapitres où seront successivement examinées les tractions ou propulsions des chemins de fer, des tramways, des voitures automobiles, des bateaux et enfin des véhicules aériens.

CHAPITRE PREMIER

TRACTION DES CHEMINS DE FER. — Comme nous l'avons dit, la vapeur est encore presque exclusivement utilisée à la traction des trains de chemins de fer et cela pour une série de raisons importantes. D'abord les locomotives à vapeur ont l'avantage d'une chose établie qu'il faut un certain temps pour pouvoir supplanter; les grandes exploitations de transport possèdent un puissant matériel qu'il serait excessivement coûteux de transformer et qui, d'ailleurs, a fait ses preuves durant de longues années; il faudrait donc des avantages bien réels et une incontestable supériorité à un nouveau mode de traction pour s'imposer et triompher sur ce terrain. Or peu de modes de traction conviennent aux conditions nécessaires à la traction des chemins de fer et dont les principales sont : longues distances à parcourir, poids considérables à remorquer et grandes vitesses de translation à obtenir. L'air comprimé et les accumulateurs électriques ne peuvent évidemment pas fournir ces longs trajets, à moins d'augmenter d'une façon considérable et irréalisable pratiquement le poids mort des réservoirs ou accumulateurs. L'électricité transmise au véhicule en marche par des frotteurs recueillant le courant sur une canalisation quelconque, aérienne, souterraine ou par contacts séparés au niveau du sol, est extrêmement pratique, comme nous le verrons plus loin, pour les lignes de tramways de faible longueur; mais ce mode de traction perd une partie de ses qualités à mesure que la longueur à parcourir devient plus considérable : car, à moins de multiplier les stations génératrices le long de la voie ou d'augmenter la tension du courant, la perte d'énergie va en augmentant avec la distance. Multiplier le nombre des stations génératrices le long des voies serait possible, mais très coûteux, et demanderait des frais d'installation considérables; augmenter la tension du courant serait plus pratique et très réalisable, surtout par l'emploi des courants triphasés, mais on ne pourrait dans cette voie dépasser une certaine limite par suite des dangers des courants à haute tension et des difficultés d'isolement qu'ils présentent; la véritable solution serait donc dans la combinaison de ces deux dispositions qui pourrait donner des résultats parfaits que nous espérons voir expérimenter dans un avenir prochain, mais à qui il manque encore la sanction de la pratique. Quant aux moteurs à explosion qui, nous le croyons, présentent également dans cette direction un certain avenir, ils ne sont pas actuellement utilisables, par suite surtout de leur difficulté de mise en route et de leur marche moins régulière que celle des moteurs à vapeur.

On voit par là que les locomotives à vapeur ont encore de beaux jours devant elles et ne semblent pas prêtes à être de sitôt détrônées; elles reçoivent d'ailleurs constamment de nouveaux et importants perfectionnements qui viennent améliorer leur rendement et leur vitesse; aucun de ces récents perfectionnements n'est toutefois assez important pour que nous nous y arrêtions longuement; nous ne décrirons donc que la très intéressante locomotive de M. J.-J. Heilmann, qui, comme nous le verrons plus loin, ne porte d'ailleurs nullement atteinte à la suprématie de la vapeur.

Il existe pourtant certains cas particuliers dans lesquels la vapeur a déjà été complètement battue par l'électricité, principalement pour la traction des chemins de fer de montagnes présentant des pentes très inclinées qui rendent indispensable l'emploi de rails-crémaillères ou de la traction funiculaire, et pour les chemins de fer métropolitains qui possèdent des conditions d'exploitation toutes particulières; dans ces cas, les lignes sont d'ailleurs relativement de peu de longueur, ce qui est tout avantage pour la traction électrique. Toutefois, il est bien entendu que lorsqu'on dit que l'électricité l'emporte sur la vapeur, cela n'est pas toujours d'une grande exactitude, puisque certaines usines génératrices sont, dans ce cas, actionnées par de puissantes machines à vapeur, qui restent donc la machine motrice primaire. On verra néanmoins plus loin que l'on trouve de grands avantages économiques à employer les forces naturelles hydrauliques, lorsque la chose est possible.

Après avoir décrit la locomotive mixte Heilmann, qui rentre dans une classe spéciale, nous envisagerons donc les principaux essais de traction électrique qui ont été effectués dans des cas particuliers, puis la traction des chemins de fer de montagnes à crémaillère et funiculaires et enfin celle des chemins de fer métropolitains.

Locomotive électrique de M. J.-J. Heilmann. — La locomotive de M. Heilmann consiste en une locomotive électrique emportant avec elle son usine génératrice et pouvant par conséquent fonctionner sur toutes les voies ferrées sans nécessiter aucune canalisation ni transformation d'aucune sorte. Ce n'est donc pas, à proprement parler, une véritable locomotive électrique, mais bien un appareil mixte dans lequel l'énergie mécanique nécessaire à la traction est produite par une machine à vapeur alimentée par une chaudière; mais, au lieu d'être transmise directement et mécaniquement aux essieux moteurs, cette énergie mécanique est transformée en énergie électrique par une dynamo actionnée par la machine motrice et cette énergie électrique va alimenter des moteurs entraînant les essieux et reproduisant l'énergie mécanique qui, cette fois, est directement utilisée pour la traction. L'électricité ne sert donc ici que comme intermédiaire entre la machine motrice et les essieux, mais elle constitue un intermédiaire particulièrement élastique et commode.

A première vue, cette disposition peut surprendre et l'on se demande quel intérêt on peut trouver dans cette double transformation de l'énergie qui, naturellement, occasionne une certaine perte; mais le raisonnement et l'expérience démontrent que, loin de diminuer le rendement final, cette ingénieuse et intéressante disposition l'améliorait dans une très sensible mesure et que de plus la souplesse de la machine, la douceur de son fonctionnement, sa grande stabilité, sa parfaite adhérence et sa puissance presque illimitée lui donnaient des avantages considérables sur les locomotives à vapeur ordinaires; les bonnes conditions de marche de la machine à vapeur qui fonctionne toujours à admission constante et à vitesse variable, l'absence de patinage due à la multiplicité des essieux moteurs, la faible résistance au roulement sont cause de cette marche économique.

La locomotive mixte présente de plus ce grand avantage de pouvoir être dès maintenant appliquée sur toutes les voies ferrées sans nécessiter les transformations coûteuses qui constituent le principal obstacle au développement de la traction électrique par prise de courant sur canalisation spéciale; elle présente, en somme, une partie des avantages de la traction électrique sans en avoir les inconvénients; aussi, n'est-il pas douteux de lui voir prendre une grande extension dont le résultat essentiel sera l'augmentation de la vitesse des trains.

La première locomotive électrique système J.-J. Heilmann, la « Fusée Électrique », essayée sur le réseau de la Compagnie des chemins de fer de l'Ouest en 1893-94, avait été construite en vue de remorquer un train ordinaire à voyageurs. Les deux nouvelles locomotives, que la Société Industrielle des Moteurs électriques et à vapeur a fait construire pendant l'année 1896 pour la Compagnie de l'Ouest, sont destinées au service des trains lourds à grande vitesse et sont d'une puissance de beaucoup supérieure à la première.

La puissance de la « Fusée Électrique » était, on se souvient, de 600 chevaux sur l'arbre de la machine à vapeur et son poids en charge était de 120 tonnes environ; les nou-

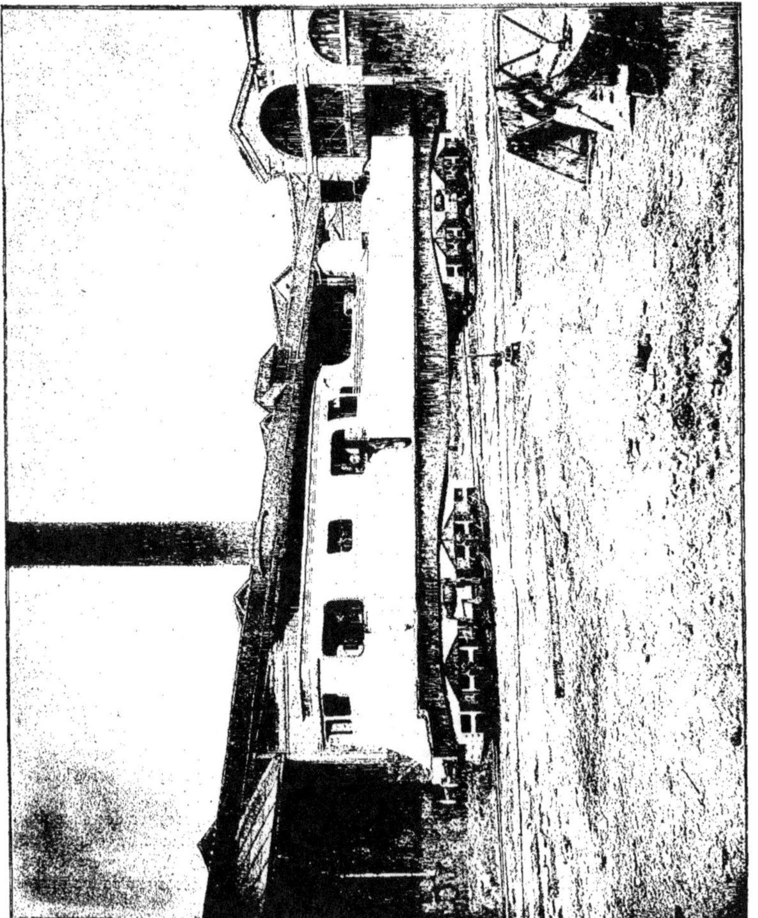

Fig. 1. — Nouvelle locomotive mixte à vapeur et transmission électrique du mouvement aux essieux. — Système J.-J. Heilmann.

velles machines, dont le poids ne dépasse pas celui de la première, ont une puissance de 1.350 chevaux indiqués.

Ces nouvelles locomotives, représentées en vue extérieure par la figure 1 et en plan et coupe longitudinale par les figures 2 et 3, se composent essentiellement, ainsi que la « Fusée Électrique », d'un véhicule monté sur deux bogies à quatre essieux, dont l'un est représenté séparément par la figure 4; le châssis de ce véhicule porte la chaudière et les soutes, reposant sur le bogie postérieur; la machine à vapeur principale, les deux dynamos génératrices, l'excitatrice et son moteur spécial, les appareils de manœuvre reposent sur le bogie antérieur et sont abrités par une caisse en tôle dont l'avant est effilé en forme de proue, dans le but de diminuer la résistance de l'air. Le courant produit par les génératrices actionne huit moteurs qui entraînent chacun des huit essieux au moyen d'un accouplement élastique.

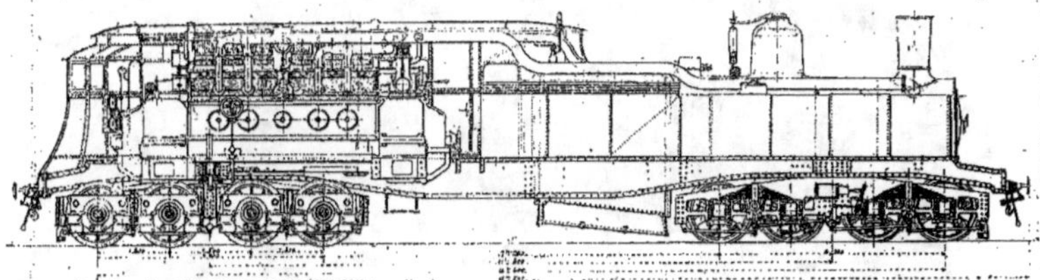

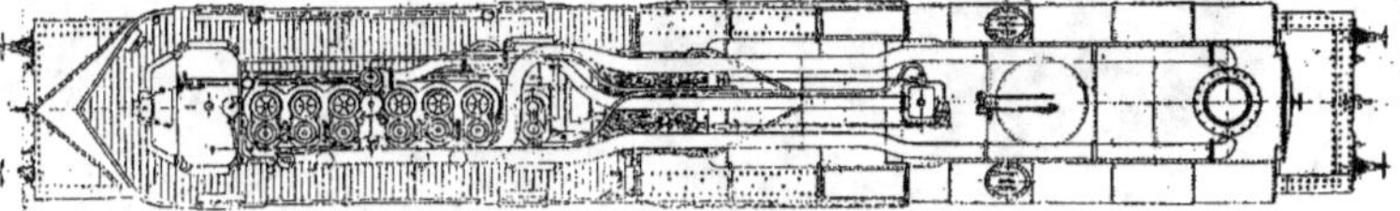

Fig. 2 et 3. — Coupe longitudinale et plan de la nouvelle locomotive mixte J.-J. Heilmann.

La chaudière de la « Fusée Électrique » était du type de Lentz, à foyer ondulé et chambre de combustion. La nouvelle chaudière (fig. 5) est du type ordinaire de locomotive, avec enveloppe en cuivre, foyer en fer et tubes en acier (foyer Belpaire). La surface totale de chauffe est de 185^{m2},47 et la surface de grille est de 3^{m2},34. Elle renferme 351 tubes de 45 $^{m}/^{m}$ de diamètre extérieur et mesurant 3^{m},50 entre plaques tubulaires; elle est timbrée à 14 kilos. Le tirage est assuré par l'échappement de la machine à vapeur; d'ailleurs, la disposition de la chaudière à l'arrière du véhicule est favorable au tirage.

La chaudière est fixée en son milieu, les deux extrémités reposent sur des supports permettant la dilatation. Les soutes sont placées de chaque côté de la chaudière et épousent la forme de celle-ci, de façon à diminuer l'encombrement. Les soutes à eau peuvent être reliées au besoin à un fourgon-tender contenant la provision d'eau nécessaire à un long parcours sans arrêt.

La machine principale de la « Fusée Électrique » était une machine horizontale équilibrée, type Brown; elle était placée transversalement au véhicule, mais cette disposition avait l'inconvénient de supprimer toute communication entre le pilote et le chauffeur.

La machine principale des nouvelles locomotives est une machine verticale à simple effet, du genre Willans, totalement équilibrée et représentée en élévation et en plan par les figures 6 et 7.

Elle comporte six lignes de cylindres. Les distributeurs cylindriques reçoivent le mouvement d'un arbre spécial à six manivelles commandé par l'arbre principal et parallèle à celui-ci. Ces deux arbres tournent dans un bain d'huile; la machine étant à simple effet et

Fig. 6. — Bogie à quatre essieux de la nouvelle locomotive mixte système J.-J. Heilmann.

possédant un sens de rotation unique les coussinets sont toujours appuyés dans le même sens et ne nécessitent aucun rattrapage de jeu. Toutes les pièces en mouvement sont enfermées dans une chambre hermétiquement close qui les protège des poussières. L'entretien de cette machine est donc peu dispendieux et elle ne nécessite aucune surveillance. La machine à vapeur principale commande les deux génératrices, dont les induits sont calés sur l'arbre principal de chaque côté de la machine à vapeur.

Ces génératrices, représentées vues en bout et en élévation par les figures 8 et 9, sont à courant continu et à excitation indépendante; l'inducteur, à 6 pôles, est en acier coulé.

Du côté du collecteur, l'arbre est supporté par un palier à rotule monté sur un support à trois bras boulonné sur la carcasse de l'inducteur. Les balais sont en charbon. Une enveloppe en laiton, dans laquelle est aménagée une porte pour la visite des balais, protège les différents organes. Les dynamos peuvent débiter chacune environ 1,000 ampères sous 455 volts et supporter, momentanément, une intensité double. Elles sont accouplées en parallèle.

L'excitation des génératrices est faite par une petite dynamo auto-excitatrice à 4 pôles commandée par une petite machine à vapeur, système Willans, à 2 cylindres à simple expansion, d'une puissance de 28 chevaux. L'inducteur de l'excitatrice est en acier coulé; l'enroulement est compound; les bobines inductrices, au nombre de deux, sont placées horizontalement. L'induit est un tambour denté. Le collecteur et les balais sont protégés par une enveloppe munie de portes de visite. L'excitatrice sert aussi à l'éclairage du train.

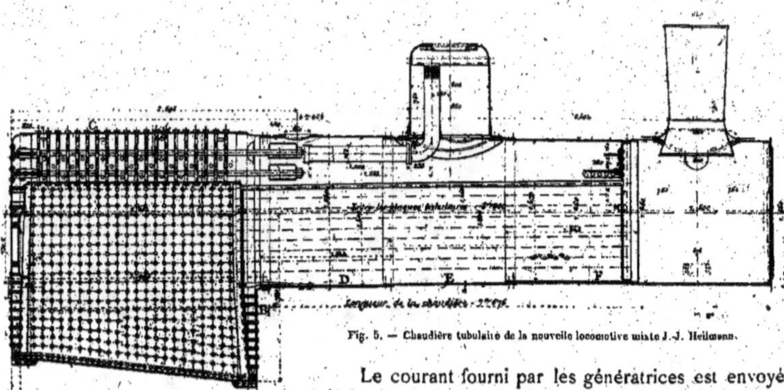

Fig. 5. — Chaudière tubulaire de la nouvelle locomotive mixte J.-J. Heilmann.

Le courant fourni par les génératrices est envoyé en dérivation à chacun des huit moteurs dont l'inducteur et l'induit sont montés en série. Ces moteurs (fig. 10 et 11) sont à 4 pôles et à 2 bobines inductrices placées horizontalement. L'inducteur, en acier coulé, est formé de 4 pièces : la partie inférieure porte les pattes qui servent à fixer le moteur au bogie; la partie supérieure, reposant sur la précédente, peut être enlevée pour visiter l'induit; les deux parties latérales, formant les noyaux des électros, sont boulonnées sur les deux autres. L'enroulement inducteur est constitué par un ruban de cuivre. L'induit I (fig. 13) est un tambour denté; il est calé sur un arbre creux T, en acier coulé, tournant dans des coussinets montés sur l'enveloppe fixée au bogie. Le moteur est, par suite, suspendu aux ressorts du véhicule. L'arbre creux porte à l'une de ses extrémités un plateau d'entraînement (fig. 12 et 13) qui communique le mouvement à l'essieu par l'intermédiaire de trois pièces saillantes B, s'appuyant par des tiges t sur trois paires de ressorts r montés entre les bras d'une des roues. L'essieu passe librement à l'intérieur de l'arbre creux. La flexibilité de ces ressorts est telle que, comprimés sous l'effort maximum du moteur, ils conservent encore une course suffisante pour permettre le déplacement de l'essieu. Le diamètre intérieur de l'arbre creux est supérieur à celui de l'essieu, d'une quantité au moins égale au déplacement des boîtes à graisse dans leurs plaques de garde.

Les balais des moteurs sont en charbon et peuvent être visités au moyen d'une porte s'ouvrant à la partie inférieure de l'enveloppe. Chaque moteur peut développer 125 chevaux à la vitesse de 100^{km} à l'heure. Les roues ont 1^m,16 de diamètre.

Aucune liaison mécanique n'existant entre les essieux, ils sont libres de tourner à des vitesses différentes, s'il existe une légère différence entre le diamètre des roues motrices. Il résulte de cette indépendance que la locomotive électrique possède une souplesse qu'il est impossible d'atteindre avec une locomotive à vapeur.

Tous les essieux étant moteurs, l'adhérence est totale ; elle est, d'ailleurs, à poids égal sur les essieux, meilleure que celle d'une locomotive à vapeur, parce que l'effort dû au moteur électrique est constant. Dans une locomotive ordinaire, cet effort est essentiellement variable et il peut se faire qu'en certain point le rapport de l'effort tangentiel à la pression sur le rail soit supérieur à la limite d'adhérence et qu'il se produise un glissement partiel, d'où résultent des méplats sur le bandage au point correspondant.

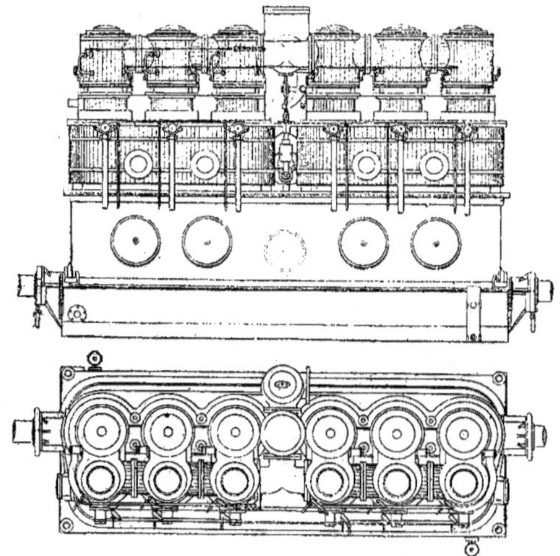

Fig. 6 et 7. — Élévation et plan de la machine Willans à six cylindres.

Le poids des nouvelles locomotives électriques est également réparti sur les 8 essieux.

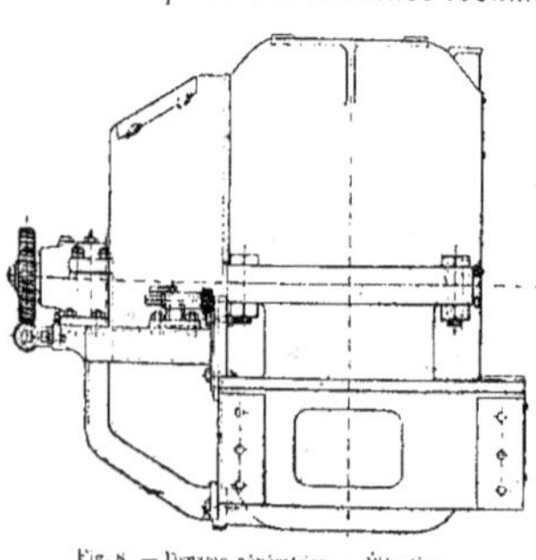

Fig. 8. — Dynamo génératrice. — Élévation.

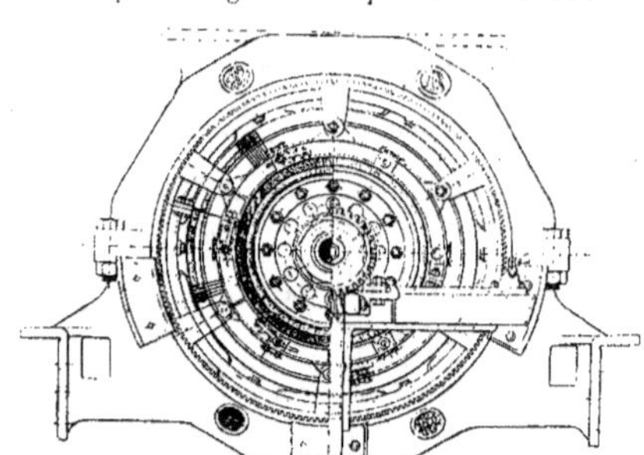

Fig. 9. — Dynamo génératrice. — Vue en bout.

Le châssis est formé de deux longerons en tôle d'acier de 17^m,69 de longueur, réunis par des entretoises servant, en outre, à porter les divers organes et dont deux reçoivent les traverses-pivots et les patins s'appuyant sur les bogies. Les dynamos reposent directement sur les longerons au moyen de deux pattes latérales venues de fonderie avec la partie inférieure de l'inducteur en acier coulé. La partie inférieure de la chambre des manivelles de la machine à vapeur principale repose par ses deux extrémités sur le bâti des dynamos. La dynamo excitatrice et son moteur sont montés sur la partie supérieure de l'inducteur de la génératrice placée du côté de la chaudière.

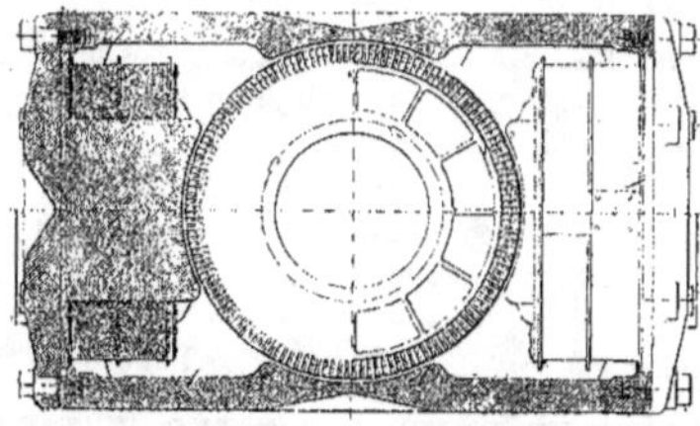

Fig. 10. — Moteur de la locomotive Heilmann. — Coupe transversale.

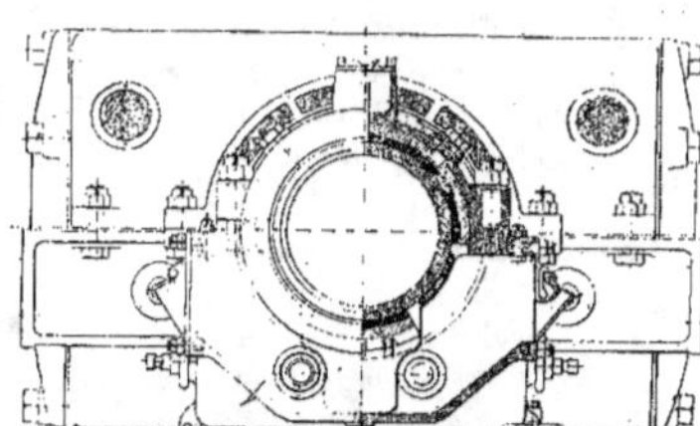

Fig. 11. — Moteur de la locomotive Heilmann. — Vue en bout.

Les bogies (fig. 4) sont formés chacun de deux longerons en acier assemblés par une traverse en acier coulé portant la crapaudine du pivot et par des entretoises. Les moteurs sont fixés à ces entretoises et contribuent à la rigidité de l'ensemble.

Ainsi qu'il a été dit précédemment, les 8 moteurs sont montés en dérivation. Chaque moteur est alimenté par un circuit spécial aboutissant au tableau et ayant son ampèremètre, son interrupteur et son plomb fusible. Un commutateur permet de grouper les moteurs en séries de 4 pour la marche à faible vitesse avec de grands efforts. Un commutateur octuple permet de renverser le courant dans les induits des moteurs et par suite de changer la marche.

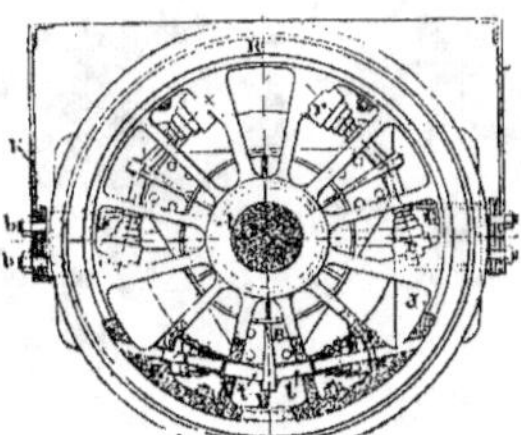

Fig. 12. — Système de commande des roues.

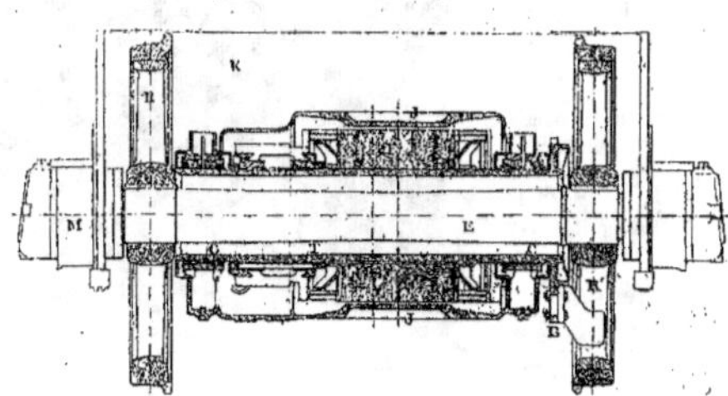

Fig. 13. — Coupe longitudinale d'un essieu moteur.

Un rhéostat intercalé dans le circuit d'excitation des génératrices permet de faire varier à volonté la vitesse ou le travail de la locomotive. La régulation a lieu de la manière suivante : l'admission de la machine à vapeur principale est maintenue constante et sa vitesse est variable, on se trouve ainsi dans les conditions de marche économique. Lorsque la locomotive exige un grand effort de traction, sur une rampe ou pour un démarrage, et par suite une grande intensité, on diminue le courant d'excitation des génératrices : la vitesse de la machine à vapeur augmente alors d'elle-même jusqu'à ce que le couple ait repris la même valeur et par suite le courant induit augmente en proportion du travail à produire. La vitesse de la machine à vapeur est donc maxima dans les rampes ou au démarrage, ce qui est la condition pour réaliser un fonctionnement économique.

Les appareils de manœuvre sont placés en double ; l'un des postes est placé à l'avant dans la pointe de l'abri, le second près de la chaudière, dans une position analogue à celle qu'occupent les appareils de manœuvre d'une locomotive à vapeur ordinaire : ces deux postes permettent d'employer la machine dans les deux sens.

Chaque poste comprend le robinet du frein à air comprimé, système Westinghouse, la commande de la valve d'arrivée de vapeur, celle de l'appareil limitateur de vitesse, enfin le rhéostat double intercalé dans les circuits d'excitation des génératrices.

L'appareil de changement de marche se trouve entre les deux postes, ainsi que la commande du frein à main ; ces deux appareils sont placés de chaque côté de la machine à vapeur principale. Le tableau de distribution se trouve placé contre la paroi de l'abri, en face de la machine à vapeur principale, du côté de l'arrivée de la vapeur.

Ces locomotives permettront de remorquer à la vitesse de 100^{km} à l'heure un train de 250 tonnes de matériel ordinaire ou 350 tonnes de matériel à bogies.

L'une de ces locomotives est terminée, aux Usines Cail, à Paris, et a déjà donné lieu, il y a quelque temps, à des essais préliminaires, sur la voie de raccordement des ateliers. Ces expériences ont

Fig. 14. — Vue du grand tunnel de Baltimore.

permis de vérifier le parfait fonctionnement des divers organes. La voie dont il s'agit présente une courbe de 75 mètres de rayon, que la machine a franchie sans difficulté.

Application de la traction électrique dans le tunnel de Baltimore. — Tout le monde reconnaissait volontiers que seule l'électricité permettait de résoudre le problème de la traction commode et agréable des trains sous les tunnels, mais bien peu croyaient à une réalisation pratique immédiate. Aujourd'hui ce fait est accompli et voici dans quelles circonstances.

Avant la création de la nouvelle ligne passant sous la ville de Baltimore, les trains de la ligne Baltimore and Ohio Railway se dirigeant vers le Nord étaient obligés de faire un grand détour, puis de traverser l'eau sur des bateaux aménagés à cet effet. Ce détour et le temps perdu par la traversée mettaient la Compagnie de Baltimore dans un grand état d'infériorité par rapport aux autres Compagnies de chemins de fer. Pour éviter ce retard, la Compagnie du Baltimore and Ohio Railway demanda et obtint la permission de construire un tunnel sous la ville de Baltimore, à condition de ne pas employer de locomotives à fumée. La traction électrique s'imposait donc d'une manière absolue et la General Electric Co, représentée en France par la Compagnie Française pour l'Exploitation des Procédés Thomson-Houston, se chargea de l'installation de toute la partie électrique.

Les travaux furent commencés en septembre 1890 et furent complètement achevés au mois de juin 1895. La nouvelle ligne commence à Camden station, dans le cœur de la Cité, et se termine à Bay View Junction, à 10 kilomètres.

La longueur du tunnel principal (fig. 14) est de 2,445 mètres, sa largeur maximum est de 9 mètres et sa hauteur de 7m,30. Il a coûté, prêt à recevoir la voie, 3,400 francs le

Fig. 15. — Locomotive électrique de 20 tonnes employée pour la traction des trains dans le tunnel de Baltimore.

mètre linéaire. Ce tunnel a été creusé sans arrêter la circulation sur les voies situées au-dessus et c'est le plus long qui ait été creusé dans de la terre meuble. Le second tunnel a

88 mètres seulement. Le trajet effectué par les locomotives est de 5,000 mètres ; sur toute la longueur du tunnel, la rampe est de 0,8 o/o et entre les deux tunnels elle atteint 1,5 o/o.

Les locomotives électriques prennent les trains de marchandises au sud de Camden station, où commence l'embranchement ; chaque machine vient s'accoupler à l'arrière du train sans que celui-ci s'arrête et le pousse jusqu'au Mont Royal, distant de 2,438 mètres ; pendant tout ce trajet, la locomotive à vapeur n'a fourni aucun travail. A la sortie du tunnel, les deux locomotives électrique et à vapeur fonctionnent simultanément sur la rampe de 15 pour 1,000, jusqu'à la station de Huntington Avenue. La vitesse moyenne du trajet est de 24 kilomètres à l'heure. L'idée de pousser d'une façon analogue les trains de voyageurs a été abandonnée à cause des accidents qui pourraient en résulter si un wagon ou la locomotive à vapeur déraillait et était rencontré par la locomotive électrique à la vitesse de 50 kilomètres à l'heure. Les trains sont donc tirés depuis le commencement jusqu'à la sortie du grand tunnel.

Fig. 16. — Vue de face de la locomotive de 90 tonnes et de son trolley.

Les locomotives électriques constituent certainement la partie la plus intéressante de l'installation. La figure 15 est la reproduction d'une photographie de la locomotive n° 1 qui est vue de face dans la gravure 16.

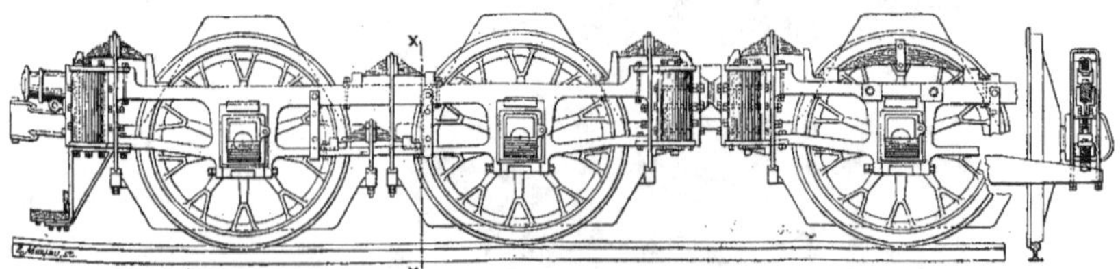

Fig. 17. — Trucks de la locomotive électrique de 90 tonnes employée à Baltimore, et coupe suivant la droite XY.

Cette locomotive se compose de deux trucks (fig. 17), reliés par une articulation de façon que chacun d'eux puisse épouser convenablement la forme de la voie.

Les principales données des locomotives sont :

Nombre de trucks.	2
Nombre de moteurs.	4 (2 sur chaque truck)
Nombre de roues motrices.	8
Poids sur les roues motrices.	90 tonnes
Effort de traction	18,000 kilog.
Effort de traction au démarrage. . .	27,500 —
Largeur de la voie.	1^m,434
Diamètre des roues	1^m,575
Longueur totale.	13 mètres
Hauteur du toit de la cabine.	4^m,33
Empattement des roues d'un truck. .	2^m,08
Largeur maxima.	1^m,99

Les moteurs sont soutenus entre les brancards des trucks par des ressorts à lame, de façon que l'arbre de chaque paire de roues passe suivant l'axe de l'arbre creux du moteur correspondant. Entre l'arbre des roues et le manchon on a laissé un jeu suffisant pour que le moteur et le truck puissent osciller librement. La commande est faite au moyen d'un croisillon à cinq branches calé sur l'arbre de l'induit et portant à l'extrémité de ses bras des projections en acier trempé qui viennent se loger entre les rayons, près de la jante; entre les rayons et les projections on a intercalé une double bande de

Fig. 18. — Moteur de 250 kilowatts de la locomotive électrique de 90 tonnes employée à Baltimore.

caoutchouc. Ce mode d'accouplement est très élastique, évite les chocs au démarrage, et permet au moteur de tourner excentriquement par rapport à l'axe des roues.

Les moteurs (fig. 18), de forme pyramidale, sont à 6 pôles. Ils absorbent 900 ampères sous 300 volts et développent normalement 360 chevaux. Les balais sont en charbon et au nombre de six ; ils sont tous montés sur un anneau que l'on peut faire tourner de 360 degrés, de façon à les vérifier plus aisément. On peut retirer quatre balais sur les six sans empêcher le moteur de fonctionner.

Fig. 19. — Moteur de 250 kilowatts de la locomotive électrique de Baltimore, monté et démonté.

Les bobines inductrices sont enfermées dans des boîtes en fer, boulonnées sur le bâti des moteurs. L'induit est constitué par des bobines élémentaires, logées dans des rainures pratiquées longitudinalement dans les tôles de la carcasse et maintenues en position par des cales en bois. L'enroulement est du type tambour. L'induit et le collecteur sont montés et clavetés sur un arbre creux dont le diamètre intérieur est de 6 centimètres plus grand que l'arbre des roues motrices. La figure 19

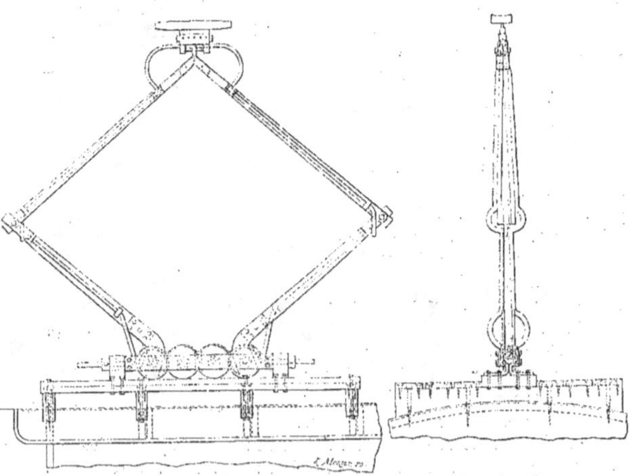

Fig. 20 et 21. — Vue du trolley de la locomotive électrique de Baltimore de face et de profil.

représente un moteur complètement monté et un moteur démonté montrant les croisillons d'entraînement et les inducteurs. La locomotive comportant 4 moteurs, la puissance totale est de 1,440 chevaux.

Les moteurs sont couplés entre eux et avec des résistances au moyen d'un appareil très remarquable, appelé contrôleur et étudié par M. Potter. Les résistances sont établies sous le plancher de la cabine. Un petit moteur électrique commande automatiquement une pompe à air qui comprime de l'air dans les cylindres placés à l'avant et à l'arrière de la locomotive et qui sert à actionner le sifflet et les freins.

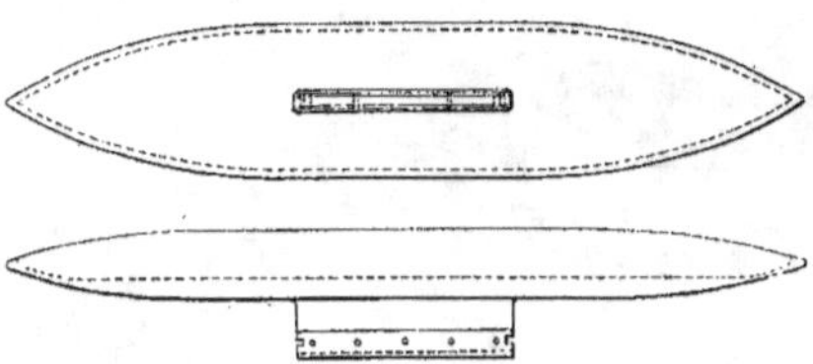

Fig. 22 et 23. — Patin de prise de courant, plan et profil.

Enfin la cabine est surmontée d'un trolley se composant d'un cadre articulé (fig. 20 et 21), de façon à pouvoir s'élever ou s'abaisser et s'incliner à droite ou à gauche; dans sa position de repos, le cadre se tient vertical et complètement élevé. Cette disposition permet au patin de suivre facilement le conducteur aérien.

Le patin est constitué par une pièce de fer (fig. 22 et 23) en forme de navette qui glisse dans un caniveau métallique formant conducteur. Ce conducteur consiste en deux pièces de fer en forme de Z (fig. 24), de 75 millimètres de hauteur et de 9,5 millimètres d'épaisseur, rivées à une plaque de fer de 6,35 millimètres d'épaisseur et 315 millimètres de largeur. Il est composé de pièces de 9 mètres de long, réunies par un double connecteur de 11,6 millimètres de diamètre. Il pèse environ 45 kilog. le mètre courant. Dans l'intérieur du tunnel, ce conducteur est suspendu à la voûte à des intervalles de 4^m,50 par des tiges de fer portant à leur extrémité inférieure des cônes de matière isolante sur lesquels s'appuient deux pièces de fer munies de deux trous coniques. Dans ces ouvertures viennent se loger deux cônes de porcelaine portant une tige de fer soutenant la base transversale des conducteurs.

Cette disposition est représentée par la figure 25 en élévation et en plan. Les deux conducteurs se trouvent à la hauteur de 5^m,25 au-dessus des rails et au milieu de l'entre-voie, de façon qu'ils ne puissent être touchés par les serre-freins des trains de marchandises.

Ce mode de suspension est très rigide et offre une grande résistance d'isolement; pour qu'une fuite ait lieu, il faudrait en effet que deux isolateurs,

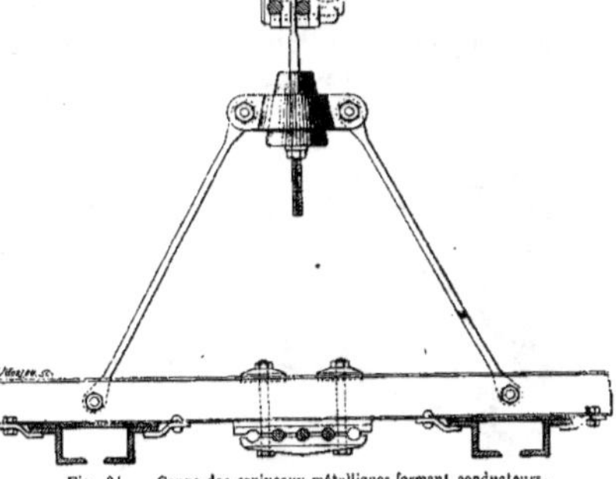

Fig. 24. — Coupe des caniveaux métalliques formant conducteurs.

un de la tige scellée dans la voûte, l'autre de la tige supportant les conducteurs, soient défectueux; de plus, ces isolateurs peuvent être remplacés très facilement.

En dehors du tunnel, la hauteur des conducteurs au-dessus de la voie est portée à 6^m,60. Les barres sur lesquelles sont fixés les conducteurs sont soutenues par une tringle scellée dans un isolateur conique renversé, s'appuyant sur un collier à oreilles et accroché par deux tringles sur une chaîne composée de tiges d'acier; dans les courbes, cette disposition est inversée comme l'indique la figure 24. Ces chaînes prennent leur point d'appui sur des poutrelles de bois, fixées sur des charpentes métalliques, comme le représente la figure 26. Les fermes sont distantes de 45 mètres et sont montées soit sur des colonnes en treillis (fig. 27), soit sur les murs des passages en tranchées (fig. 28).

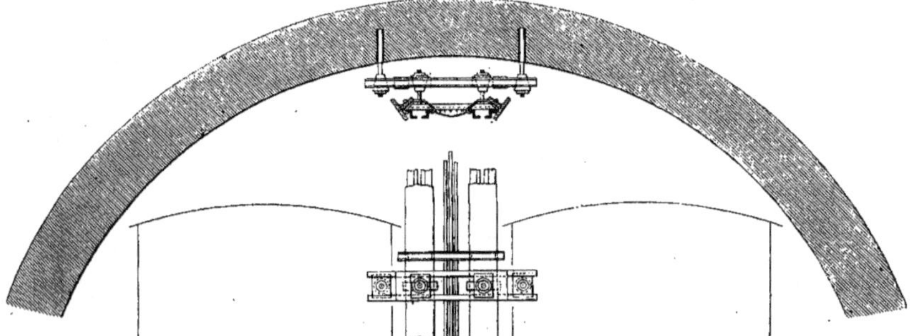

Fig. 25. — Coupe du tunnel de Baltimore et projection en plan des conducteurs et de leur support.

Le courant est amené en différents points du conducteur aérien par 3 feeders d'une section de 506^{mm2} supportés par des mâchoires fixées entre les conducteurs de contact (fig. 24, 25 et 27).

La station centrale est située près de Camden station. Elle est séparée en deux parties : la portion nord est affectée aux machines et l'autre aux chaudières. La salle des chaudières renferme 12 chaudières de 250 chevaux, divisées en deux groupes de 3 batteries se faisant face. Un transporteur mécanique amène le charbon et enlève les cendres. Cette ins-

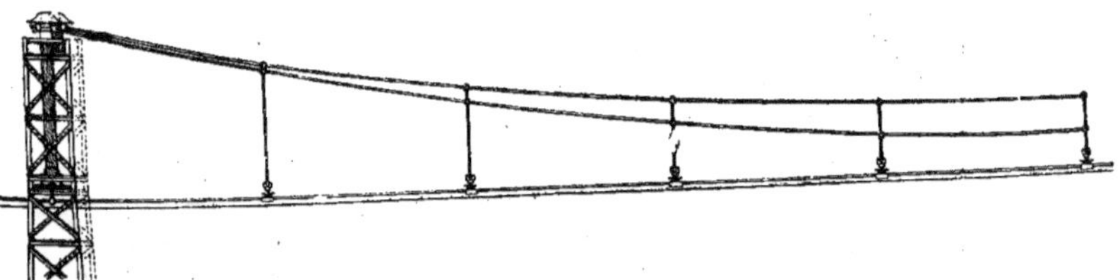

Fig. 26. — Mode de suspension des conducteurs de la ligne à traction électrique de Baltimore.

tallation est complétée par deux moteurs à vapeur de 10 chevaux actionnant les ventilateurs pour le tirage forcé, des pompes d'alimentation et un réchauffeur Webster de 3,000 chevaux.

Pour éviter l'entraînement d'eau dû à de brusques demandes de vapeur, on a élevé beaucoup les tubes collecteurs et l'on a adjoint des tubes séparateurs.

La salle des machines est divisée en deux sections, une pour les machines de traction et de ventilation, l'autre pour les machines d'éclairage. Dans la première section, on a prévu la place pour cinq machines à couplage direct; quatre sont installées actuellement. Ces

Fig. 27. — Vue de la ligne aérienne à la sortie du tunnel de Baltimore.

machines sont horizontales, tandem compound, du système Reynolds-Corliss et les cylindres ont 610 et 1,017 × 1,067^{mm}. Ces moteurs, construits par la maison Allis, de Milwaukee, sont excessivement robustes, de façon à résister aux à-coups des démarrages des locomotives.

Les moteurs à vapeur sont directement couplés avec des dynamos multipolaires Thomson-Houston de 500 kilowatts, enroulées de façon à donner 600 volts à vide et 700 volts à pleine charge.

La section nord de la salle des machines contient les machines pour l'éclairage; disons à ce sujet que le tunnel est éclairé par des lampes à incandescence, comme l'indique la figure 14; cette installation comprend huit machines Thomson-Houston de 50 lampes à arc et deux alternateurs de 2,000 lampes de 16 bougies. Le tunnel est éclairé par 1,000 lampes de 32 bougies, de sorte qu'un seul alternateur peut suffire. Dans la salle des machines, on fait usage de lampes à arc à courants alternatifs.

Notre figure 29 représente la locomotive électrique de 90 tonnes remorquant un train complet muni de sa locomotive à vapeur au sortir du tunnel de Baltimore; cette gravure, qui est une reproduction phototypographique d'une

Fig. 28. — Vue de la ligne aérienne dans un passage en tranchée.

photographie prise dernièrement, donne une idée de la puissance de cette locomotive électrique, qui est certainement la plus importante qui existe actuellement et qui fait grand honneur à la Compagnie qui en a entrepris la construction.

Locomotive électrique de Serajewo. — L'importante maison Siemens et Halske, de Berlin, qui fut une des premières à employer la traction électrique et contribua pour une si large part à son développement, construisit différents types de locomotives électriques dont nous allons décrire les principaux.

Nos figures 30, 31 et 32 représentent une des locomotives employées à Serajewo pour la traction et la manutention des trains de marchandises; une ligne d'environ 3 kilomètres de longueur reliant la gare du chemin de fer national de Bosnie et d'Herzégovine à une gare spéciale de marchandises, en traversant une partie de la ville, est utilisée à la fois pour le transport des voyageurs et des marchandises; autrefois, ce transport s'effectuait par des tramways à traction animale pour les personnes et par des locomotives à vapeur pour les marchandises; mais, depuis le 1ᵉʳ septembre 1895, l'électricité s'est substituée avec grand avantage à ces deux anciens modes de traction et, depuis cette époque jusqu'en décembre 1895, les locomotives électriques avaient déjà transporté 10,137,000 kilogrammes de marchandises sur un parcours de 7,258 kilomètres.

Le transport des voyageurs s'effectue par des voitures automotrices, du système Siemens et Halske, que nous décrirons plus loin, prenant le courant nécessaire à l'alimentation de leur moteur sur une canalisation aérienne à l'aide d'un archet; chaque voiture est munie d'un moteur de 20 chevaux actionnant un des essieux par l'intermédiaire d'une chaîne; on aperçoit une de ces voitures sur la gauche de la gravure 30.

La locomotive destinée à remorquer les trains de marchandises est représentée seule sur le devant de la figure 30 et attelée à un train dans les figures 31 et 32; elle a un poids total de 7,500 kilogrammes, une longueur de 5ᵐ,680, une largeur de 1ᵐ,640 et une hauteur

de 2ᵐ,895, non compris les appareils de captation de courant; cette locomotive est munie de
deux moteurs de 20 chevaux commandant les essieux par transmission à chaîne; ils sont alimentés par deux prises de courant distinctes, effectuées par deux archets articulés sur le toit

Fig. 23. — Locomotive électrique de 90 tonnes remorquant un train au sortir du grand tunnel de Baltimore.

du véhicule et semblables aux archets des tramways ordinaires qui seront décrits plus loin;
cette locomotive peut facilement développer une force de traction de 1,000 kilogrammes
pour une vitesse de 5 mètres à la seconde et remorquer deux wagons de marchandises d'un

Fig. 30. — Locomotive Siemens et Halske employée à Serajevo pour la traction des trains de marchandises.

Fig. 31. — Locomotive électrique de Serajewo, système Siemens et Halske, attelée à un train de marchandises.

Fig. 32. — Locomotive électrique de Sarajewo, système Siemens et Halske, remorquant un train de marchandises.

poids de 13,000 kilogrammes chacun. Au début, une seule locomotive fut employée ; mais, par suite du développement du trafic et des avantages retirés de ce mode de traction, on ne tarda pas à utiliser une seconde machine.

En plus du transport des marchandises, ces locomotives sont utilisées à l'alimentation en charbon de l'usine génératrice d'électricité qui fournit à la fois l'électricité nécessaire à la traction et à l'éclairage ; les locomotives électriques transportent en moyenne par jour 30 wagons de marchandises chargés de la gare des marchandises à la gare de la ville ; deux plaques tournantes, mues électriquement, permettent d'effectuer facilement la manutention de ces wagons et de les faire passer dans les locaux de la douane et dans les remises.

Locomotive électrique de Potsdam. — Une autre locomotive électrique à peu près semblable et également construite par MM. Siemens et Halske est en service, depuis 1895, dans les ateliers de réparations du chemin de fer de Potsdam et sert à mettre en mouvement les wagons à réparer, principalement les wagons-lits et à promenoirs (fig. 33).

Au-dessus des voies servant à la manutention des voitures est suspendu un conducteur en fil de cuivre de 7^{mm} de diamètre qui fournit le courant à la locomotive au moyen d'une prise de courant à archet ; l'usine génératrice possède une dynamo de 13,000 watts.

La locomotive est munie d'un moteur électrique de 10 chevaux actionnant, au moyen de roues dentées, un des essieux moteurs qui est accouplé à l'autre essieu par un système de bielles extérieures. Le diamètre des roues motrices est de $1_m,10$. Le réglage de la vitesse du moteur s'effectue de la même manière que dans les wagons moteurs des lignes de tramways.

La locomotive électrique doit, dans les conditions ordinaires, développer une force de traction de 400 kilogr. pour une vitesse de 55 centimètres à la seconde et de 1,400 kilogr. pour une vitesse minima de 20 centimètres à la seconde. La résistance propre de la traction de la locomotive est de plus d'environ 225 kilogr.

En fait, ces puissances sont largement produites et même dépassées sans aucune difficulté ; dans le trajet d'épreuve du 18 juin 1895, la locomotive a pu remorquer deux wagons-lits et un wagon de marchandises avec une vitesse de 1 mètre à la seconde.

Locomotive d'Ashio. — Une ligne de $0^{km},8$ établie au Japon est également desservie par une locomotive électrique Siemens et Halske (fig. 34). Elle conduit des mines d'Ashio à la fonderie de Seren. La plus forte pente est de 7,1 o/o et le plus petit diamètre de courbe de 10 mètres.

La locomotive est de petite dimension et possède un écartement de roues de 610 millimètres ; elle reçoit le courant d'un fil conducteur suspendu à $4^m,5$ au-dessus des rails. Son moteur, d'une force de 15 chevaux, actionne les deux essieux moteurs au moyen de chaînes. La tension du courant est de 450 volts.

Cette locomotive peut développer, pour une vitesse de 3 mètres par seconde, une force de traction de 475 kilogrammes ; elle est munie de trois freins différents et possède une cloche d'appel mue électriquement.

Chemin de fer électrique de Sissach-Gelterkinden. — Le chemin de fer de Sissach à Gelterkinden (fig. 35) est une ligne d'intérêt local, à voie de 1 mètre et $3^{km},250$ de longueur. Il relie la station de Sissach (ligne de Bâle à Olten) au village industriel de Gelterkinden et a été installé par les Ateliers de Construction d'Oerlikon.

Fig. 33. — Locomotive électrique Siemens et Halske employée à Potsdam pour la manutention des wagons en réparation.

La voie de cette ligne, qui se trouve en partie sur la route, en partie sur tablier séparé, se compose de rails Vignole de 18ᵏᵍ par mètre courant, posés sur traverses en bois.

La force nécessaire pour actionner la dynamo génératrice est fournie par une turbine Jonval, qui produit environ 40 chevaux à la chute moyenne de 6ᵐ,75 et à un débit de 600 litres par seconde. L'eau est empruntée à deux petits ruisseaux qui se déversent dans la vallée et sont amenés à la turbine par un canal ouvert de 800 mètres de longueur. La turbine actionne par transmission à roues d'angle et à courroie une dynamo Oerlikon de 35 à 40,000 watts, munie d'un enroulement compound maintenant aux bornes une tension de 600 volts.

La turbine commande en outre un régulateur à frein hydraulique, système Schrieder, qui maintient une vitesse constante à 2 o/o près malgré les variations de force de plus de 100 o/o qui se produisent dans le service d'une minute à l'autre. On a reconnu en effet que les régulateurs ordinaires agissant sur les vannes d'admission ne fonctionnent pas suffisamment vite dès qu'il s'agit de régler un débit d'eau important. Le régulateur-frein, au contraire, absorbe simplement à chaque instant l'excès de force et prévient ainsi l'emballement de la turbine.

Le tableau comprend les appareils ordinaires de réglage et de sûreté. La ligne aérienne est portée par des consoles fixées aux poteaux en bois. Le fil de contact en cuivre siliceux de 6 millimètres de diamètre est alimenté par un câble auxiliaire de 50 millimètres

Fig. 35. — Vue du chemin de fer électrique à voie étroite de Sissach-Gelterkinden.

carrés. Le retour du courant se fait par les rails, qui sont réunis électriquement aux éclisses par des bandes de tôle de cuivre rivées et soudées.

Le matériel roulant se compose de 4 voitures à voyageurs, 2 voitures à marchandises, 1 locomotive électrique et 1 locomotive à vapeur, cette dernière destinée à assurer le service en cas de manque d'eau au canal ou de réparation du matériel électrique.

La locomotive électrique comprend 2 moteurs à 4 pôles, actionnant chacun l'un des essieux par l'intermédiaire d'une transmission à engrenages. Une colonne, placée au milieu du truck, sert de support à la fois à la roue de commande du frein et au régulateur de vitesse combiné avec un rhéostat. La locomotive est absolument symétrique, surmontée d'une cage vitrée, permettant au conducteur de voir aisément la voie de son poste ; le fonctionnement des moteurs est sous la surveillance continue du conducteur, leur accès est facile même en marche et il en résulte que les accidents, provenant presque toujours d'un manque de soins, sont presque complètement évités.

Fig. 36. — Chemin de fer électrique de Meckenbeuren à Tettnang. — Gare de Tettnang.

On a adopté, pour la traction sur cette ligne, de préférence à des voitures automobiles, une locomotive indépendante. D'une part, les frais d'installation sont sensiblement diminués ; d'autre part, le personnel nécessaire se trouve réduit considérablement. Cette solution était d'ailleurs tout indiquée pour le genre de trafic de cette ligne, trafic très variable et se concentrant surtout sur les heures d'arrivée et de départ des trains de la grande ligne à Sissach.

Le service journalier comprend 10 à 12 courses dans chaque direction, le train se composant de deux à quatre voitures à voyageurs et quelquefois d'une à deux voitures de marchandises.

Le personnel nécessaire se compose d'un chef de la station génératrice, assisté d'un aide, d'un mécanicien-conducteur et d'un receveur pour la distribution et le contrôle des billets. Les frais de traction sont naturellement très peu élevés, et varient de 20 à 30 centimes par train-kilomètre. Le service est si simple que tous les employés peuvent se remplacer dans leurs fonctions respectives en cas de congés et de maladies, les deux hommes de la station font les petites réparations et le graissage du matériel fixe et roulant, la force motrice ne coûte rien et l'entretien du matériel électrique est pour ainsi dire nul. Dans des lignes analogues à traction à vapeur, les frais de traction sont de 60 à 70 centimes par kilomètre au minimum.

Cette ligne, qui est en service régulier depuis le mois d'avril 1891, est donc certainement une des lignes d'intérêt local les plus économiques construites jusqu'à ce jour.

Fig. 37. — Chemin de fer électrique de Meckenbeuren à Tettnang. — Voiture automotrice et voiture remorquée.

Chemin de fer électrique de Meckenbeuren à Tettnang. — Cette ligne de chemin de fer, également construite avec le matériel électrique des Ateliers de Construction d'Oerlikon et mise en exploitation le 4 décembre 1895, présente un grand intérêt; c'est, en effet, un des premiers chemins de fer électriques à voie normale servant au transport des voyageurs et des marchandises suivant un horaire régulier, qui aient été établis en Europe.

La voie ferrée est à voie unique et écartement de rails normal; elle relie la station de Meckenbeuren de la ligne Friedrichshaf-Ulm à la ville wurtembergeoise de Tettnang et est desservie régulièrement par 26 trains suffisant ordinairement au trafic journalier, mais qui, en cas de besoin, peuvent être augmentés de trains supplémentaires.

La longueur totale de la voie est de $4^{km},5$ toujours en pente et présentant un rayon de courbure minimum de 180 mètres; elle possède 15 changements de voie et un croisement. La canalisation amenant le courant électrique aux voitures automotrices est suspendue à $3^m,5$ au-dessus des rails et maintenue par des cordes en fil de fer disposées transversalement et supportées par une double rangée de poteaux; l'une de ces rangées de poteaux sert en même temps à supporter les canalisations électriques destinées à l'éclairage et la ligne d'alimentation qui, tous les 200 mètres, est reliée à la ligne de travail des trolleys; la seconde rangée de poteaux supporte les lignes téléphoniques et télégraphiques, mises ainsi à l'abri des perturbations des autres canalisations.

Fig. 38. — Chemin de fer électrique de Meckenbeuren à Tettnang. — Remise des voitures.

Les rails servent de ligne de retour pour le courant et, grâce à leur connexion par des pièces de cuivre spéciales, leur résistance n'est que de 0,01 ohm par kilomètre.

La traction des trains est effectuée par deux voitures automotrices que l'on aperçoit sur nos figures 36, 37 et 38; elles sont équipées chacune avec deux moteurs de 24 chevaux montés constamment en série, ce qui réalise le montage le plus simple et le plus sûr; un trolley à ressort effectue la captation du courant sur la canalisation aérienne; le courant passe par une série de résistances intercalées dans le circuit principal des moteurs et permettant de régler la vitesse dans de larges limites; il traverse, en plus, les interrupteurs et les appareils de sécurité coupe-circuits et parafoudre. Afin de réduire autant que possible le poids mort, chaque voiture automotrice est aménagée comme voiture de voyageurs avec coupé de poste et compartiments de bagages; l'éclairage des voitures est obtenu électriquement à l'aide de 6 lampes de 100 volts montées en tension; leur chauffage électrique est également à l'étude. Le poids total de ces voitures automotrices est de 13,800 kilogrammes et elles peuvent développer un effort de traction de 350 kilogrammes pour une vitesse de marche de 30 kilomètres à l'heure ou de 1,200 kilogrammes pour une vitesse de 8 kilomètres à l'heure; cette dernière vitesse est employée pour les trains de marchandises; on a même reconnu que les moteurs peuvent donner une puissance sensiblement plus importante et peuvent remorquer des trains de marchandises de 55 tonnes à une vitesse plus grande.

Fig. 39. — Chemin de fer électrique de Meckenbeuren à Tettnang. — Station génératrice de Brochenzell.

Ce qui rend particulièrement économique l'exploitation de cette ligne est la production de la force motrice par une usine hydraulique de 120 chevaux établie à Brochenzell, sur la Schussen; une chute d'eau de 2^m,65 de haut et d'un débit de 6 mètres cubes d'eau par seconde actionne deux turbines Jonval de 45 et 75 chevaux commandant, par des engrenages d'angles et des transmissions par câbles, les deux extrémités d'un arbre de couche composé de deux tronçons pouvant être réunis par un manchon d'accouplement flexible ou fonctionner séparément. Cet arbre actionne, comme l'indique la figure 39, une génératrice à courant continu à 4 pôles, système Oerlikon, d'une puissance normale de 43 kilowatts à 700 volts qui alimente la ligne de chemin de fer et peut développer passagèrement jusqu'à 60 kilowatts, ainsi qu'une génératrice à courant alternatif simple de 40 kilowatts à 2,100 volts, système Oerlikon, à enroulement fixe possédant son excitatrice calée directement sur le même arbre; cette dernière machine alimente l'installation de distribution de lumière et de force motrice de Tettnang. Le trafic des marchandises s'étant très développé depuis la mise en service de la ligne, on doit prochainement installer une batterie d'accumulateurs permettant de mieux utiliser la force motrice hydraulique et de doubler la puissance de l'installation.

Pour remédier à l'insuffisance d'eau, une station de réserve est installée à Tettnang et possède une installation électrique absolument semblable à celle que nous venons d'indiquer, actionnée par une machine à vapeur de 60 chevaux effectifs alimentée par une chaudière tubulaire de 68 mètres carrés de surface de chauffe. Les dynamos, à courant continu ou alternatif, des deux usines génératrices peuvent toujours et sans difficulté être mises en parallèle pendant le service.

Chemin de fer électrique de Chavornay-Orbe. — Cette ligne, construite par la Compagnie de l'Industrie Électrique de Genève et destinée au transport des voyageurs et des marchandises, rentre plutôt, par ses conditions de construction et d'exploitation, dans la catégorie des chemins de fer que dans celle des tramways; c'est pour cette raison que nous en plaçons ici la description.

La ligne est à écartement normal, soit $1^m,50$ d'axe en axe des rails; elle part de la gare de Chavornay, sur la ligne Lausanne-Neufchâtel, pour aboutir, après un parcours de 4,043 mètres, à la gare d'Orbe représentée par la figure 40. A part quelques petits ponts et d'autres travaux sans grande importance, le seul ouvrage d'art de la ligne est le viaduc métallique sur l'Orbe; ce pont, représenté par la figure 41, est constitué par deux arcs métalliques de $33^m,50$ d'ouverture et de 5 mètres de flèche reliés par des entretoises fortement contreventées; une passerelle permet la circulation du personnel de service pendant le passage des trains. Le rayon minimum des courbes de la voie est de 150 mètres et les deux courbes de ce rayon se trouvent l'une à la gare de Chavornay et l'autre à l'arrivée en gare d'Orbe, c'est-à-dire à des endroits où la vitesse des convois est considérablement diminuée; la pente maximum est de 25 millimètres par mètre sur une longueur de 890 mètres. La canalisation aérienne est constituée d'un fil de contact en acier de 6 millimètres de diamètre et d'un fil d'alimentation en cuivre.

Le matériel roulant automoteur se compose de trois voitures à voyageurs et d'un fourgon à bagages automobile; les voitures (fig. 42) sont du type américain à couloir central et plate-forme avec escaliers aux deux extrémités; il n'y a qu'une seule classe de voyageurs, mais avec compartiment de non-fumeurs. Chaque voiture comprend 32 places assises et 13 places debout sur les plates-formes, soit en tout 45 places; leur longueur entre tampons est de $9^m,84$. Elles sont munies de deux moteurs électriques de 30 chevaux chacun, tournant à 300 tours environ par minute et peuvent remorquer des wagons de marchandises ou de voyageurs pour une charge de 30 tonnes. Le fourgon (fig. 41) se compose de deux compartiments : l'un d'eux, d'une longueur de $3^m,40$, contient le moteur électrique, les appareils de mise en marche et de commande des freins et la place du conducteur; l'autre compartiment, d'une longueur de 2 mètres, est destiné au service des bagages, marchandises, bétail, etc.; la longueur totale du fourgon entre tampons est de $5^m,84$.

L'usine génératrice est située sur la rivière de l'Orbe, à 650 mètres environ en ligne droite de la gare d'Orbe; cette usine, devant alimenter, en plus de la canalisation du chemin de fer, un réseau de distribution d'éclairage et de force motrice, contient 3 turbines pouvant engendrer au total 260 chevaux et marcher ensemble ou séparément, suivant les besoins ; elles commandent les dynamos par courroie. La dynamo affectée au service du chemin de fer est

Fig. 40. — Chemin de fer électrique de Chavornay-Orbe. — Vue de la gare d'Orbe.

du système Thury et peut fournir 45,000 watts à la tension de 600 volts ; elle reçoit son courant d'excitation d'une petite dynamo de 5,500 watts.

La vitesse de marche autorisée sur cette ligne est de 15 kilomètres à l'heure ; mais les

moteurs électriques installés permettent aisément de la dépasser. Ce chemin de fer a été
ouvert à l'exploitation le 17 avril 1894 et les résultats obtenus ont répondu à l'attente géné-

Fig. 41. — Chemin de fer électrique de Chavornay-Orbe. — Vue du viaduc d'Orbe.

rale; le nombre des voyageurs transportés jusqu'au 31 décembre 1894 a été de 26,000 environ et celui des tonnes de marchandises de 1,700.

CHEMINS DE FER DE MONTAGNE. — On appelle chemin de fer de montagne ceux qui, étant établis sur des pentes très accentuées, sont obligés d'utiliser pour se

Fig. 42. — Chemin de fer électrique de Chavornay-Orbe. — Voiture automobile à voyageurs en gare d'Orbe.

mouvoir un point d'appui plus réel qué la simple adhérence sur des rails lisses ; il faut, dans ce cas, avoir recours soit à un rail-crémaillère dans lequel engrène une puissante roue dentée portée par la voiture automotrice, soit à la traction funiculaire par câble actionné par un treuil.

Les chemins de fer de montagne, qui avaient mis quelque temps à s'imposer par suite de leur difficulté plus grande de réalisation, se sont développés pendant ces dernières années d'une façon remarquable et à chaque instant l'on entend parler d'un nouveau système destiné à supplanter ceux qui l'avaient précédé. Nous ne ferons pas ici un exposé complet de cette intéressante question et nous nous contenterons pour cette année d'indiquer l'application relativement nouvelle et extrêmement avantageuse de la traction électrique à ce genre particulier de chemins de fer.

La Suisse, avec ses hautes montagnes et ses points de vue si remarquables et si fréquentés des touristes, était naturellement appelée à prendre une des premières places dans la construction de ces voies ferrées et possède, en effet, un exemple de presque tous les systèmes connus; les grandes maisons de construction électrique de Suisse ont donc particulièrement étudié cette question et nous verrons plus loin comment la Société de l'Industrie Électrique de Genève a habilement et parfaitement résolu la traction électrique des chemins de fer à crémaillère et funiculaires.

Les systèmes employés pour la voie proprement dite ont tous été perfectionnés en tenant compte de l'expérience acquise pendant les premières années de l'exploitation et ce n'est plus ce qui préoccupe les constructeurs; la question qui fixe leur attention et réclame leurs efforts est celle de la traction et de la force motrice à employer. En effet, la plupart des chemins de fer de montagne utilisent la vapeur comme force motrice; or, dans les pays ne possédant pas de mines et en étant éloignés, le combustible revient à un prix très élevé, de plus les conditions spéciales qui imposent à ces chemins de fer un trafic essentiellement variable les obligent à posséder un matériel roulant assez considérable et très coûteux; la traction à vapeur ne permet donc pas de remplir facilement les conditions imposées et ne peut pas être considérée comme une solution satisfaisante.

Les deux qualités que l'on réclamait à la traction à vapeur et qu'elle ne possède ordinairement pas, une force motrice peu coûteuse et une grande souplesse dans le service, l'électricité, au contraire, les possède à un haut degré. Les forces hydrauliques naturelles, qui se trouvent généralement en abondance à proximité immédiate des chemins de fer de montagne, sont faciles à utiliser et peuvent procurer une force motrice extrêmement économique; d'autre part, l'électricité se plie comme nul autre agent aux exigences du service le plus variable et le plus compliqué, c'est dire que la traction électrique convient admirablement bien pour les chemins de fer de montagne et que ses applications seront toujours plus nombreuses.

Les chemins de fer de montagne sont presque toujours à crémaillère et n'ont point de passage à niveau; le public n'a donc pas accès sur la voie, ce qui permet d'adopter, au lieu du conducteur aérien ordinaire sur poteaux, un conducteur placé près du sol, sur le côté ou dans l'axe de la voie; ce conducteur peut être formé d'un câble de cuivre ou d'un rail, suivant les cas. La tension généralement adoptée varie entre 500 et 600 volts, suivant la longueur de la ligne et la distance de l'usine génératrice.

Les voitures employées sont généralement automobiles, mais on peut également utiliser des trains de voitures remorqués par de véritables locomotives électriques; les conditions particulières déterminent dans chaque cas la meilleure solution à adopter.

Chaque voiture est munie de plusieurs freins de sûreté, mécaniques et électriques, qui permettent d'obtenir un arrêt instantané sur les plus fortes pentes. L'éclairage des voitures se fait ordinairement au moyen de lampes électriques à incandescence montées en série en nombre suffisant et alimentées par le courant qui sert à la traction.

Chemins de fer électriques du Salève. — Les chemins de fer du Salève, construits par la Compagnie de l'Industrie Électrique de Genève, ont été les premiers chemins de fer de montagne à crémaillère qui employèrent l'électricité comme force motrice. Ils sont destinés à mettre en communication rapide les habitants de Genève et des différentes localités situées près de l'Arve et le long du Salève avec les villages de Mornex et de Monnetier, renommés pour leurs cures d'air, et de plus à amener les touristes aux Treize-Arbres, en face d'un panorama de montagne splendide et depuis longtemps connu et apprécié.

Fig. 43. — Chemin de fer électrique à crémaillère du Salève. — Vue de la voie.

De la plaine partent deux tronçons : l'un a son origine à Veyrier, dernière localité du territoire suisse, et arrive à Monnetier en passant le long du pittoresque Pas de l'Échelle; l'autre, destiné plus spécialement à desservir Annemasse, part d'Étrembières, contourne le Petit-Salève et dessert, par deux stations successives, le village de Mornex avant de venir se souder à l'autre tronçon à la station de Monnetier-Mairie; à partir de ce point, la ligne prend un caractère alpestre, les pentes se redressent et les habitations disparaissent, pendant qu'à l'horizon la vue s'étend de plus en plus sur le lac et les montagnes de la Savoie; le point terminus des Treize-Arbres est atteint en 45 minutes, soit de Veyrier, soit d'Étrembières. La pente moyenne est de 11,9 o/o, la rampe maximum atteint 25 o/o. La différence de niveau à racheter est d'environ 900 mètres sur un parcours de 6 kilomètres, c'est dire qu'on ne pouvait songer à une ligne à simple adhérence, aussi a-t-on adopté le système Abt en utilisant une crémaillère simple sur les pentes les plus faibles et en la mettant double sur les plus fortes. Le rayon minimum des courbes est de 50 mètres et le développement total de la ligne de $9^{km},1$.

La voie (fig. 43) est construite à l'écartement d'un mètre; les traverses employées sont métalliques et solidement encastrées dans un épais ballast, constitué de pierres cassées; les rails sont du type Vignoles pesant $15^{kg},3$ le mètre courant; l'ensemble, rails, traverses et crémaillère, est utilisé comme conducteur de retour par le courant; la communication entre les différents bouts de rails est assurée, à cet effet, au moyen de câbles souples en cuivre solidement fixés et soudés aux extrémités des rails.

Le courant est amené le long de la voie par un rail de même type que les rails porteurs, mais retournés, c'est-à-dire avec la face plane en dessus (fig. 44); ce rail est soutenu, à environ 50 centimètres au-dessus du sol, au moyen de tiges de fer portant sur l'extrémité des traverses métalliques; ces tiges de fer s'engagent à leur extrémité supérieure dans un fort isolateur de porcelaine, qui est solidement vissé sur la tige; sur cet isolateur de porcelaine et avec interposition d'une feuille de plomb vient s'ajuster un collier métallique portant le rail conducteur. Les différentes sections dont se compose ce conducteur sont aussi reliées électriquement entre elles par des bouts de câble en cuivre et, de distance en distance, le rail est complètement interrompu sur une distance de 50 à 60 centimètres pour laisser libre jeu aux effets de dilatation et de contraction. Les choses sont disposées de telle sorte que le contact avec le rail ait toujours lieu au moins par l'un des frotteurs portés par la voiture, la surface de ceux-ci étant prise largement suffisante pour que l'un d'eux puisse sans échauffement recueillir le courant total nécessaire.

Les voitures automobiles (fig. 45), contenant 40 places dont 32 assises, sont munies chacune de deux moteurs de 40 chevaux pouvant en développer 50 en coup de collier; ces moteurs font normalement 600 tours par minute et attaquent la crémaillère par un double train d'engrenages réducteurs de vitesse (fig. 46), qui réduit le nombre des tours dans la proportion de 13 à 1; les voitures, suivant la rampe plus ou moins accentuée, sont animées de vitesses variant entre $1^{m},50$ et 3 mètres par seconde.

La prise de courant se fait au moyen de deux frotteurs pour chaque côté de la voiture, une seule paire portant en même temps; ces frotteurs sont en

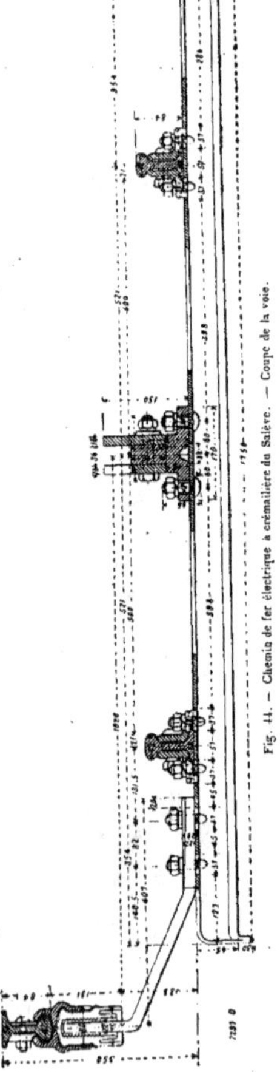

Fig. 44. — Chemin de fer électrique à crémaillère du Salève. — Coupe de la voie.

bronze, très massifs et pourvus de ressorts de pression assurant un bon contact malgré les vibrations; le retour aux rails se fait par l'intermédiaire du châssis de la voiture et des roues. Avant d'arriver aux moteurs, le courant passe par des parafoudres et par une série de résis-

Fig. 43. — Chemin de fer électrique à crémaillère du Salève. — Vue d'une voiture automobile.

tances au moyen desquelles on peut faire varier la vitesse et obtenir un démarrage progressif sans secousses. La manette de manœuvre à la disposition du mécanicien agit sur un commutateur muni d'un certain nombre de contacts par le moyen desquels on peut faire varier, dans de très grandes limites, la résistance du circuit; un autre appareil permet d'obtenir la marche en avant et la marche en arrière, en changeant le sens du courant dans les induits. Un ampèremètre, placé sous les yeux du mécanicien, lui permet de se rendre compte à chaque instant des conditions de fonctionnement des moteurs.

Le courant nécessaire pour l'éclairage est pris en dérivation de la ligne principale; l'éclairage emploie 5 lampes de 16 bougies montées en série; trois de ces lampes éclairent l'intérieur du wagon, les deux autres sont disposées dans les projecteurs d'avant et d'arrière; sur le circuit de ces lampes on a disposé un rhéostat permettant de régler la tension aux bornes.

Pour des véhicules circulant sur des pentes de 25 o/o, la question du freinage est des plus importantes; au Salève, le freinage est assuré par trois dispositions, dont deux électriques et une mécanique. La première solution électrique, la plus énergique, consiste à renverser le courant dans les moteurs, ce qui provoque l'arrêt immédiat; elle est peu employée à cause des secousses violentes qui résultent de sa rapidité d'action. La seconde, la plus employée, consiste à faire tourner les moteurs comme génératrices et à envoyer le courant produit dans des résistances où il est dépensé sous forme de chaleur; on ne peut imaginer un système de frein plus sensible et plus élastique; le passage d'une touche à l'autre du rhéostat permet de constater un changement dans la vitesse de descente, et, en diminuant la résistance jusqu'à la fermeture en coupe circuit, on provoque l'arrêt complet sur les rampes les plus fortes. Le freinage mécanique se

Fig. 46. — Moteur électrique commandant la roue dentée engrainant avec la crémaillère par un double train d'engrenages.

compose de deux freins à vis actionnant, au moyen de tringles, quatre paires de mâchoires en bronze agissant sur des poulies à gorge fixées sur l'arbre des moteurs, comme l'indique notre figure 46; un seul de ces freins doit suffire pour provoquer l'arrêt complet de la voiture avec un effort de 6 kilogrammes seulement sur la manette; ce freinage est pourvu d'une circulation d'eau abondante, son fonctionnement étant presque impossible si cette condition n'est pas remplie; des réservoirs cylindriques remplis à chaque course sont disposés pour fournir l'eau nécessaire.

L'usine génératrice (fig. 47) est située sur l'Arve, près du confluent du Viaizon, en face de l'endroit où cette dernière rivière est traversée par le viaduc servant au passage de la ligne d'Annecy à Annemasse; on a utilisé un coude très accentué de la rivière et en creusant un tunnel pour le canal de décharge on a pu obtenir une chute de 3 mètres sans avoir à faire des travaux de barrage trop considérables. Le bâtiment des machines est construit sur la rive droite de la rivière et offre des dimensions suffisantes pour qu'on puisse y installer trois groupes de machines identiques. Il n'y a actuellement que deux groupes installés; chacun d'eux se compose d'une turbine à axe vertical construite par la maison Rieter, de Winterthur; ce sont des turbines Jonval à injection partielle ; à la vitesse de 45 tours par minute, chaque turbine peut développer 300 chevaux au maximum et est accouplée directement à une dynamo.

Fig. 47. — Chemin de fer électrique à crémaillère du Salève. — Vue de la station génératrice d'Archoz.

Ces dynamos, du système Thury, représentées par la figure 48, sont à 12 pôles et construites pour développer normalement 1,000 chevaux à 180 révolutions par minute; elles travaillent donc à vitesse et à puissance très réduites, ce qui donne une très grande sécurité

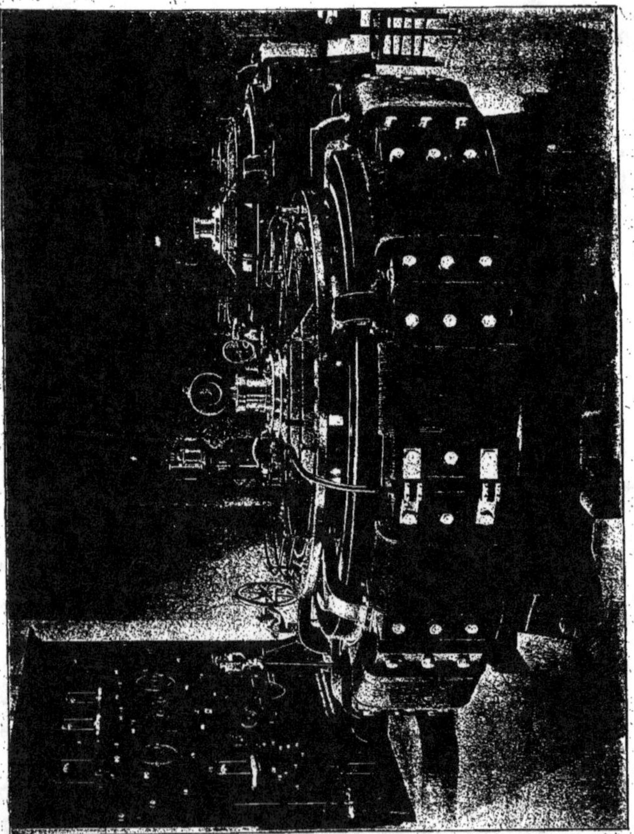

Fig. 48. — Chemin de fer électrique à crémaillère du Salève. ⅓ Vue des dynamos génératrices Thury à axe vertical.

de fonctionnement. Ces machines sont à excitation séparée, leur enroulement inducteur étant parcouru par un courant de 45 ampères en moyenne; le poids de cuivre sur les inducteurs atteint 1,450 kilogrammes; les noyaux des électros-aimants sont en fer forgé et les pièces polaires en fonte; elles sont alésées à $2^m,50$ de diamètre. L'armature, du type à cylindre creux forme cloche, porte l'enroulement multipolaire Thury, formé de 451 sections donnant un poids de cuivre total de 178 kilogrammes. Le collecteur, qui a un diamètre extérieur de $1^m,80$, est composé de 451 sections en cuivre rouge étiré; l'isolement entre les différentes sections est assuré par du mica; le courant est recueilli à la surface du collecteur au moyen de 48 frotteurs en charbon cuivré disposés par séries de quatre sur 12 bras. La machine fournit 600 volts et 280 ampères; son poids atteint 18 tonnes.

Le courant nécessaire pour l'excitation des génératrices est fourni par une dynamo spéciale, commandée par une turbine de 20 chevaux. Le réglage de la tension sur la ligne s'obtient par la variation de l'excitation, cette variation se faisant automatiquement à la fois par l'action d'un régulateur automatique agissant sur l'excitation de l'excitatrice et par l'action du courant principal qui parcourt une partie de l'enroulement inducteur de l'excitatrice et tend à renforcer son champ magnétique à mesure que l'intensité du courant augmente dans la ligne principale. On arrive par ce moyen à maintenir la tension sensiblement constante sur la ligne, quelles que soient les variations de débit, d'autant plus que ce n'est que dans les occasions exceptionnelles, comprenant à peine quelques jours par an, que les génératrices marchent à pleine charge.

A la sortie du bâtiment des machines, on a disposé sur la ligne un poste de parafoudre à condensateur et amortisseur destiné à préserver les machines et appareils en cas de décharge atmosphérique frappant directement la ligne en un point quelconque de son parcours. Ces parafoudres, utilisant à la fois les propriétés des bobines à forte self-induction et celles des condensateurs, sont très simples et très efficaces.

La ligne d'alimentation raccordant l'usine génératrice à la voie du chemin de fer a une longueur de 1,800 mètres; elle est posée rigoureusement en ligne droite, quoiqu'elle ait à passer par un terrain des plus accidentés en rachetant une forte différence de niveau; les câbles sont en cuivre nu de haute conductibilité et présentent une section de 4;0 millimètres carrés chacun; ils viennent se souder à la voie près de la station de Monnetier-Mairie, exactement au centre de gravité électrique du système, c'est-à-dire à égale distance de Veyrier, d'Étrembières et des Treize-Arbres.

Les lignes du Salève ont été construites dans les années 1890 à 1893; la ligne d'Étrembières-Treize-Arbres a été ouverte en 1892, celle de Veyrier-Monnetier en 1893. Le service en est assuré par 12 voitures automotrices.

Il est intéressant de comparer le prix de la traction électrique avec celui de la traction à vapeur pour les chemins de fer de montagne; le prix le plus bas pour la traction à vapeur ressort à $1^{fr},70$ par kilomètre-train et peut monter jusqu'à $5^{fr},50$, tandis que le prix de la traction électrique au chemin de fer du Salève n'est que de $0^{fr},66$ dans les mêmes conditions; l'avantage est donc à la traction électrique, qui, seule, permet l'utilisation rationnelle des forces motrices naturelles et une exploitation économique pour les chemins de fer à forte rampe.

Le trafic des lignes du Salève est naturellement très variable, comme celui de toutes les lignes de montagne pour lesquelles les conditions climatériques influent énormément; pendant l'exercice de 1893, il a été transporté 33,846 voyageurs, 41,404 kilogrammes de bagages et 323,411 kilogrammes de marchandises. Le nombre moyen des voyageurs par jour a été de 92 et la plus grande affluence a été constatée le 13 août, où il a été transporté 551 personnes. Le nombre de voyageurs transportés pendant les cinq premiers mois de 1894

Fig. 49. — Train électrique à crémaillère de Barmen au Toelletthurm. — Passage de la voie au-dessus de la ligne du chemin de fer

a été de 12,710 contre 9,696 pendant la période correspondante de 1893. Le trafic augmente donc graduellement à mesure que ces lignes sont plus connues et appréciées.

La première application de la traction électrique aux lignes de montagne est donc un succès éclatant, d'autant plus grand que les difficultés vaincues ont été plus considérables. Tout fait prévoir que l'électricité apportera la solution des problèmes de traction sur fortes rampes et l'on ne peut qu'en être persuadé lorsqu'on a visité les installations du Salève.

Train électrique à crémaillère de Barmen au Toellethurm. — La population de la région de Barmen et Elberfeld avait besoin plus que toute autre d'un moyen de transport commode, rapide et bon marché, qui permît une communication facile entre les habitants des faubourgs et des environs et ces deux villes; mais l'importance des rampes à franchir rendait indispensable l'installation d'un chemin de fer à crémaillère ou funiculaire.

On fut obligé de renoncer à employer un funiculaire à contrepoids d'eau, comme ceux de Guetsch, Ems, Heidelberg, Witsbaden, etc., parce que

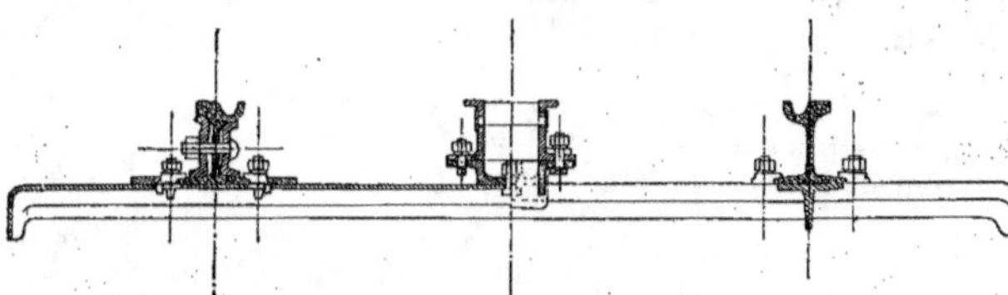

Fig. 50. — Coupe de la voie dans les rues de la ville et les passages ouverts à la circulation.

ce système n'est pas praticable quand il a à traverser des rues fréquentées et qu'il ne peut transporter qu'une quantité déterminée de personnes qui ne peut être augmentée en cas de besoin. On dut de même abandonner le projet d'un tramway à crémaillère mû au moyen d'une locomotive à vapeur : le bruit produit aurait été trop considérable et la fumée interdisait son passage au milieu des rues de la ville.

On se décida enfin à faire construire un tramway à crémaillère mû électriquement et l'on en confia l'exécution à la maison Siemens et Halske, de Berlin.

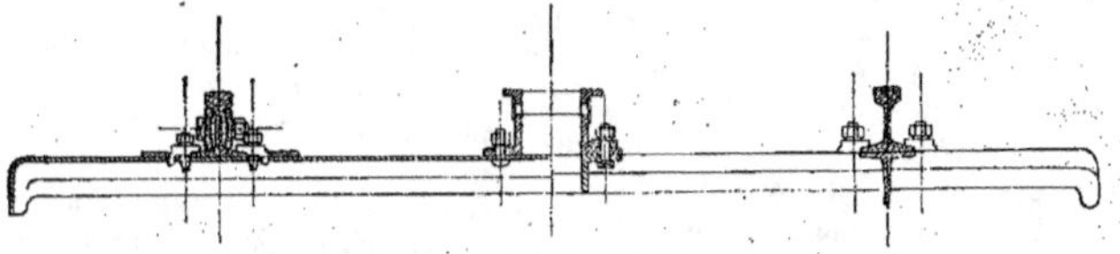

Fig. 51. — Coupe de la voie dans les parties de la ligne exclusivement réservées au train.

La voie commence au cœur de la ville, franchit sur un pont de fer (fig. 49) le chemin de fer ordinaire, monte la rue Louise, croise différentes rues en passages à niveau et va se terminer au Toellethurm, dans le bois de Barmen.

Directement au chemin de fer à crémaillère vient se joindre une ligne de raccord à voie étroite desservie par une locomotive à vapeur; elle relie le tramway à crémaillère avec la ligne de Ronsdorf-Muengsten.

La longueur totale de la ligne du chemin de fer électrique à crémaillère est de 1,630 mètres, la hauteur à atteindre 171^m,15; l'inclinaison moyenne est de 10,5 o/o et la pente la plus forte de 18,5 o/o; le diamètre de la plus petite courbe est de 150 mètres.

La voie est double, elle est à écartement de 1 mètre; entre les 2 rails se trouve la crémaillère construite par la maison Riggenbach; cette crémaillère ainsi que les rails sont fixés tous les mètres sur des traverses en fer; dans les rues, les rails sont à rainure (fig. 50); dans les parties exclusivement réservées au chemin de fer, on emploie des rails Vignoles (fig. 51). Pour empêcher un glissement ou un déplacement en aval des rails et de la crémaillère, des supports spéciaux relient les traverses et viennent s'appuyer, tous les 30 ou 40 mètres, sur des murs de soutien solidement construits et à fondations profondes.

Pour la canalisation, on a préféré les conducteurs aériens, parce qu'une partie de la ligne passant par des rues fréquentées, on ne pouvait employer des conducteurs au niveau du sol, comme dans l'installation précédemment décrite. Les conducteurs se trouvent à une hauteur de 5 mètres au-dessus du niveau du sol, suspendus au moyen de fils transversaux portés en dehors de la ville par des poteaux de bois et à l'intérieur de la ville par d'élégants mâts en acier creux.

Il y a huit voitures motrices qui prennent le courant au moyen de deux archets. Elles contiennent 28 places assises et 8 places debout, ont 8 mètres de long et 2^m,45 de large; notre figure 52 représente une de ces voitures automotrices dans une pente de 14 o/o.

Chaque voiture est munie de deux roues dentées mues chacune par un moteur de 60 chevaux au moyen d'un train d'engrenages réducteurs de vitesse. Chacune d'elles est munie d'un frein qui peut être serré de chaque plate-forme au moyen d'une manivelle; sous la voiture se trouve encore un frein spécial soumis à l'action d'un régulateur centrifuge, qui agit dès que la rapidité de la voiture dépasse 3^m,20 par seconde; un frein mécanique de sûreté à sabot peut arrêter la voiture au cas où les deux roues dentées viendraient à se rompre. Un frein électrique règle enfin la rapidité de la descente sans qu'il soit nécessaire d'utiliser les freins mécaniques.

De plus, à la descente, les électromoteurs excités en dérivation fonctionnent comme dynamos; ils envoient le courant qu'ils produisent dans le conducteur lorsque la tension de ce courant est égale ou supérieure à celle des dynamos génératrices, si bien que par ce moyen non seulement à peu près 60 o/o du travail de la voiture descendante est transformé en électricité et utilisé, mais encore les frais d'entretien, particulièrement ceux des freins, sont notablement diminués. La dépense de courant est de 10 à 11 kilowatts-heure pour chaque voyage, aller et retour; à la plus forte pente de 18,5 o/o, la dépense atteint 180 ampères.

La rapidité de la course atteint en palier et dans les faibles pentes 9 kilomètres à l'heure et dans les fortes pentes 6^{km},500.

La station génératrice se trouve dans le sous-sol de la gare et contient 2 machines compound à condensation, de chacune 200 à 250 chevaux, ainsi qu'une machine compound de 400 à 450 chevaux.

Les machines à vapeur sont accouplées à des dynamos multipolaires Siemens et Halske à inducteurs intérieurs; ces dynamos, pour une tension de 500 volts, donnent de 350 à 730 ampères.

La vapeur est produite par cinq chaudières multitubulaires qui ont une surface de chauffe de 182 mètres carrés. L'usine alimente en outre deux autres lignes de tramways, ainsi que la canalisation de distribution d'éclairage et de force motrice de la ville.

Fig. 52. — Train électrique de Barmen au Toedlethurm. — Voiture automotrice sur une pente de 14 0/0.

Ce chemin de fer à crémaillère a été ouvert le 16 mai 1894; en 1895, il a transporté 267,000 voyageurs et parcouru 40,000 kilomètres-trains en 12,200 voyages, aller et retour.

CHEMINS DE FER FUNICULAIRES. — Dans certains cas, principalement quand la pente est très prononcée, on préfère remplacer la traction par voiture automotrice et roue dentée engrenant un rail-crémaillère par la traction par câble ou funiculaire. Dans ce cas, le moyen le plus simple consiste à rattacher deux voitures à chaque extrémité d'un câble passant à la partie supérieure de la ligne sur un tambour et de donner à la voiture qui descend un excédent de poids, de façon à lui faire entraîner tout l'ensemble; une bâche placée sur les voitures, remplie d'eau lorsqu'elles se trouvent à la partie supérieure et vidée à la partie inférieure de la ligne, remplit parfaitement cet office; toutefois, ce système, qui présente incontestablement le maximum de simplicité, ne peut convenir à tous les cas, par exemple lorsqu'on ne dispose pas d'une source d'eau à la station supérieure ou que la ligne présente, comme cela arrive fréquemment, des portions du parcours présentant une pente nulle ou négligeable; on est donc presque toujours forcé d'avoir recours à une force motrice quelconque entraînant le tambour supérieur où s'enroule le câble tracteur. On peut naturellement employer à cet effet une machine motrice quelconque; mais nous ne nous occuperons ici que des funiculaires électriques qui présentent un intérêt particulier.

Nous désignons par funiculaire électrique un chemin de fer à traction par câble actionné par un transport d'énergie électrique; ce système de chemin de fer a de grands avantages; son coût d'établissement ainsi que les frais d'exploitation sont peu élevés et la souplesse de la traction électrique, jointe à l'extrême simplicité de la manœuvre des appareils, assure dans ce cas à l'électricité la supériorité sur toutes les autres sources d'énergie mécanique. Il est facilement applicable partout où une force hydraulique située dans le voisinage de la ligne à établir peut être utilisée comme force motrice primaire. Le matériel roulant, qui n'a pas besoin d'être aménagé pour recevoir des moteurs comme dans les chemins de fer à crémaillère ou une bâche comme dans le cas du système à contrepoids d'eau, peut être construit aussi simplement que possible, de manière à diminuer le poids mort et par suite l'effort de traction et les frais d'exploitation.

Suivant la longueur de la ligne, on peut la subdiviser en deux ou plusieurs tronçons distincts les uns des autres et formant comme autant de funiculaires indépendants; ce fractionnement, rendu si facile par l'emploi de l'électricité, qui permet l'établissement d'autant de stations motrices que cela est nécessaire, donne pleine liberté au constructeur pour la détermination du tracé de la ligne; il a pour avantages de diminuer le poids du câble à remorquer, d'atténuer l'influence fâcheuse des courbes et de permettre plus de souplesse dans le tracé de la ligne. Au sommet de chaque plan incliné se trouve une station où le moteur, qui reçoit son courant de l'usine génératrice, actionne par courroie ou engrenages le tambour sur lequel s'enroule le câble de traction. La tension adoptée pour le transport d'énergie électrique varie avec la distance et peut sans inconvénient atteindre plusieurs milliers de volts, ce qui permet de réduire le diamètre des conducteurs et par conséquent le coût d'établissement des lignes.

Ce système de funiculaire, qui a été principalement appliqué et perfectionné par la Compagnie de l'Industrie Électrique de Genève, s'impose dans bien des cas par tous les avantages que nous venons d'énumérer; il sera, dans de nombreuses circonstances, préféré à tous les autres systèmes concurrents et offrira souvent la solution la plus rationnelle pour l'établissement d'une ligne de chemin de fer à forte rampe.

Funiculaire électrique de Bürgenstock. — En vue de la ville de Lucerne et faisant face au lac de Küssnacht et au Righi s'élève, au-dessus du lac des Quatre-Cantons, le

Fig. 53. — Funiculaire du Bürgenstock. — Vue du point de croisement des voitures.

Bürgenstock ou Bürgenberg; cette montagne n'a que 1,134 mètres d'altitude, ce qui donne en chiffres ronds 700 mètres au-dessus du lac; ces faibles altitudes expliquent pourquoi elle

n'a pas d'abord attiré l'attention des voyageurs autant que le Righi et le Pilate, qui sont beaucoup plus élevés; mais elle a ceci de particulier qu'elle domine le lac immédiatement et si

Fig. 51. — Funiculaire du Bürgenstock. — Vue de la rampe supérieure de 57,7 0/0.

perpendiculairement qu'il est presque impossible de trouver dans les Alpes une ligne de profil aussi verticale que celle du Bürgenstock. Il y a quelques années encore, le nombre de

personnes qu'attirait le Bürgenstock était fort restreint; depuis lors, les choses ont changé, et, grâce à un funiculaire électrique gravissant la paroi abrupte de la montagne, chacun peut aller admirer l'aspect du lac de ce belvédère aventuré sur les eaux.

MM. Bucher et Durrer établirent, en 1888, le funiculaire dont nous venons de parler et que nous allons brièvement décrire.

La ligne, qui prend naissance au bord du lac, non loin du village de Kehrsiten, mesure 827 mètres de longueur suivant l'horizontale et 936 mètres suivant la pente; la rampe est au début de 32 o/o et augmente graduellement pour atteindre, à environ 465 mètres d'altitude, 57,7 o/o qu'elle conserve jusqu'à la sta-

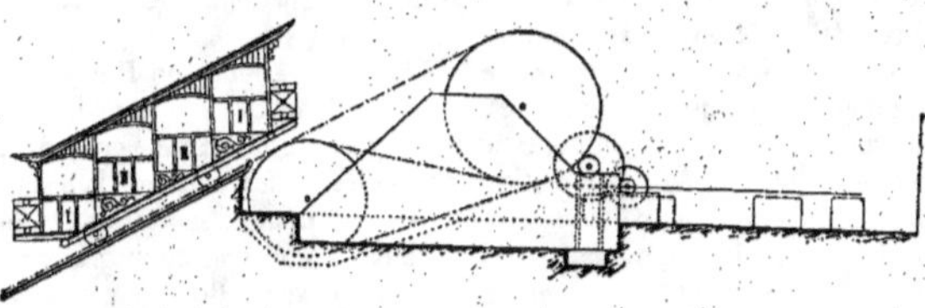

Fig. 55. — Mécanisme de commande du câble. — Coupe.

tion supérieure; en même temps, la ligne s'infléchit régulièrement à droite suivant une courbe parabolique. La station inférieure, Kehrsiten, est à la cote 438, la station supérieure, Bürgenstock, à l'altitude de 878 mètres; la différence de niveau rachetée est donc de 440 mètres et la rampe moyenne de 53,3 o/o.

La voie est simple, construite à l'écartement de 1 mètre et possède au milieu de sa longueur un évitement de 120 mètres de long, infléchi suivant une courbe de 170 mètres de rayon. L'infrastructure se compose d'une maçonnerie continue de 1^m,50 de largeur dans laquelle sont noyées les traverses constituées par des fers d'angle sur lesquels sont solidement fixés les rails et la crémaillère double de sûreté, système Abt, qui règne tout le long de la voie. Les rails sont du type Vignoles de 22^{kg},500 le mètre courant. Les deux gravures 53 et 54 donnent une idée complète de la ligne; l'une des vues est prise au croisement et l'autre sur la section supérieure où règne la rampe maxima de 57,7 o/o.

Les voitures sont construites en gradins à 4 compartiments et peuvent contenir 30 personnes; elles possèdent sur chaque essieu un pignon double engrenant avec la crémaillère de sûreté et soumis à l'influence de freins puissants; le poids d'une voiture vide est de 4,000 kilogrammes et avec sa charge normale de 6,000 kilogrammes.

Le mécanisme de commande du câble est placé à la station supérieure et représenté

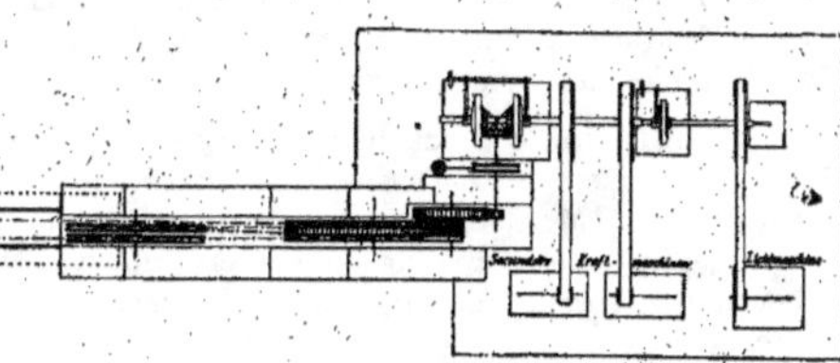

Fig. 56. — Mécanisme de commande du câble. — Plan.

par la coupe et le plan (fig. 55 et 56). Le câble de traction est conduit de l'axe de la voie sur un gros tambour de 4 mètres de diamètre, de là sur une contre-poulie de 3 mètres, puis revient au tambour moteur et repart pour aller s'attacher à la seconde voiture en passant sur une dernière poulie de 3 mètres de diamètre calée sur le même arbre que la première. Entre les deux rainures en bois dur du tambour se trouve une roue dentée menée par un pignon dont l'arbre est commandé par une roue dentée engrenant avec un second pignon sur l'axe duquel sont fixés un frein à poulie et un engrenage conique qui engrène avec deux roues d'angle qui sont folles sur l'arbre principal de transmission; suivant la direction à donner aux voitures, l'une ou l'autre de ces roues d'angle est mise en mouvement par un accouplement à friction, de telle façon que le sens de la marche peut être changé sans inverser le sens de rotation de la transmission principale. L'arbre principal est commandé par courroie par deux moteurs électriques; les rapports des poulies et des engrenages sont choisis de telle sorte que la vitesse du câble soit de 1 mètre par seconde.

Comme nous venons de le voir, les moteurs de la station supérieure du Bürgenstock sont électriques; l'énergie électrique qui les actionne est fournie par une usine hydraulique située près de Buochs, sur la rivière l'Aa, et contenant une turbine de 120 à 150 chevaux. Cette énergie est transmise électriquement à la station supérieure du funiculaire à la distance de 4 kilomètres. L'installation électrique, exécutée par la maison Cuénod, Sautter et Cⁱᵉ, prédécesseur de la Compagnie de l'Industrie Électrique de Genève, comprend deux groupes de deux dynamos Thury excitées en série et fournissant, à 800 tours environ, 800 volts et 25 ampères; une seule machine de chaque groupe suffit à fournir l'effort de traction nécessaire au chemin de fer; l'énergie électrique transmise est utilisée également pour l'éclairage de l'hôtel du Bürgenstock, qui absorbe environ 30 chevaux, et, pendant l'intervalle des trains, l'énergie électrique disponible actionne, à une distance de 600 mètres du Bürgenstock, un moteur électrique Thury de 12 à 16 chevaux, qui sert à élever à 400 mètres de hauteur l'eau de source nécessaire à l'hôtel.

Pour franchir la distance de 4 kilomètres, on a employé le courant continu à haute tension en accouplant les deux machines de chaque groupe en série; mais, pour faciliter la marche indépendante avec l'une ou l'autre des machines, la distribution a été faite à trois conducteurs ayant chacun un diamètre de 4ᵐᵐ,5; quand le service doit se faire avec une seule machine, on couple la ligne neutre ou troisième conducteur avec l'une des deux autres.

Les deux réceptrices du Bürgenstock sont exactement du même type que les génératrices de Buochs, elles produisent, à 750 tours, une pression de 600 volts chacune, en fournissant un travail utile de 44 chevaux.

Depuis le 8 juillet 1888, où il a été livré au public, après avoir accompli plus de 2,000 courses pour le transport des matériaux destinés à la construction de l'hôtel. Ce funiculaire électrique a fonctionné avec une régularité parfaite, démontrant ainsi la supériorité de l'électricité pour ce genre d'installation.

Funiculaire électrique du Stanserhorn. — Pour faciliter l'ascension du Stanserhorn, dont le sommet, à 1,900 mètres d'altitude, domine Stans d'une hauteur de 1,400 mètres, MM. Bucher et Durrer, avec l'aide de la Compagnie de l'Industrie Électrique qui entreprit toutes les installations électriques, construisirent, de 1891 à 1893, un funiculaire électrique qui surpasse en hardiesse tout ce qui existe actuellement dans ce genre.

La différence de niveau à franchir étant de 1,400 mètres, la longueur du chemin à parcourir, 4,000 mètres environ, aurait été trop grande pour faire un simple funiculaire, d'autant plus que le tracé utilisant sur certains points le lit d'un torrent impliquait des courbes répétées; on a donc construit trois funiculaires successifs avec transbordement des voyageurs aux deux points intermédiaires.

Chaque section du funiculaire se compose d'une voie unique de 1 mètre de largeur avec un évitement au milieu de la longueur; il y a pour chaque section deux wagons attachés

Fig. 57. — Funiculaire du Stanserhorn. — Vue de la partie supérieure de la dernière section.

aux extrémités d'un câble qui s'enroule sur un tambour actionné par un électromoteur; les courbes ont un rayon minimum de 150 mètres et les pentes une inclinaison maximum de

62 o/o; la figure 57 montre la partie supérieure de la dernière section où cette pente de
62 o/o est atteinte; cette dernière section comprend des travaux d'art assez importants, un

Fig. 58. — Funiculaire du Stanserhorn. — Vue de la station intermédiaire placée entre les deux premières sections.

tunnel de 140 mètres et un viaduc d'assez grande longueur; son tracé est particulièrement
hardi et quelque peu effrayant. Aux stations intermédiaires, les deux voies s'approchent

J.-L. BARTON — 5

parallèlement assez près l'une de l'autre pour que les voyageurs n'aient que quelques pas à faire pour passer d'une voiture dans l'autre; cette opération se fait d'ailleurs à couvert, comme on peut s'en rendre compte à l'examen de notre figure 58 représentant la station intermédiaire placée entre les deux premières sections.

La particulaité la plus originale du chemin de fer du Stanserhorn est l'absence complète de crémaillère; MM. Bucher et Durrer ont, en effet, cherché à se passer de cet organe réputé jusque-là indispensable à tout chemin de fer de montagne et ils ont combiné dans ce but un frein énergique agissant directement sur les rails de roulement. Ce frein est formé de deux puissantes mâchoires qui viennent serrer le rail sous l'action d'une vis double à filets inverses; l'axe de cette vis est pourvu d'un accouplement à friction qui entre en mouvement lors de la rupture du câble; un levier à contrepoids vient à ce moment mettre en jeu l'accouplement qui, par une disposition très ingénieuse, transmet à la vis à filets inverses le mouvement des roues de la voiture; ce frein est donc absolument automatique. Chaque essieu possède un frein semblable et un troisième frein de réserve agissant de la même façon peut être commandé à la main des deux plates-formes. Les rails ont un profil particulier pour que les mâchoires agissent facilement sur eux; ce sont des rails Vignoles dont la tige s'évase en haut pour se raccorder au champignon sans partie concave.

Les caisses des voitures sont en forme d'escaliers, elles sont divisées en 4 compartiments à huit places et peuvent porter, en comprenant les plates-formes, 40 voyageurs; elles sont très légères et ne pèsent à vide que 3,800 kilogrammes.

Le tambour moteur sur lequel s'enroule le câble de chaque section est actionné par un électromoteur. L'énergie électrique nécessaire est produite à l'usine centrale de Buochs, sur la rivière de l'Aa; cette station dessert à la fois le tramway de Stansstadt et les funiculaires du Bürgenstock et du Stanserhorn; la dynamo génératrice pour cette dernière installation est du système Thury et peut fournir à la vitesse de 350 tours une puissance de 90 kilowatts sous 1,600 volts.

Le moteur électrique de chacune des stations est alimenté en dérivation par le courant de la génératrice; c'est une dynamo Thury de 44 kilowatts à 475 tours; notre figure 59 représente une de ces stations; le mécanisme de commande du câble est analogue à celui employé au Bürgenstock; il y a indépendance complète entre tous les moteurs, qui sont mis en marche par un appareil spécial permettant le réglage de la vitesse et le renversement de la marche. Au départ, le moteur électrique doit fournir l'énergie nécessaire à la traction de la voiture inférieure et de la longueur du câble qui la relie au tambour; l'effort va ensuite constamment en diminuant par suite des longueurs de câbles qui se font de plus en plus équilibre; aux 2/3 du parcours, l'effort à fournir par le moteur devient nul et, à partir de ce moment, l'effort ayant changé de sens, on doit absorber au moyen d'un frein l'énergie devenue disponible. Chaque station motrice comprend, outre le moteur électrique, une machine à vapeur pouvant fournir de 40 à 70 chevaux et destinée à suppléer à l'insuffisance momentanée de la force hydraulique ou à une interruption de la transmission électrique.

La ligne du Stanserhorn atteignant de fortes altitudes est nécessairement très exposée aux décharges atmosphériques pendant les orages, aussi a-t-on prévu des appareils de protection complets à chaque station.

La traction électrique a répondu aux espérances que l'on avait fondées sur elle et affirmé, une fois de plus, sa souplesse merveilleuse pour le transport, la distribution et l'emploi facile de l'énergie. A ce point de vue, l'usine centrale de Buochs offre un exemple peut-

Fig. 59. — Funiculaire de Stadterhofen. — Vue intérieure d'une des stations motrices de commande des câbles. — Électromoteur Thury de 44 kilowatts.

être unique en son genre : une seule turbine de 150 chevaux y produit l'énergie nécessaire au funiculaire du Bürgenstock, à l'éclairage et à l'alimentation en eau de son hôtel, actionne le tramway électrique de Stansstadt-Stans et dessert les trois funiculaires du Stanserhorn. Cet exemple est assez remarquable pour mériter une mention spéciale et met en pleine lumière les qualités remarquables de l'électricité ; nul autre agent ne permettrait aussi facilement et aussi rationnellement l'utilisation à grande distance d'une force motrice naturelle.

CHEMINS DE FER MÉTROPOLITAINS. — Les chemins de fer métropolitains, destinés à assurer les transports rapides dans les grandes villes, constituent naturellement un cas tout particulier de traction sur voie ferrée ; ici, la voie est bien encore réservée exclusivement à la seule circulation des trains, mais elle doit traverser les passages les plus fréquentés, soit au-dessous, soit au-dessus de la chaussée, et, dans ces deux cas, il est indispensable que les bruits et les vibrations soient aussi restreints que possible, et que la fumée et la vapeur ne viennent pas empester les rues ou empoisonner les tunnels. C'est dire que l'électricité triomphe ici sur toute la ligne.

Dans ce cas particulier, on ne trouve en effet aucune objection sérieuse à faire à la traction électrique ; la faible longueur totale du réseau qui ordinairement se ferme sur lui-même n'exige la création que d'un nombre restreint, voire même d'une seule usine génératrice, et permet la marche à un voltage relativement faible et peu dangereux ; la grande légèreté des véhicules à traction électrique comparativement aux locomotives à vapeur rend plus facile et moins coûteux l'établissement de la voie ; celle-ci étant uniquement réservée au passage des trains donne toute facilité dans la pose des conducteurs, qui peuvent être fixés sous la voûte des tunnels ou disposés au niveau du sol sous forme de rails supplémentaires ; les phénomènes d'électrolyse, qui sont sans conteste la seule objection sérieuse que l'on puisse faire aux tramways électriques à retour du courant par les rails, peuvent aisément être complètement supprimés par la pose d'un conducteur de retour ou l'isolement parfait des rails remplissant cet office ; enfin, la traction électrique procure une absence complète de fumée, de vapeur et d'odeur, un maximum de douceur dans le roulement et par suite un minimum de trépidation et de plus, qualité précieuse, une grande souplesse de fonctionnement, permettant d'augmenter facilement et considérablement à certains moments la puissance de transport de la ligne. Il est d'ailleurs inutile de s'appesantir longuement sur les avantages de la traction électrique, qui sont, dans ce cas, tellement évidents et si peu contestés que tous les projets sérieux présentés pour l'établissement de métropolitains dans les grandes villes comportent la traction électrique, notamment à Paris, qui, en tant que Ville-Lumière, tient à se distinguer particulièrement... par la longueur inexplicable qu'il met à se doter d'un métropolitain reconnu indispensable par tout le monde.

Une chose plus discutable et beaucoup plus discutée est le mode d'établissement de la voie qui, ne pouvant pas circuler au niveau des rues, doit forcément être placée au-dessus ou au-dessous ; c'est sur cette place supérieure ou inférieure que l'on ne peut s'entendre. Pour réaliser le système aérien, il faut établir au travers des rues des viaducs métalliques supportant la voie ; il faut, au contraire, creuser de longs tunnels sous la chaussée pour obtenir la combinaison souterraine. A notre avis, il serait profondément téméraire de condamner complètement de prime abord l'une ou l'autre de ces deux solutions, qui peuvent, suivant les cas, présenter le maximum d'avantages. Nous ne parlons pas ici d'une solution mixte qui a presque tous les inconvénients des deux autres systèmes sans en avoir les avantages et qui consiste à établir les voies en tranchées ouvertes ; cette disposition n'est d'ailleurs généralement employée que comme passage de raccordement entre une portion souterraine et une portion aérienne de la ligne.

Pour nous, qui sommes extrêmement partisan de la voie aérienne chaque fois qu'elle est possible, nous trouvons qu'il ne faut pas seulement chercher à rendre rapides et commodes les moyens de transport, mais qu'il faut encore, autant que la chose se peut, les rendre aussi agréables et confortables que possible; or chacun sait le peu d'agrément que présente un voyage sous un long tunnel à quelques pieds sous terre, même en lui supposant, supposition bien rarement réalisée, une aération parfaite et un éclairage pouvant rivaliser avec celui du soleil; combien, au contraire, est agréable le parcours d'une ville au grand air sur un viaduc élevé, vrai voyage de touriste, dont le confortable ne nuit nullement à la rapidité et à la commodité de déplacement; de plus, un viaduc bien compris, tantôt parasol, tantôt parapluie, devient pour les piétons un précieux abri contre les intempéries atmosphériques.

Et que l'on n'embouche point, au sujet des métropolitains aériens, la trompette de l'esthétique qui fut, pour la traction électrique des tramways par trolley et canalisation aérienne, une véritable trompette de Jéricho; en effet, s'il est évident que l'on peut construire des horreurs de viaducs lourds et disgracieux, il n'en est pas moins vrai que l'on peut également en établir de légers et d'élégants, superbes constructions de fer qui, loin d'abîmer et de déparer une ville, en deviendraient un ornement agréable et décoratif, véritable œuvre d'art au sens vrai du mot, se prêtant aux plus intéressantes manifestations artistiques.

Malheureusement, l'établissement d'un métropolitain aérien n'est pas toujours possible et devant des difficultés souvent insurmontables ses plus fermes partisans doivent souvent s'incliner; il faut, en effet, pour construire un viaduc, disposer de chaussées suffisamment larges et spacieuses qui ne se trouvent pas transformées en tunnels par l'établissement de la voie aérienne. On est donc forcé, dans certains cas, d'avoir recours à la voie souterraine, toute désagréable et coûteuse qu'elle est, car nous avons omis de dire que la voie aérienne coûte, en général, moitié moins cher de premier établissement que l'horrible et sombre terrier auquel on est malheureusement trop souvent forcé d'avoir recours pour la traversée des anciennes villes à étroites ruelles.

Disons donc, pour résumer ce rapide exposé, que pour nous l'idéal du métropolitain réside dans la voie aérienne chaque fois qu'elle est possible, mais la voie aérienne légèrement et élégamment établie, la voie souterraine n'étant employée que pour compléter le réseau aérien lorsque les circonstances l'exigent d'une manière absolue et les voies en tranchées aussi complètement bannies que possible; dans tous les cas, ce métropolitain comporte l'emploi exclusif de la traction électrique.

Nous allons maintenant examiner quelques métropolitains déjà réalisés ou simplement à l'état de projet et choisis parmi les plus intéressants.

Chemin de fer électrique aérien de l'Exposition de Chicago. — D'une façon générale, le chemin de fer électrique de l'Exposition de Chicago de 1893 (fig. 60) était à voie aérienne et suivait intérieurement l'enceinte de l'Exposition, comme l'indique la carte figure 61; sa longueur était de $5^{km},5$ et les stations au nombre de 18. Les trains étaient composés de 1 ou 2 voitures automobiles de 90 places chacune et de 3 ou 6 voitures remorquées de 100 places et ils se suivaient à très courte distance. L'énergie électrique nécessaire à leur propulsion était fournie par une station centrale spéciale et était canalisée par les rails jusqu'aux moteurs.

 Le chemin de fer proprement dit a été construit par la Western Dummy Railroad C°, de Chicago, tandis que l'installation électrique était réalisée par la General Electric C°. La charpente supportant la plate-forme de la voie (fig. 62) était constituée par des poutres car-

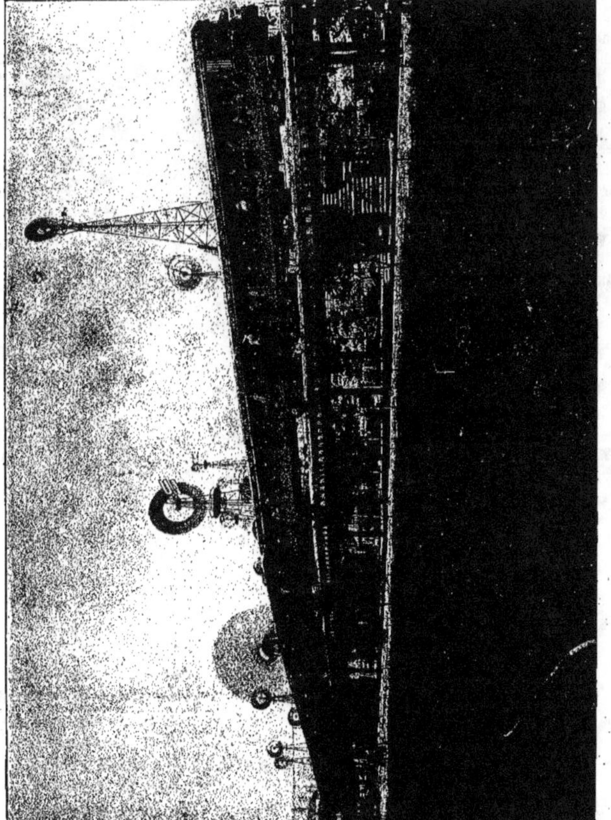

Fig. 62. — Chemin de fer électrique aérien de l'Exposition de Chicago. — Vue d'une voiture automobile remorquant sept voitures ordinaires.

rées en sapin, de 30 centimètres de côté et de 6 à 9 mètres de hauteur, solidement maintenues par des arcs-boutants noyés dans le sol et munies à la partie supérieure de consoles en fonte contribuant à supporter des poutres transversales en bois. Sur ces poutres reposaient

4 longerons d'acier en double T pesant 80 kilogrammes le mètre courant. Enfin, sur ces longerons étaient fixés les traverses ordinaires de la voie et les rails de roulement. Dans l'entre-voie, 4 rails semblables au premier reposaient sur des poutrelles en bois créo-
soté et servaient à l'amenée du courant
aux moteurs des wagons : les deux rails
les plus rapprochés des voies étaient
ceux de contact et les deux autres, les
feeders. Le circuit de retour était constitué par les rails de roulement et les
longerons de la charpente auxquels ces
rails étaient reliés de distance en distance
par un fil de cuivre pris entre des bandes
de même métal rivées à froid dans les
rails et les longerons. L'éclissage des
rails de contact et des feeders était
effectué au moyen de bandes de cuivre
rivées et portant un œillet (fig. 63),

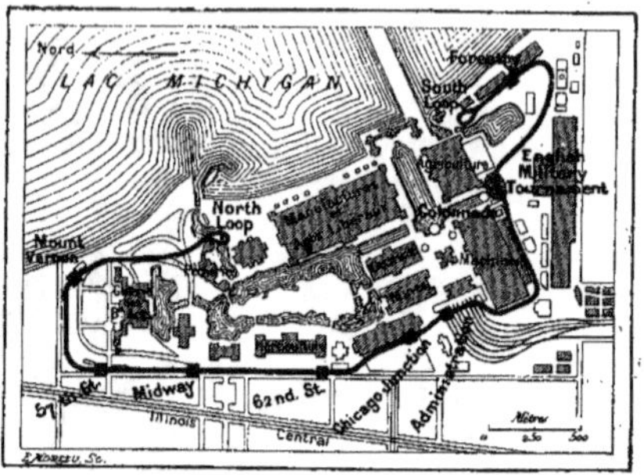

Fig. 61. — Tracé du chemin de fer électrique aérien de l'Exposition de Chicago.

qui permettait de réunir à chaque longueur de rail le feeder et le rail de contact, au moyen d'une broche de cuivre repliée en U.

Les rails de roulement, de contact et de feeder avaient été choisis semblables et du type des voies ordinaires de chemins de fer pour en trouver plus facilement l'emploi après la

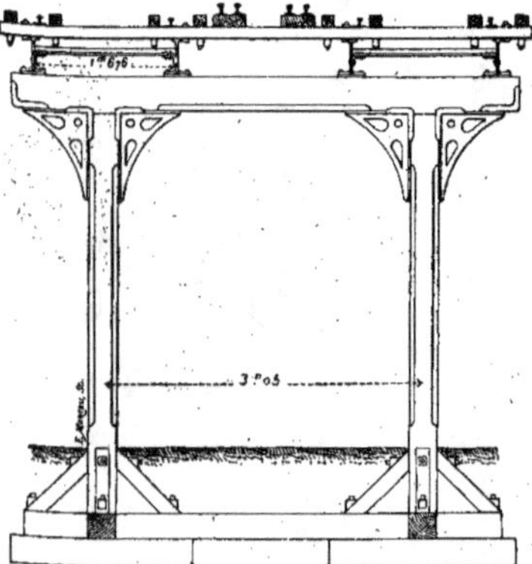

Fig. 62. — Coupe transversale de la voie aérienne.

clôture de l'Exposition et la démolition de ce chemin de fer.

La voie était sensiblement en palier sur toute sa longueur, sauf au voisinage des haltes où elle s'élevait un peu avant la station, puis s'abaissait d'autant après pour faciliter d'abord l'arrêt du train, puis son démarrage.

Les voitures avaient 15 mètres de longueur, 2m,70 de largeur et contenaient 90 ou 100 places, suivant qu'elles étaient automobiles ou non. Le poids des voitures automobiles pleines était de 30 tonnes et celui des voitures remorquées de 22 tonnes. Les portes des wagons étaient en deux parties et à coulisse; elles étaient commandées par un levier situé à l'extrémité de la voiture; mais, pour éviter tout accident, les deux coulisses ne pouvaient se rejoindre complètement. Un seul homme suffisait à desservir deux voitures. Elles étaient brillamment éclairées au moyen de 14 lampes à incandescence disposées sur les côtés.

Pour permettre l'inscription du matériel roulant dans les courbes de faible rayon, les caisses étaient montées sur deux trucks à bogies dont l'écartement des essieux était de 1m,676, et, pour rendre plus facile leur mouvement d'orientation, les caisses n'étaient pas posées directement sur les trucks, mais sur une série de galets disposés en couronne au centre et en secteurs aux extrémités. Les roues étaient en fonte et avaient 910 millimètres de diamètre. Les voitures automobiles étaient du même type que les autres, mais portaient en outre les moteurs, les appareils de réglage de la vitesse et les pompes à air pour la manœuvre des freins.

Les moteurs, au nombre de 4, attaquaient chacun un essieu du truck par une seule paire d'engrenages. Ces moteurs (fig. 64) pouvaient développer normalement une puissance de 100 kilowatts (133 chevaux); ils étaient complètement à l'abri de la poussière et de l'humidité, et les engrenages étaient enfermés dans une boîte en fonte contenant de l'huile. Les quatre moteurs étaient reliés électriquement à un contrôleur analogue à celui employé sur les voitures de tramways ordinaires et servant à les coupler

Fig. 63. — Méthode de connexion des rails de contact et d'alimentation.

entre eux de différentes manières pour faire varier l'effort de traction et la vitesse. Pour effectuer les démarrages, les quatre moteurs étaient couplés en tension, et, pour obtenir la vitesse maxima, ils étaient couplés tous les quatre en parallèle.

Fig. 64. — Électromoteur de 100 kilowatts (133 chevaux). — Ouvert.

Le courant était amené aux moteurs par des patins glissant sur le rail de contact. Ces patins, au nombre de quatre, deux de chaque côté des voitures, étaient montés sur d'épaisses planches de chêne et électriquement isolés de la voiture. Chacun d'eux se com-

Fig. 65. — Dynamo génératrice de 1,500 kilowatts (2,050 chevaux), actionnée directement par une machine à vapeur et alimentant le chemin de fer électrique de l'Exposition de Chicago.

posait d'une carcasse en fer portant deux bras sur lesquels s'articulaient deux leviers supportant une semelle de frottement. Cette semelle était en fonte et venait simplement frotter sur le rail sous l'action de son propre poids, l'articulation ayant seulement pour but de permettre à la voiture certains mouvements horizontaux ou verticaux sans que la semelle cesse d'appuyer sur le rail. La connexion entre la semelle du trolley et le conducteur qui amenait le courant aux moteurs était faite à l'aide de bandes de cuivre minces, superposées et flexibles. Sur les quatre trolleys il n'y en avait que deux montés en quantité qui servaient à la fois. Au potentiel de 500 volts et à la puissance maxima normale, un train prenait au démarrage jusqu'à 1,000 ampères; il passait donc 500 ampères environ par chaque trolley. Sous l'action d'un courant aussi intense, les démarrages se produisaient très rapidement et, moins de

Fig. 63. — Métropolitain aérien à traction électrique de Chicago.

100 mètres après leur point de départ, les trains avaient déjà une vitesse de 16 kilomètres à l'heure.

La puissance moyenne requise par un train en marche n'était que de 50 chevaux environ, mais au démarrage cette puissance était décuplée.

Les freins étaient actionnés par l'air comprimé. Un petit moteur spécial commandant une pompe à air se mettait automatiquement en marche dès que la pression de l'air dans le réservoir tombait au-dessous de 4 atmosphères.

Les trains, au nombre de 15 ordinairement, se suivaient à 4 minutes d'intervalle et la voie était pourvue d'un « block-system » parfait, ne permettant pas à deux trains de pouvoir s'approcher au delà d'une distance déterminée.

Le jour de l'anniversaire de l'Indépendance des États-Unis (4 juillet 1893), l'Intramural (c'est ainsi que l'on appelait ce chemin de fer) n'a pas transporté moins de 63,000 voyageurs. Le nombre total des voyageurs transportés pendant la durée de l'Exposition a été de 5,803,895.

La station génératrice comportait 10 chaudières Babcock et Wilcox de 250 chevaux chauffées au pétrole. La force motrice était fournie par 5 moteurs de différents types variant de 268 à 2,000 chevaux et actionnant autant de dynamos.

Parmi ces machines se trouvait une des plus puissantes dynamos qui aient jusqu'ici été construites ; cette dynamo de 2,000 chevaux (fig. 65) était commandée directement par un moteur horizontal E.-P. Allis tournant à 75 tours par minute ; elle était hypercompoundée de 500 à 550 volts, mais pouvait donner de 500 à 600 volts ; son débit normal était de 2,730 ampères et pouvait être poussé accidentellement à 3,500 ampères. Par suite de sa construction très soignée, il ne se produisait aucune étincelle à n'importe quelle charge.

Les données principales de cette machine sont les suivantes :

Poids des inducteurs	36 tonnes
— de l'armature	33 —
— du commutateur	5,6 —
— de la dynamo complète	82 —
— de l'arbre et du plateau-manivelle	56 —
— du volant	85 —
Diamètre extérieur de la couronne portant les inducteurs	4 m. 50
Largeur de la couronne	0 m. 91
Diamètre de l'armature	3 m. 15
Largeur de l'armature	1 m. 00
Diamètre du volant	7 m. 20
Largeur du volant	0 m. 60
Épaisseur du volant	0 m. 55
Diamètre du collecteur	2 m. 25
— de l'arbre	0 m. 61

Les lames de tôle formant l'induit sont au nombre de 17,200 et pèsent 25 tonnes ; elles sont maintenues en place par deux couronnes en fonte pesant 4 tonnes chacune. L'enroulement est constitué par des bandes de cuivre de 8 centimètres de largeur sur 6 millimètres d'épaisseur, disposées dans 348 encoches ménagées sur la périphérie de l'armature et soigneusement isolées au mica. Le courant est recueilli par 12 porte-balais, munis chacun de 10 balais en charbon.

Il est important de remarquer que ce grand déploiement de force motrice n'était pas nécessaire dans la circonstance. La machine de 1,000 chevaux suffisait et a suffi pour assurer le service ; mais il était intéressant de montrer la facilité avec laquelle on pouvait faire marcher simultanément sur le même réseau des machines aussi différentes, commandées par des moteurs à vapeur également différents, sous des charges des plus variables. C'est la raison qui a conduit les constructeurs à installer une puissance beaucoup plus considérable qu'il n'était nécessaire.

En résumé, pour installer un chemin de fer électrique pouvant transporter soixante mille voyageurs sur 6 kilomètres, pendant une journée, en supposant un départ toutes les 4 minutes, il faudrait à la station génératrice une ou plusieurs machines à vapeur donnant ensemble une puissance de 1,500 chevaux, une ou plusieurs dynamos dont la puissance totale serait de 1,000 kilowatts, 15 voitures automotrices ayant chacune 4 moteurs de 100 kilowatts.

Métropolitain aérien à traction électrique de Chicago. — Peu de temps avant l'Exposition, la ville de Chicago avait voté la construction d'un métropolitain destiné à faire communiquer le centre de la ville avec l'immense district s'étendant entre les branches nord et sud de la rivière de Chicago, appelé la région de l'Ouest, où résident plus de 800,000 habitants, et avait adopté la traction par locomotives à vapeur, comme New-York et beaucoup d'autres cités américaines. Les travaux furent entrepris dans ce sens et poussés activement ; mais, avant qu'ils fussent complètement achevés, le métropolitain électrique de

Fig. 67. — Voiture du métropolitain aérien à traction électrique de Chicago.

l'Exposition de Chicago avait démontré que la traction électrique possédait sur la traction à vapeur d'énormes avantages, tant au point de vue économique qu'à tout autre point de vue. La Metropolitan West Side Elevated Railroad C° n'hésita donc pas à abandonner son projet de traction à vapeur et, au mois de juin 1894, passa un contrat avec la General Electric C° pour l'adoption du système de chemin de fer intramural essayé avec tant de succès durant l'Exposition. Moins d'un an après le réseau fut ouvert au public.

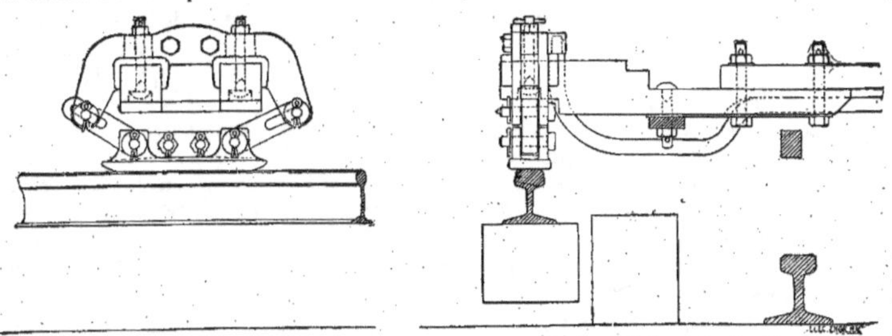

Fig. 68. — Patin de contact vu de face.   Fig. 69. — Patin de contact vu de profil.

La ligne principale part de Franklin street, au centre même du quartier des affaires, se dirige vers l'ouest sur 3 km. 5 et comporte 4 voies ; puis elle se divise en trois branches : une branche à deux voies et de 7 kilomètres va vers l'ouest au delà de Garfield-Park ; l'autre branche remonte au nord sur 4 kilomètres, et la troisième se dirige vers le sud. L'ensemble de ces lignes représente 30 kilomètres.

Toutes ces lignes sont parfaitement droites : elles empruntent rarement les voies publiques et passent au travers des blocs de maisons. Toutes les maisons de peu d'importance ont été démolies ; les autres plus riches ont été transportées d'un seul bloc dans d'autres quartiers de la ville, sans souffrir en quoi que ce fût de ce déplacement.

L'installation de ce chemin de fer aérien étant dans son ensemble similaire au chemin de fer de l'Exposition de Chicago que nous venons de décrire, nous n'en retracerons que les grands traits et les points particuliers.

Le viaduc (fig. 66) est entièrement en acier ; sa hauteur minimum au-dessus des rues est de 4 m. 30 et sa hauteur moyenne 4 m. 60. La distance entre les piliers varie de 12 à 15 mètres. Le chemin de fer électrique traverse la rivière de Chicago sur un pont métallique oscillant de 53 mètres de longueur, de pile à pile. Ce pont est composé de deux moitiés distinctes, mues par des moteurs électriques contrôlés des cabines de signaux à l'est et à l'ouest du pont.

Les rails de roulement pèsent 41 kg. par mètre ; les rails de contact ne pèsent que 20 kg. et sont disposés de chaque côté de la voie à 18 cm. environ au-dessus des rails de roulement. Ces rails sont fixés au moyen de vis sur des poutres en bois de 14 cm. de côté, bouillies dans la paraffine, et sont réunis entre eux au moyen d'éclisses à deux écrous seulement, de façon qu'ils puissent s'aligner d'eux-mêmes. De larges bandes de cuivre rivées sous le patin du rail assurent une parfaite continuité électrique.

Les feeders, au nombre de 18, sont constitués par des rails de 20 kg. par mètre, disposés entre les rails de roulement et recouverts d'une boîte en bois pour éviter que les employés circulant sur la voie ne viennent à toucher simultanément ces feeders et les rails de roulement qui, avec la structure métallique, constituent le circuit de retour.

Les rails de contact sont sectionnés et chaque section est desservie par un feeder aboutissant, d'autre part, à un tableau spécial comportant un ampèremètre, un coupe-circuit, un interrupteur automatique, un interrupteur à main et un parafoudre. Les rails de contact de chaque côté de la voie sont reliés entre eux et aux rails feeders tous les 100 mètres environ.

Le matériel roulant se compose de 55 voitures automotrices et de 150 voitures ordinaires (fig. 67). Sur les lignes de grand trafic, il est fait usage d'une voiture à 4 moteurs remorquant 5 voitures ; sur les autres lignes, les trains se composent d'une voiture automotrice à deux moteurs et deux voitures remorquées.

Le courant est recueilli et amené au contrôleur par deux patins, un de chaque côté de la voiture, fixés à l'extrémité d'une poutre transversale solidement amarrée sous la voiture. Ces patins sont supportés par des bielles à coulisse qui permettent au patin de s'élever ou de s'abaisser pour suivre les ondulations du rail de contact. Les figures 68 et 69 montrent ce patin et son mode de connexion.

Le poids des voitures automotrices chargées est de 29,000 kg. et celui des voitures remorquées de 21,000 kg.

La station génératrice ne diffère pas beaucoup des grandes stations de tramways. La puissance actuelle est de 6,000 chevaux, mais elle peut être doublée facilement. Elle comporte deux machines verticales Reynold-Corliss de 2,000 chevaux, commandant chacune directement une génératrice de 1,500 kilowatts et deux autres machines analogues de 1,000 chevaux accouplées avec deux génératrices de 800 kilowatts.

Le chemin de fer électrique métropolitain de Chicago est en service depuis deux ans et a fonctionné sans le moindre accident. Une circonstance extraordinaire a récemment

Fig. 78. — Métropolitain électrique aérien de Berlin. — Gare de la Skalitzerstrasse.

montré la puissance de ce système. Le 25 novembre 1895, une tempête de neige d'une violence inouïe s'abattit sur Chicago ; une pluie torrentielle succéda à la neige, et bientôt la température s'abaissa rapidement, transformant en un vaste amas de glace l'épaisse couche d'eau et de neige. Tous les moyens de transport furent paralysés : voitures, tramways à câble et électriques, chemins de fer à vapeur, etc., sauf le chemin de fer électrique, qui dut même mettre en service tout son matériel roulant pour ramener dans ses foyers l'immense foule appelée dans le jour au centre de la ville.

Métropolitain électrique aérien de Berlin. — L'admission du projet de métropolitain électrique aérien pour la ville de Berlin présenté en 1880 par la maison Siemens et Halske rencontra une série de difficultés soulevées par la municipalité de Berlin, par celles des communes environnantes et par les conseils de fabrique des églises qui se trouvaient à proximité du parcours projeté ; un ordre de cabinet de 1893 put seul triompher des principaux obstacles, mais ce ne fut qu'en 1896 que toutes les entraves purent être levées et les travaux commencer.

La voie doit être construite sur un viaduc presque entièrement en fer, comme l'indiquent nos figures 70, 71, 72, 73 et 74 ; toutefois, dans les endroits où la ligne traverse des pâtés de maisons, le viaduc est en maçonnerie. La longueur totale de la voie atteint 10 kilomètres et demi et comprend 13 stations placées en moyenne à un intervalle de 800 mètres ; les plus petites courbes ont 60 mètres de rayon et la pente maxima est de 2,5 o/o, mais les rampes ne dépassent ordinairement pas 1 o/o ; la hauteur de la voie doit être partout suffisante pour laisser entre la partie inférieure des fermes du viaduc et la chaussée un espace libre d'au moins 2ᵐ,80 ; cette hauteur est nécessaire pour permettre le passage de certains véhicules, particulièrement des pompes à incendie et des échelles de sauvetage. Aux croisements des rues, où sont ordinairement établies les stations, cette hauteur est portée à 4ᵐ,55 ; dans ces endroits la voie est placée entre les portants principaux pour diminuer autant que possible sa hauteur, tout en laissant sous le viaduc la hauteur de passage indiquée ; l'épaisseur de

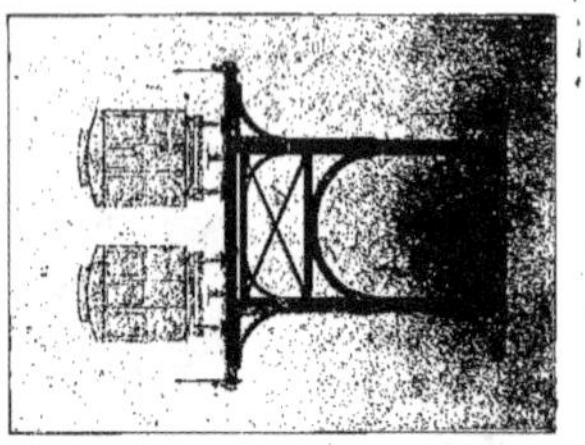

Fig. 72. — Coupe du viaduc.

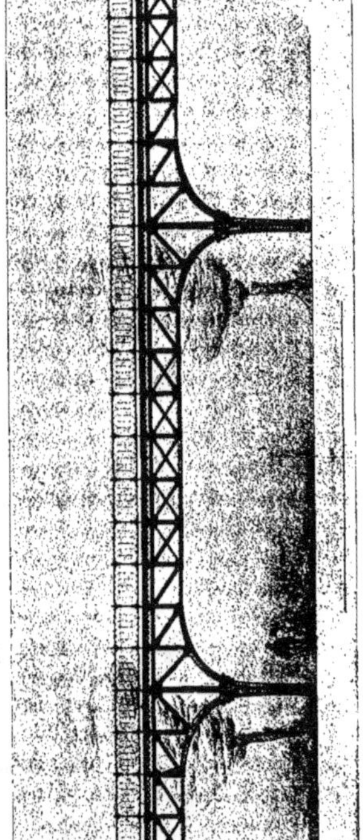

Fig. 71. — Métropolitain électrique aérien de Berlin. — Vue du viaduc en fer.

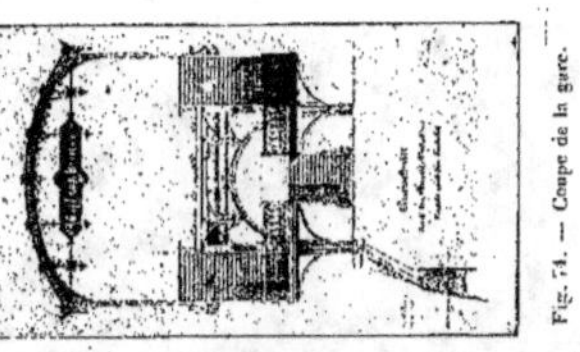

Fig. 74. — Coupe de la gare.

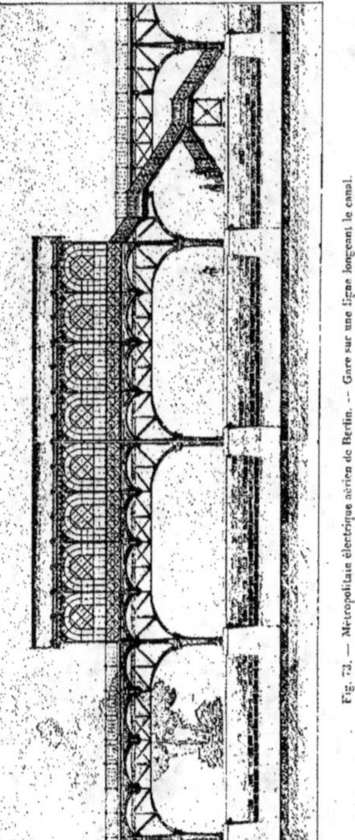

Fig. 73. — Métropolitain électrique aérien de Berlin. — Gare sur une ligne longeant le canal.

la ferme du viaduc supportant la voie n'étant plus que de 0^m,75, la hauteur totale de la voie est de 5^m,30. La longueur des fermes est de 16^m,50 pour les portions du viaduc les plus élevées et de 12 mètres pour les autres; la largeur du viaduc est de 7 mètres.

Aux gares se trouvent des aiguillages permettant le croisement des trains, de manière à pouvoir utiliser, en cas d'accident, une seule des deux voies; ces branchements sont fermés automatiquement.

Afin d'atténuer autant que possible les bruits résultant du passage des trains sur un viaduc en fer, la voie doit être constituée en deux parties : la première, composée des portants longitudinaux et transversaux soutenant tout l'ensemble et la seconde, dont le but est d'assourdir le bruit, formée d'un lit de sable recouvert d'une couche d'asphalte, ce qui rend la voie imperméable.

Les conducteurs amenant le courant électrique sont constitués par des rails spéciaux placés au milieu des voies, tandis que les rails ordinaires servent de fil de retour; les voitures motrices, munies des moteurs commandant les essieux par engrenages réducteurs de vitesse et des frotteurs de prise de courant, ont une longueur de 13 mètres entre tampons et une largeur de caisse de 2^m,30. La vitesse moyenne doit être de 28 kilomètres à l'heure, y compris les arrêts, et la vitesse maxima doit pouvoir atteindre 50 kilomètres à l'heure; enfin, les trains doivent se succéder toutes les 2 à 6 minutes, suivant les lignes et les circonstances.

Métropolitain souterrain de Budapest. — Ce métropolitain, construit par la maison Siemens et Halske de Berlin, n'est pas, comme ceux de Londres, établi dans un tunnel relativement profond, mais passe au contraire immédiatement sous la chaussée, qui se trouve supportée par une voûte de faible épaisseur; il suit le cours des rues et possède deux voies d'écartement normal; de fréquents arrêts permettent la montée et la descente des voyageurs.

La longueur de la ligne est de 3 kilomètres 75, dont 3 kilomètres 22 sont souterrains

Fig. 75. — Métropolitain souterrain à traction électrique de Budapest. — Construction de la voûte du tunnel.

Fig. 76. — Métropolitain souterrain à traction électrique de Budapest. — Ligne en construction ; une partie de la voûte est terminée.

et 530 mètres établis en tranchée ; la pente la plus rapide est de 2 o/o et le rayon minimum des courbes de 40 mètres.

Dans la construction du tunnel il était indispensable qu'il existât le plus faible espace possible entre le niveau des rails et le niveau de la chaussée, la hauteur étant déterminée par celle de l'égout principal. Il fallait donc non seulement réduire à sa dernière limite la hauteur de la voûte du souterrain, mais encore l'épaisseur de cette voûte qui devait pourtant être suffisamment solide pour supporter sans danger la chaussée et les charges qui y circulent. Nos figures 75 et 76 montrent clairement le mode de construction adopté ; la voûte du tunnel est établie au moyen de deux poutres en I placées dans le sens de la longueur de la ligne et reposant sur des supports verticaux ; ces poutres présentent une hauteur de 320 millimètres lorsque la chaussée est pavée en bois et de 350 millimètres lorsqu'elle reçoit un pavage ordinaire ; sur ces poutres sont placées transversalement, à une distance de 1 mètre, d'autres sommiers également en forme d'I reposant par leurs extrémités sur les parois des murs latéraux et possédant, suivant la charge à supporter, une hauteur de 300, 320 ou 350 millimètres. Les espaces laissés libres entre les poutres sont comblés par de petites voûtes en béton reposant sur des fers recourbés et le tout est recouvert d'une couche de béton de 10 centimètres d'épaisseur. Les murs latéraux et le sol du tunnel sont également établis en béton.

La rangée de colonnes qui supportent la voûte du tunnel en son centre laisse entre elle et les parois du souterrain la distance nécessaire au passage des wagons et la largeur totale du tunnel est de 6 mètres ; les supports sont placés de 3 en 3 mètres.

La distance entre le niveau de la chaussée et celui des rails n'est que de 3 m. 45 lorsque la chaussée est revêtue de pavés de bois et de 3 m. 55 lorsqu'elle est garnie de pavés ordinaires ; en tenant compte de la profondeur de l'infrastructure de la voie, cette distance est portée à 4 m. 45 et 4 m. 55.

Au-dessus de chaque voie sont fixés à la voûte du tunnel deux conducteurs dont l'un sert à l'arrivée, l'autre au retour du courant ; la prise et le retour du courant s'effectuent au moyen d'un appareil spécial fixé sur le toit du wagon. Les conducteurs de travail reçoivent le courant de distance en distance par des câbles d'alimentation fixés eux aussi à la voûte du souterrain et consistant en fils de cuivre isolés. De plus, le long de la ligne sont aussi disposés différents conducteurs servant à l'éclairage, aux signaux et à la communication téléphonique entre les stations. Il y a 21 wagons moteurs pouvant contenir 50 personnes. Ils se succèdent à des intervalles ne dépassant pas 5 minutes avec une vitesse maxima de 40 km. à l'heure.

Projet de tramway tubulaire Berlier. — Cet intéressant tramway tubulaire n'est encore qu'un projet déposé en 1887, souvent remanié depuis et attendant toujours sa réalisation pratique, qu'une série de difficultés inexplicable vient sans cesse retarder.

Ce tramway, qui est bien plutôt un métropolitain, se propose de traverser Paris dans un de ses plus grands diamètres en réunissant le bois de Vincennes au bois de Boulogne ; notre figure 77 indique d'ailleurs ce parcours et montre l'emplacement des différentes stations.

Ce qui particularise le projet Berlier est d'abord sa construction par cheminement souterrain sans ouverture de grandes tranchées sur la voie publique, ensuite l'emploi du métal comme revêtément des parois du tunnel, enfin l'électricité employée exclusivement pour la traction des véhicules et l'éclairage intérieur du tunnel et des stations.

L'évidement du sol se fera comme l'indique notre figure 82, au moyen d'un cylindre en acier de 6 m. 34 de diamètre extérieur, portant à l'avant un bouclier mobile muni de burins tranchants à l'aide desquels il découpe dans le sol une ouverture circulaire ; ce bouclier est actionné par de puissantes presses hydrauliques.

Le cylindre enveloppe provisoirement le tube en fonte, comme le font les anneaux d'un télescope ; il sert de gabarit pour la pose des plaques ou segments, qui se fait au fur et à mesure de la marche en avant de l'appareil.

Le tube (fig. 78) de 6 m. 30 de diamètre extérieur est composé d'un cuvelage en fonte formé de 12 segments de 50 centimètres de large et de 1 m. 63 de haut, réunis au sommet par une clef de 20 centimètres ; l'épaisseur de la fonte étant de 25 millimètres et les saillies ou nervures destinées à former le joint ayant 10 centimètres, le diamètre intérieur utile du tube est de 6 m. 65.

Le vide laissé entre l'extérieur du tube et les terres, après le passage du bouclier, est successivement comblé pour empêcher les excavations, les fuites et les éboulements, au moyen de coulées de mortier de ciment et de

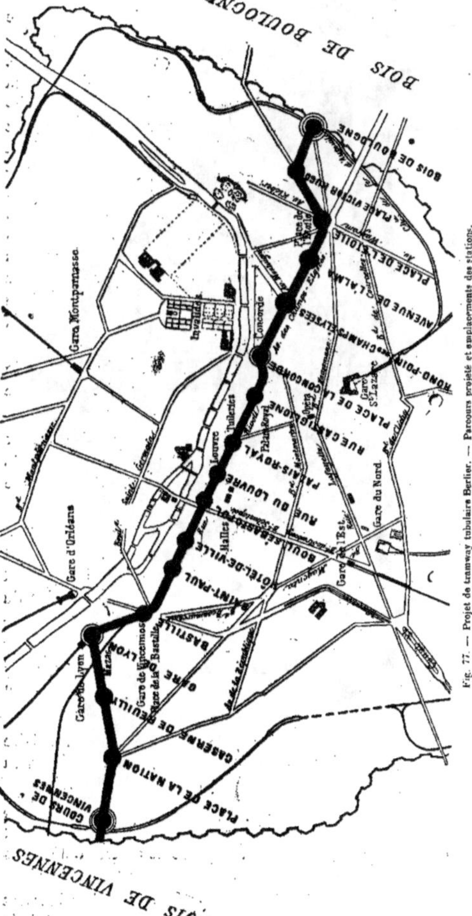

Fig. 77. — Projet de tramway tubulaire Berlier. — Parcours projeté et emplacement des stations.

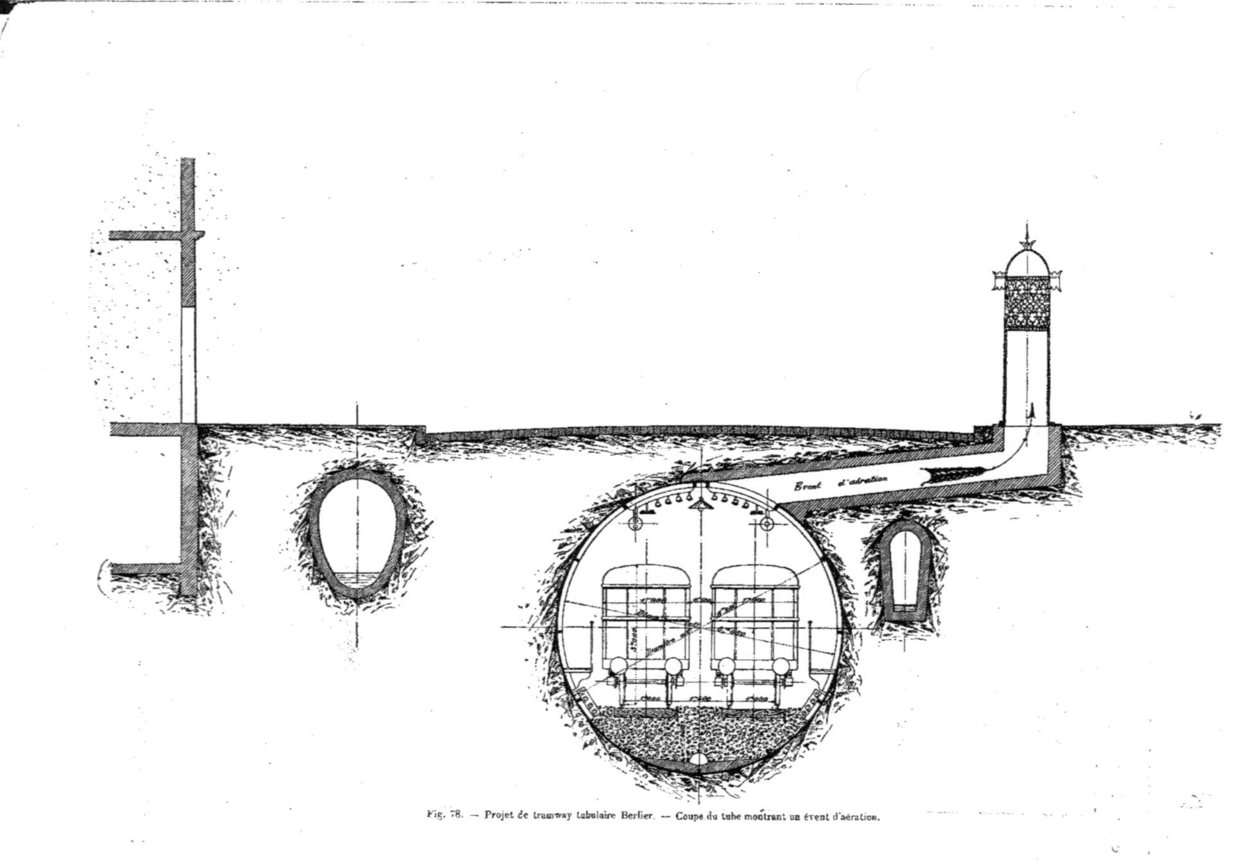

Fig. 78. — Projet de tramway tubulaire Berlier. — Coupe du tube montrant un évent d'aération.

chaux hydraulique préparé dans un récipient métallique et lancé avec force par l'air com-

Fig. 79. — Projet de tramway tubulaire Berlier. — Station de la place de l'Étoile.

primé ; la pression chasse le mortier dans un tuyau adapté à un trou ménagé dans l'axe de chaque segment. On commence par le bas et l'opération cesse quand le ciment reflue par les trous supérieurs.

Il est démontré par l'expérience que cette couche de ciment, appliquée sous une pression élevée, a le double avantage d'éviter les excavations et d'empêcher l'oxydation de la fonte. On a constaté en effet que des plaques de fonte revêtues, par ce procédé, d'une couche de ciment depuis un certain laps de temps étaient dans un parfait état de conservation et que le ciment y était tellement adhérent qu'il était presque impossible de l'en séparer.

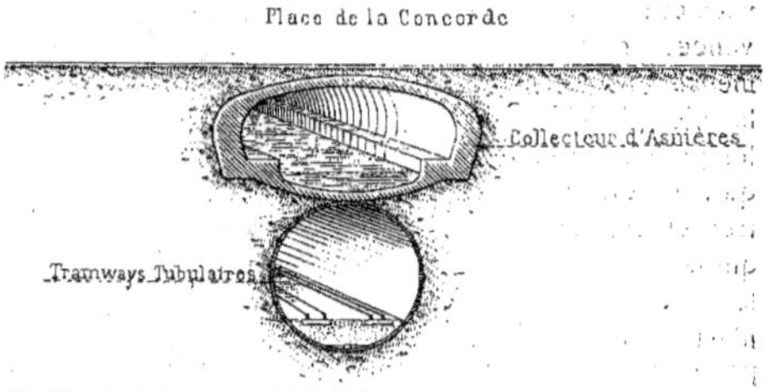

La facilité de construction n'est pas le seul avantage du système : l'emploi des parois de métal, en constituant une galerie tout à fait étanche qui s'oppose aux suintements et aux infiltrations que l'on ne peut jamais éviter absolument avec la maçonnerie, donne, au point de vue de l'hygiène, les plus sérieuses garanties, car ces eaux d'infiltration sont souvent le véhicule de maladies infectieuses qu'il est d'un grand intérêt d'éviter dans un endroit fréquenté par un nombreux public.

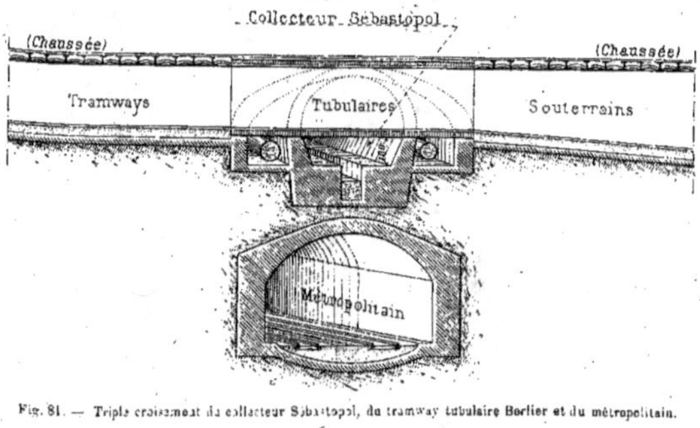

Fig. 80. — Projet de tramway tubulaire Berlier. — Croisement avec le collecteur d'Asnières.

Fig. 81. — Triple croisement du collecteur Sébastopol, du tramway tubulaire Berlier et du métropolitain.

Les différentes stations seront également souterraines et communiqueront avec la voie publique par un escalier débouchant dans un kiosque léger et élégant, comme l'indique la figure 79 représentant la station de la place de l'Étoile.

Comme il a été dit, le tramway tubulaire fonctionnera électriquement ; le courant sera amené sous la voiture motrice par un conducteur en fer placé entre les rails, et sur lequel glissera un frotteur en métal porté par les appareils récepteurs ; le courant sera ramené par les roues aux rails, qui serviront de conducteur de retour. Les dynamos génératrices débiteront le courant électrique sous une tension maximum de 500 volts. L'éclairage des gares, du tube sur tout le parcours et de l'intérieur des voitures se fera également par l'électricité.

Quoique la traction électrique ne dégage ni gaz ni fumée, M. Berlier a étudié l'importante question de l'aération d'une façon toute particulière et l'a résolue en construisant de distance en distance des cheminées d'appel partant du sommet du tube et rejoignant l'intérieur d'édicules placés sur le sol des trottoirs, édicules analogues aux colonnes-affiches, ainsi que le montre la figure 78.

Toutes les difficultés ont été prévues et résolues à l'avance, particulièrement le croisement de la voie tubulaire avec les principaux égouts qu'elle devra rencontrer et croiser, ainsi que le croisement avec le métropolitain qui n'est lui-même qu'à l'état de projet ; la figure 80 montre ainsi le croisement du tramway tubulaire avec le collecteur d'Asnières sous la place de la Concorde et la figure 81 le croisement triple du collecteur Sébastopol, du tramway futur et du métropolitain tout aussi futur.

On ne sait encore actuellement si ces divers projets verront jamais le jour, ce qui, bien entendu, n'est ici pour ces œuvres souterraines qu'une façon de parler ; mais il est évident que Paris ne possède encore que des moyens de transport tout à fait primitifs et insuffisants, qu'il ferait bien de se hâter de transformer s'il veut garder sa réputation d'une des premières et des plus agréables villes du monde.

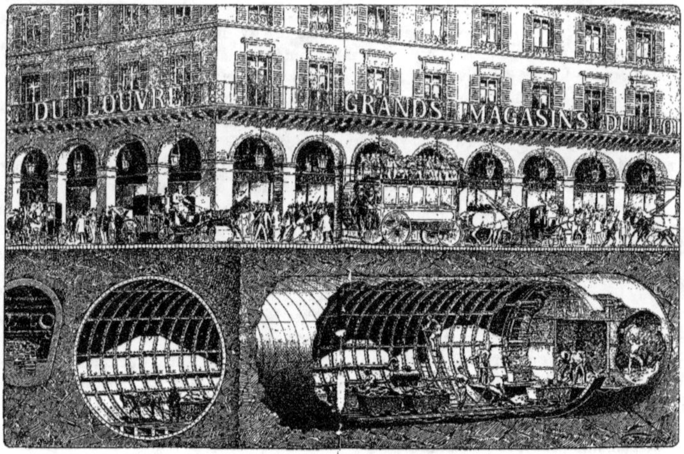

Fig. 80 — Projet de tramway tubulaire Berlier. — Mode de construction en pleine voie au-dessus de la station.

L'établissement de chemins de fer métropolitains dans les grandes villes présente, en effet, une énorme importance, car seuls ils permettent le transport rapide et en grande quantité des personnes. Quoique ne possédant pas une si grande souplesse de tracé que les tramways, ils présentent sur ceux-ci de nombreux avantages et viennent compléter avantageusement leurs réseaux existants ; ils ne produisent pas l'encombrement des voies qu'ils doivent contribuer à rapidement déblayer comme le font les omnibus et les tramways ; ils peuvent recevoir des vitesses importantes sans danger pour les piétons ; enfin, en cas de besoin, leur intensité de trafic peut être considérablement accrue sans aucun inconvénient pour la circulation ordinaire.

Ces qualités étaient auparavant, lorsque la traction à vapeur était seule employée, compensées par des défauts sérieux : bruits et trépidations excessives, fumée et odeur rendant insupportable le voyage en souterrain ou empestant les rues des villes. L'électricité a considérablement atténué les premiers inconvénients et complètement supprimé les seconds ; aussi a-t-elle permis et rendu inévitable le rapide développement des métropolitains.

CHAPITRE SECOND

TRACTION DES TRAMWAYS. — Les tramways roulant sur des rails établis sur les routes publiques laissées entièrement libres à la circulation des voitures et des piétons doivent naturellement posséder des qualités toutes différentes de celle des chemins de fer ordinaires : pour ne pas encombrer la voie, les convois ne doivent pas être trop considérables et sont composés de trois ou quatre voitures au maximum ; la vitesse ne peut dépasser une certaine valeur à partir de laquelle elle deviendrait trop dangereuse pour la circulation ordinaire, elle est en tout cas de beaucoup inférieure à celle des trains sur voie ferrée réservée ; les arrêts très fréquents, pour permettre la montée ou la descente des voyageurs, nécessitent une grande facilité de mise en marche ; de plus ces arrêts doivent pouvoir se produire presque instantanément pour éviter au besoin certains accidents ; enfin les distances à parcourir sont généralement peu importantes et dépassent rarement quelques kilomètres.

Le premier tramway destiné au transport des personnes fut construit à New-York en 1832 ; mais, malgré les grands avantages retirés de la traction sur rails comparée à la traction sur route ordinaire, ce mode de transport mit de longues années à se développer et ce n'est guère qu'en 1854 que la première ligne de tramway fut construite en Europe : cette ligne, connue sous le nom de chemin de fer américain et qui allait de la place de la Concorde de Paris à Sèvres, n'eut d'ailleurs qu'une durée éphémère ; en 1860, une ligne de tramway fut construite en Angleterre à Birkenhead ; enfin c'est en 1865 que la première ligne de tramway fut installée en Allemagne entre Berlin et Charlottenbourg.

Pendant longtemps on appliqua, faute de mieux, la traction animale aux tramways ; puis on essaya successivement la traction à vapeur et à air comprimé, sans toutefois que ces procédés prissent jamais une bien grande extension ; enfin depuis quelques années l'électricité est venue révolutionner entièrement ce genre de transport et la traction électrique s'est répandue avec une rapidité véritablement surprenante ; on essaya également avec succès la traction par moteur à gaz et à pétrole, mais jusqu'à maintenant ces modes de traction n'ont guère reçu de bien nombreuses applications.

La rapidité de développement de la traction mécanique des tramways, due à son incontestable supériorité, fait prévoir pour bientôt la disparition complète de l'antique et barbare traction animale ; aussi est-il dès maintenant absolument certain que dans quelques années, malgré la routine, les criailleries de certains ignorants et les entraves qui lui sont apportées par d'absurdes préjugés, la traction mécanique aura complètement supplanté la traction animale, et les lignes de tramways utilisant encore les chevaux pour leur traction seront regardées comme une simple curiosité, débris d'un temps passé, vestige d'un état barbare heureusement disparu.

TRAMWAYS A VAPEUR. — La traction à vapeur, qui avait déjà fait ses preuves pour les chemins de fer, fut naturellement la première employée pour la traction des tramways et de très nombreux systèmes furent successivement essayés, puis abandonnés par suite des inconvénients qu'ils présentaient de répandre sur la voie publique des gaz délétères toxiques et d'une odeur insupportable; on était bien arrivé à supprimer la fumée par l'emploi de combustible spécial tel que le coke, mais on ne pouvait naturellement supprimer les produits de la combustion tant qu'il restait un foyer quelconque.

Seul, le système de MM. L. Francq, Lamm et Mesnard supprima totalement et radicalement le dégagement de tout gaz nuisible en supprimant le foyer; nous ne décrirons donc que ce système, qui présente cet avantage sur tous les autres d'avoir surmonté le principal inconvénient des tramways à vapeur et qui est utilisé avec un plein succès depuis déjà de longues années dans un certain nombre de lignes de tramways.

Fig. 83. — Locomotive à vapeur sans foyer, système Francq, Lamm et Mesnard.

Traction à vapeur sans feu système Francq, Lamm et Mesnard. — Le principe de ce système, essayé pour la première fois à la Nouvelle-Orléans par le Dr Lamm et depuis très perfectionné par MM. Francq et Mesnard, réside dans l'utilisation de la capacité calorifique d'un certain volume d'eau auquel on communique une quantité de chaleur

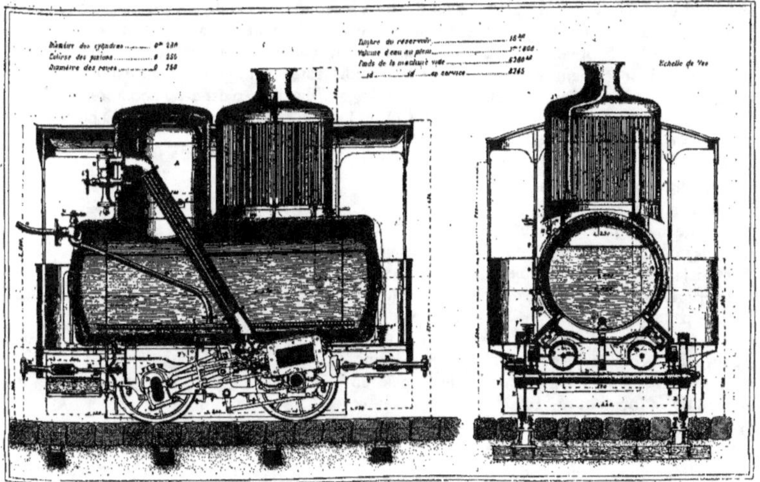

Fig. 84. — Locomotive à vapeur sans foyer. — Coupe longitudinale.

Fig. 85. — Coupe transversale.

suffisante pour obtenir la production de vapeur nécessaire au fonctionnement de la machine durant la période de temps voulu ; l'eau contenue dans une chaudière placée sur la locomotive est surchauffée avant le départ de l'usine par un courant de vapeur produit dans un générateur fixe ; la pression et par suite le point d'ébullition de l'eau augmentant avec la température, il ne se produit qu'une petite quantité de vapeur et la presque totalité de l'eau reste à l'état liquide, tout en devenant une source importante d'énergie latente ; au fur et à mesure que l'on puise de la vapeur dans cette chaudière pour alimenter le moteur, la pression diminue et une nouvelle quantité d'eau se vaporise jusqu'au moment où la température est descendue assez bas pour ne plus pouvoir donner à la vapeur d'eau produite la tension suffisante à l'alimentation du moteur ; il est alors nécessaire de ramener la locomotive à l'usine pour surchauffer à nouveau l'eau de sa chaudière. On comprend que par ce système la pression de la vapeur va sans cesse en diminuant ; mais on remédie facilement à cet inconvénient en intercalant sur le trajet de la chaudière au moteur un détendeur spécial.

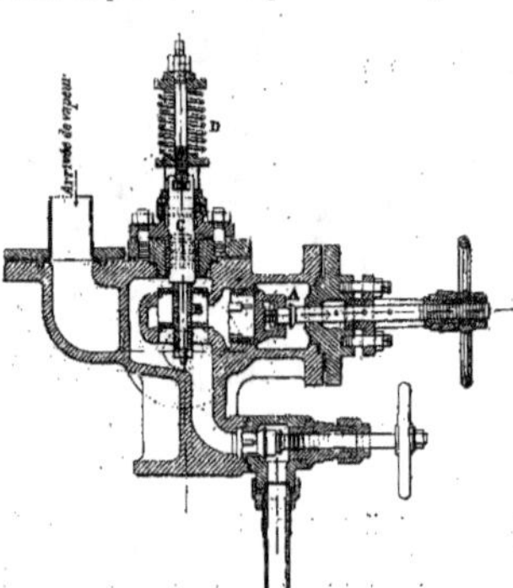

Fig. 86. — Régulateur d'écoulement de vapeur.

La figure 83 représente la locomotive sans foyer système Francq, Lamm et Mesnard, remorquant une voiture de tramway ; la figure 84 en donne une coupe longitudinale passant par l'axe de son réservoir et la figure 85 en est une coupe transversale, faite suivant l'axe du condenseur.

Cette locomotive se compose principalement d'un vaste réservoir cylindrique en tôle d'acier A, soigneusement préservé contre le refroidissement par rayonnement externe et d'un mécanisme moteur analogue à celui des locomotives ordinaires, c'est-à-dire comprenant deux cylindres B actionnant par leurs tiges de piston et les bielles C un essieu coudé D porteur de deux premières roues motrices E, celles-ci connexées par les bielles extérieures C' avec les deux autres roues E', également motrices par conséquent, et montées sur un essieu droit D'.

Le mécanisme moteur est placé à l'intérieur des deux longerons F, constituant les parties principales du châssis en tôle qui sert de base et de support à tout l'ensemble ; ce châssis est entouré par des panneaux en tôle F', reliés à la plate-forme.

Le réservoir A peut contenir un grand volume d'eau, qui, introduite froide dans l'appareil, est portée à une très haute température, avant la mise en marche de la locomotive, à l'aide d'un générateur fixe capable de produire de la vapeur à une pression qui peut atteindre 15 kilos et par conséquent une température de 200 degrés.

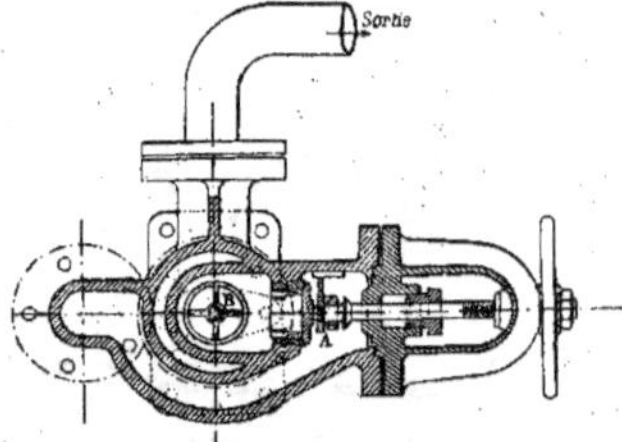

Fig. 87. — Régulateur d'écoulement de vapeur.

Pour cela, le tuyau de la prise de vapeur des chaudières est relié avec le tuyau de chargement du récipient par un robinet spécial, avec régulateur d'écoulement réglant automatiquement l'écoulement de la vapeur, de manière que le réchauffement de l'eau à l'intérieur du récipient se fasse progressivement et sans entraînement d'eau.

Ce régulateur d'écoulement de vapeur est représenté par les figures 86 et 87 ; la vapeur venant des générateurs est admise au moyen du robinet A entre les deux soupapes équilibrées B, reliées au piston C, sur lequel agit le ressort à boudin D. Ce piston reçoit la pression de la vapeur du récipient de la machine, qui le soulève graduellement, en même temps que les soupapes B, au fur et à mesure qu'elle augmente ; de manière que la section d'écoulement aux soupapes allant en augmentant avec la pression existant dans le récipient, cette section soit égale à celle des tuyaux, à la fin de l'opération, quand les pressions s'équilibrent.

La vapeur arrive du générateur dans le réservoir A par le tuyau *a* (fig. 84) réuni par un raccord fileté *a'* au robinet-valve G et au tuyau G' traversant la masse d'eau et venant se brancher avec un autre conduit horizontal G', clos à ses deux extrémités, mais percé de petits orifices par lesquels s'échappe la vapeur qui amène l'eau du réservoir dans les conditions voulues de température et de pression.

Pour opérer la prise de vapeur et la distribuer aux cylindres moteurs, il existe à l'intérieur du dôme A' un tube *b* dont l'extrémité supérieure, élevée aussi haut que possible, est percée d'ouvertures longitudinales par lesquelles la vapeur peut s'introduire ; ce tuyau, recourbé horizontalement, se raccorde avec le détendeur de vapeur représenté à part par les figures 88 et 89 ; ce détendeur de vapeur se compose de deux soupapes B, B de même diamètre, liées entre elles pour qu'elles se fassent équilibre sous la pression variable de la vapeur qui arrive du récipient par la tubulure X, d'un piston D recevant l'action de la vapeur détendue et qui est relié aux soupapes B, B par la tige C ; E est une membrane en caoutchouc servant d'obturateur au piston D, qui peut ainsi se mouvoir sans fuite. Une balance K, suspendue par le point d'oscillation M, actionne suivant le déplacement de son galet L les soupapes B, B par l'intermédiaire d'un levier H articulé en O et relié par le point P au piston D. Le déplacement du galet L est déterminé par le levier coudé R articulé en Q, dont l'une des branches est reliée au levier H par la bielle S et l'autre au galet L par la bielle T. Les bras du levier R sont combinés de manière à compenser les différences de tension du ressort de la balance et faire que l'action sur le piston soit constamment la même pour toutes les ouvertures des soupapes B, B, qui règlent alors un écoulement de vapeur à une pression constante, comme cela serait obtenu par une disposition avec contrepoids.

Maintenant, pour différents motifs, et principalement parce qu'on a besoin d'exercer

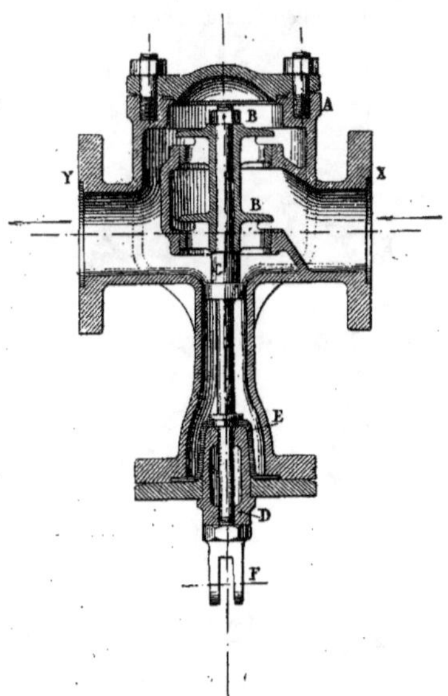

Fig. 88. — Détendeur de vapeur.

un plus grand effort pour le démarrage ou pour gravir une forte rampe, il faut que l'action de la balance puisse être modifiée à volonté et qu'elle soit mise en rapport avec le degré de pression que l'on veut avoir sur les pistons moteurs. A cet effet, l'action de la balance sur le levier H est rendue variable par un levier coudé MUV articulé en U et que le mécanicien peut actionner par la brimbale W, toutes les fois que cela est nécessaire.

La vapeur détendue, qui s'échappe par la tubulure Y, passe dans un réchauffeur tubulaire I (fig. 84) où elle est séchée avant d'arriver aux cylindres. Grâce à cette disposition, la vapeur entre dans les cylindres absolument sèche et même légèrement surchauffée pendant une grande partie du parcours, ce qui est une condition favorable de bon fonctionnement.

On a cherché à dissimuler l'échappement de vapeur pour éviter de former un panache apparent et de produire du bruit. Ce résultat est obtenu à l'aide d'un condenseur à air, constitué par un cylindre clos J traversé par un grand nombre de tubes J', qui sont ouverts des deux bouts pour que l'air puisse les traverser librement. La vapeur, après s'être détendue dans les cylindres, se rend dans la boîte B' commune aux deux cylindres (fig. 85) et d'où part le conduit B² qui est contourné pour épouser la forme du réservoir et venir pénétrer dans le condenseur. La vapeur d'échappement peut ainsi se répandre dans l'espace occupé par les tubes J', se condenser à leur contact et retomber en eau sur le fond, d'où part un conduit j, de faible diamètre, qui dirige cette vapeur condensée dans une caisse K, d'une capacité suffisante, placée sous la plate-forme du châssis et pouvant être vidée par un robinet r', manœuvré de la plate-forme par une tige spéciale. Néanmoins, si la condensation n'est pas complète, le peu de buée restant alors dans l'intérieur du condenseur peut s'échapper à l'extérieur par un tuyau plongeant j'.

Le mécanisme de changements de marche ne diffère pas des dispositions habituelles, seulement il se répète de chaque côté du réservoir et peut être manœuvré de chacune de ses extrémités.

Les freins Q sont de dispositions ordinaires et sont reliés par les tiges q aux balanciers q' rattachés à des tringles Q' ; l'extrémité de ces dernières est assemblée par une bride à un

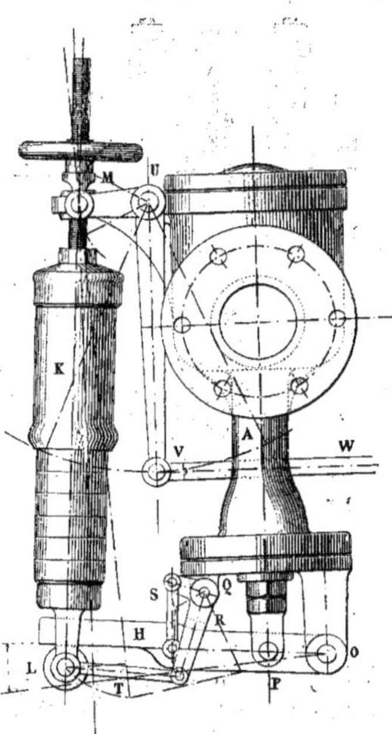

Fig. 89. — Détendeur de vapeur.

levier Q² sur lequel enfin, pour serrer les freins, le mécanicien vient agir au moyen du pied. A cet effet, l'extrémité de ce levier est assemblée avec la chape d'une tige verticale armée à sa partie supérieure d'un disque q², sous lequel se trouve un ressort à boudin, qui, aussitôt que l'on cesse d'appuyer sur le disque, le relève et détermine le desserrage. On remarquera que cette tige surmontée d'un disque existe aux deux bouts de la plate-forme, ce qui permet encore la manœuvre des freins dans ces deux positions.

Le châssis F est analogue à celui des locomotives : les roues E' sont à l'extérieur, leurs axes tournent dans des boîtes à graisse et le châssis s'y repose par l'intermédiaire de ressorts à lames ; en vue de la circulation sur des voies fréquentées, les roues sont enveloppées d'un tablier en tôle F', dans lequel des portes sont ménagées pour la visite et le graissage.

Quant à l'attelage avec les voitures remorquées, qui peut s'effectuer par les deux bouts, il est obtenu au moyen de barres métalliques en deux parties R' et R', dont la liaison a lieu par l'intermédiaire d'un ressort ; l'ensemble de cette pièce se rattache par la partie R', terminée par une chape, à un fer s, en forme de T, fixée sur une armature en tôle appartenant au châssis ; l'autre partie R' se termine par une sorte de patin percé d'un trou vertical pour la mise en place du boulon s', à l'aide duquel on opère l'attache du véhicule à entraîner.

TRAMWAYS A AIR COMPRIMÉ. — La traction par l'air comprimé possède de pair avec la traction électrique le grand avantage de ne laisser échapper aucun gaz ou vapeur nuisible ; elle ne fait en effet que restituer à l'atmosphère l'air qui lui a été emprunté à l'usine où s'opère la compression de ce gaz dans les récipients résistants portés par la voiture automotrice ; aussi c'est avec succès que ce mode de traction fut appliqué aux tramways circulant dans les villes.

Toutefois la traction par l'air comprimé, telle qu'elle a été utilisée jusqu'ici, présente un grave inconvénient, qui rendait dans certains cas son usage absolument impraticable ; en effet, à moins de munir les voitures automotrices de récipients volumineux et lourds et d'employer l'air comprimé à une forte pression, on ne pouvait leur fournir une quantité d'air comprimé suffisante pour leur permettre de parcourir une grande distance et, lorsque la ligne avait une certaine longueur, il fallait accroître considérablement le poids mort de la voiture ou multiplier le nombre des usines de compression, ce qui augmentait considérablement le prix de premier établissement et procurait une notable perte de temps nécessitée par les recharges successives des réservoirs en cours de route.

MM. Victor Popp et James Conti ont complètement supprimé cet inconvénient dans leur nouveau système de traction par l'air comprimé, qui, quoique tout récent, a déjà été adopté par les villes de Saint-Quentin, d'Angoulême, de Tarbes, etc. ; nous allons décrire en détail cet ingénieux système, dont la nouveauté et l'originalité lui procurent un intérêt particulier.

Les villes de Saint-Quentin et d'Angoulême présentent de fortes rampes qui avaient jusqu'à présent rendu difficile toute installation de tramways ; les débuts des voitures Popp-Conti s'y font donc dans des conditions particulièrement propres à permettre d'apprécier la valeur de ce mode de traction par l'air comprimé.

Tramways à air comprimé Popp-Conti. — Les particularités du système Popp-Conti reposent sur l'emploi d'air comprimé à basse pression, 15 à 25 kilogrammes au lieu de 80 kilogrammes atteints dans la plupart des autres systèmes ; cette basse pression présente de multiples avantages, entre autres l'amélioration du rendement et la diminution du poids mort des voitures qui n'ont à supporter que des réservoirs moins résistants et par suite beaucoup moins lourds.

L'emploi des pressions modérées étant adopté en principe, il fallait que la voiture, emportant avec elle une moindre provision d'air, ayant moins de souffle, pût renouveler cette provision en cours de route. Là était la difficulté. On ne pouvait songer, en effet, à avoir aux stations de rechargement, comme cela se fait ordinairement, des ouvriers en permanence sur la voie, vissant des raccords, manœuvrant des robinets, puis dévissant les raccords après le rechargement. Toutes ces manœuvres se traduisent par des stationnements prolongés (jusqu'à 3 ou 4 minutes) et ces pertes de temps sont inadmissibles dans un tramway à traction mécanique qui doit toujours chercher à effectuer son parcours dans un temps aussi court que le permettent la prudence et les règlements de police.

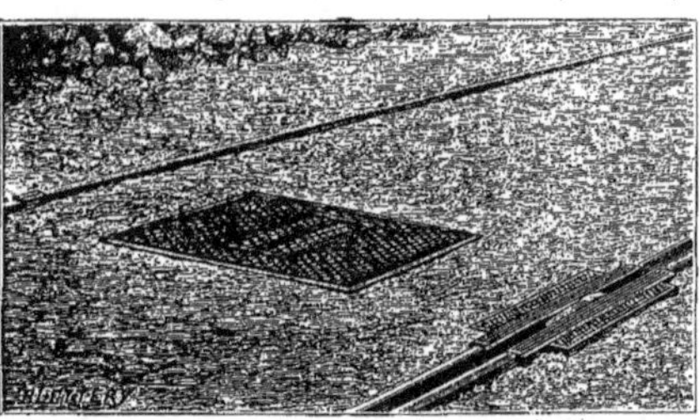

Fig. 90. — Prise d'air automatique au repos.

MM. Victor Popp et James Conti se sont donc posé le problème suivant : Étant données des prises d'air comprimé installées de distance en distance sur une voie de tramway, tous les 2 à 3 kilomètres par exemple, arriver à faire que la voiture renouvelle son chargement d'air, automatiquement et en quelques secondes, à chacune de ces prises placées près des bureaux d'arrêt, sans qu'aucune manœuvre sur la voie publique soit nécessaire, sans que le mécanicien ait besoin de descendre de sa voiture.

La solution qu'ils ont trouvée est fort élégante, et constitue certainement une des parties les plus curieuses de leur système.

Les appareils qui permettent aux voitures automotrices de renouveler en cours de route leur provision d'air comprimé se nomment prises automatiques. Ces prises sont établies près des bureaux de contrôle où la voiture est obligée de s'arrêter. Après comme avant le passage de la voiture, une simple petite plaque rectangulaire de fonte bitumée, située au niveau de la voie entre les deux rails, est le seul signe extérieur accusant l'existence de la prise d'air (fig. 90).

Une prise automatique se divise en deux parties : le distributeur,

Fig. 91. — Prise d'air automatique. — Détail du distributeur.

placé sous la voie publique en des points déterminés, et le récepteur que porte la voiture.

Le distributeur se compose d'un couteau creux, de section lenticulaire, relié à un corps de pompe et qui peut monter et descendre sous l'action de l'air comprimé (fig. 91). Dans sa position inférieure, ce couteau se trouve enfermé dans une boîte dont on n'aperçoit que le couvercle, qui présente l'aspect d'une plaque d'égout ordinaire (fig. 90). Dans sa position supérieure, ce couteau a ouvert deux petites portes noyées dans le couvercle de la boîte et il dé-

Fig. 92. — Prise d'air automatique. — Sortie du couteau.

passe le niveau des rails de 15 centimètres environ (fig. 92); dans cette position il attend le récepteur pour s'y engager. La montée du couteau distributeur est commandée par une pédale (fig. 93), qui se compose d'un levier placé entre le rail et le contre-rail, et actionné par les boudins des roues des voitures automotrices ; ce levier commande l'admission de l'air comprimé sous le piston commandant la levée du couteau distributeur. Lorsque la roue d'avant passe sur la pédale, le poids de l'automobile agissant sur le levier, le couteau monte et ne redescend de

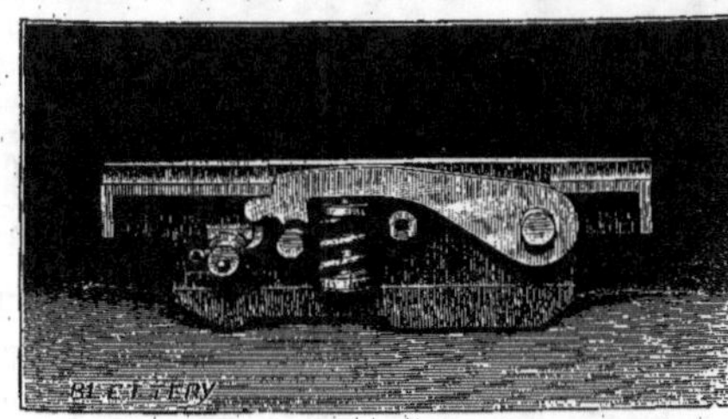

Fig. 93. — Pédale de commande d'une prise d'air automatique.

lui-même que lorsque l'alimentation est terminée. Il est bien entendu que la pédale ne peut être actionnée que par le boudin de la roue du tramway ; en effet, si une autre voiture vient à passer sur le rail, sa roue étant plus large que la gorge où se trouve la pédale, elle ne peut pas appuyer sur le levier; une voiture très légère, seule, pourrait avoir une roue suffisamment étroite pour porter sur cette pédale, mais elle n'aurait alors aucune action, le poids de l'automobile étant nécessaire pour provoquer le mouvement.

Le récepteur se compose d'une boîte en bronze, fermée à sa partie inférieure par deux boudins souples en caoutchouc, placés l'un à côté de l'autre (fig. 94). Lorsque ces boudins sont sous pression,

Fig. 94 — Vue en plan du joint du récepteur.

ils se serrent l'un contre l'autre et forment un joint hermétique ; quand la pression n'agit pas, ils reprennent leur élasticité et permettent à un corps étranger de pénétrer entre eux. Ce principe sert de base au système d'alimentation.

Nous allons décrire les différentes phases d'une opération de rechargement. Lorsque la voiture arrive sur une prise d'air, le boudin de la roue d'avant fait sortir le couteau en actionnant la pédale ; le mouvement de la voiture continuant, le couteau pénètre entre deux galets de guidage qui le conduisent entre les deux boudins qui forment le joint (fig. 95 et 96). Le mécanicien, prévenu par des repères qui se trouvent sur la voie et par un appareil avertisseur, arrête alors le train, puis ouvre un petit robinet placé devant lui.

L'ouverture de ce robinet a deux effets : 1° une partie de l'air comprimé restant dans le réservoir de la voiture pénètre dans les boudins et provoque un joint hermétique autour du couteau ; 2° une autre portion de cet air comprimé, pénètre dans l'intérieur du couteau de haut en bas et sous son action un clapet différentiel s'ouvre et met en communication la conduite générale avec le récepteur.

Fig 95 — Vue du couteau du distributeur engagé dans le joint du récepteur.

L'air comprimé de la conduite générale, en arrivant dans le récepteur, ouvre un clapet de retenue et pénètre dans le réservoir de la voiture. Lorsque l'alimentation est terminée, c'est-à-dire lorsqu'il y a équilibre de pression entre la conduite et le réservoir, le clapet différentiel du couteau se referme automatiquement ; il en est de même du clapet de retenue du

Fig 96 — Vue prise sous la voiture pendant l'opération du rechargement.

réservoir. En même temps, l'air qui restait dans le corps de pompe s'échappe dans l'atmosphère et le couteau n'est plus maintenu en l'air que par le frottement qu'exercent les garnitures

du joint. Le mécanicien est averti que l'équilibre s'est établi, d'abord par l'aiguille du manomètre, qui devient immobile, et ensuite par un coup de sifflet automatique ; il referme alors
le petit robinet dont il a été parlé, le joint se dégonfle, le couteau descend, l'opération est
terminée et la voiture peut repartir. Le temps qui s'écoule entre l'arrêt et le départ ne dépasse pas 15 secondes.

La canalisation, qui amène l'air comprimé aux divers points de la ligne sur lesquels on veut que les voitures puissent se recharger, est constituée par des tuyaux d'acier ou de fer, d'un diamètre compris généralement entre 40 et 100 millimètres.

L'assemblage de ces tuyaux se fait au moyen de joints à brides et à emboîtement. Une des brides porte une saillie annulaire, tandis que l'autre bride porte une rainure dans laquelle

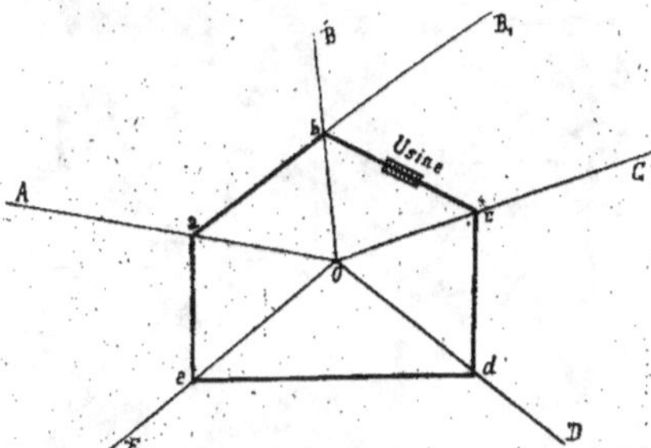

Fig. 97 — Schéma des canalisations d'air comprimé d'un réseau de tramways urbains.

cette saillie vient s'encastrer ; au fond de cette rainure se place une rondelle en caoutchouc
et un nombre suffisant de boulons donne un serrage très énergique. Grâce à cette disposition, l'ouvrier chargé de la pose ou des réparations n'a besoin que de savoir placer un

Fig. 98 — Vue d'une voiture automotrice à air comprimé du tramway de Saint-Quentin, système Popp-Conti.

anneau de caoutchouc dans une rainure et de savoir serrer des boulons ; ce sont là des
détails qui ne demandent ni beaucoup d'intelligence ni un long apprentissage, et ce travail est
à la portée de n'importe quel manœuvre ; ces joints sont même beaucoup plus faciles à
exécuter que ceux des canalisations d'eau et de gaz.

De place en place la canalisation porte des robinets-vannes à corps de fonte, avec sièges et soupapes en bronze, analogues à ceux qui sont journellement employés pour les canalisations d'eau. La canalisation d'air comprimé ne servant qu'à relier entre eux les divers points où les voitures doivent renouveler leur provision d'air, on voit que, dans le cas d'un réseau de lignes de tramways présentant une forme rayonnante, ce qui se produit le plus généralement, les lignes de tramways rayonnant du centre des villes vers les faubourgs, les canalisations d'air comprimé sont beaucoup moins longues que les lignes qu'elles ont à desservir, comme l'indique le schéma figure 97. Il est, de plus, facile, grâce à la forme en boucle de ces canalisations, d'isoler instantanément, au moyen des robinets-vannes, tous les points des conduites qui exigeraient des réparations, et cela sans interrompre le service.

Dans les tramways de Saint-Quentin, les trains se composent de trois voitures au plus et leur longueur totale ne devra pas dépasser 30 mètres ; la vitesse moyenne des trains en marche est de 12 kilomètres à l'heure, à l'intérieur des villes, et elle pourra être de 25 à 40 kilomètres à l'extérieur.

Les voitures (fig. 98) sont à double suspension. Le châssis du truck (fig. 99 et 100) est suspendu à des ressorts à lames prenant leur point d'appui sur les boîtes à graisse, directement au-dessus des essieux. La caisse vient ensuite reposer sur un châssis supérieur suspendu sur d'autres ressorts placés aux extrémités du châssis du truck.

L'usage de ce dispositif permet d'obtenir une suspension très douce. Il a également l'avantage de se prêter à l'emploi d'essieux très rapprochés, même

Fig. 99. — Truck d'une voiture automotrice à air comprimé système Popp-Conti. — Vue de côté.

pour le cas de voitures de grande longueur, ce qui donne une grande commodité pour aborder les courbes de faibles rayons.

Les deux essieux sont reliés entre eux au moyen de bielles d'accouplement. L'un d'eux seulement est attaqué par le moteur à air comprimé, par l'intermédiaire de deux roues d'engrenages noyées dans un réservoir d'huile entièrement clos.

Les figures 101 et 102 permettent de se rendre facilement compte de la simplicité et de la solidité du moteur à air comprimé. On remarquera que ce moteur est placé au centre de la voiture, ce qui supprime les mouvements de lacet si désagréables de certaines voitures à vapeur ou à air comprimé.

Le moteur est compound et à détente variable. M. Victor Popp a eu, en effet, recours à la marche en compound pour réaliser dans les meilleures conditions possibles le réchauffage de l'air qui, comme on sait, est un des éléments essentiels de bon fonctionnement et de bon rendement des moteurs à air comprimé. L'air, après un premier réchauffage à + 120° centigrades, est introduit dans le petit

Fig. 100. — Truck d'une voiture automotrice à air comprimé, système Popp-Conti. — Vue en bout.

cylindre à une pression moyenne de 12 atmosphères. Après s'y être détendu jusqu'à 3^{atm},464, l'air, qui s'est refroidi pendant cette détente partielle, subit un second réchauffage qui le ramène à la température de 120° centigrades, et se rend alors dans le grand cylindre où il achève sa détente jusqu'à 1 atmosphère.

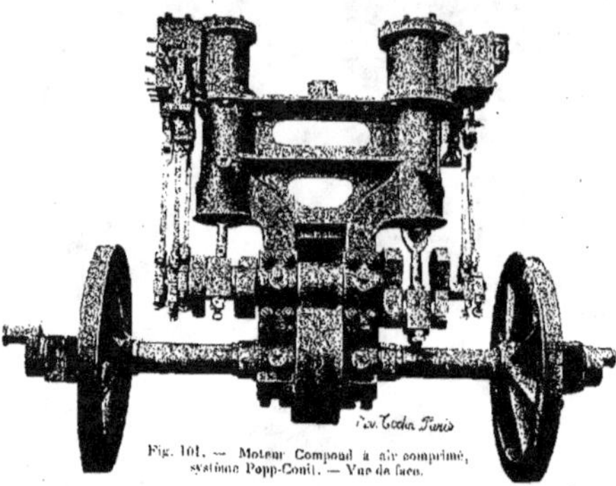

Fig. 101. — Moteur Compound à air comprimé, système Popp-Conti. — Vue de face.

Le moteur compound peut, selon les pentes de la route, marcher à double expansion ou à admission directe dans les deux cylindres.

Le bâti du moteur, en acier coulé, est d'une extrême solidité. Très facilement accessible par l'intérieur de la voiture, ce qui en rend la visite très facile, ce moteur peut, en cas de réparations, être très rapidement enlevé et remplacé par un autre, ce qui permet, en cas d'accident, de ne pas immobiliser entièrement la voiture jusqu'à ce que la remise en état du moteur soit terminée.

La commande de la voiture, qui peut se faire des deux plates-formes, est remarquablement simple. Le mécanicien a devant lui un volant et trois petits robinets (fig. 103). Ces derniers sont destinés aux usages suivants :

Le premier commande le changement de marche ; en effet, les coulisses Stephenson, au lieu d'être actionnées par une série de leviers, sont commandées directement par de petits pistons à air comprimé ; le petit robinet en question a donc pour effet de faire monter ou descendre les coulisses ; par ce procédé, les coulisses ne peuvent occuper que leurs deux positions extrêmes, mais cela n'a pas d'inconvénient, car on ne leur demande pas de régler la détente. On règle l'admission au petit cylindre à

Fig. 102. — Moteur Compound à air comprimé, système Popp-Conti — Vue de côté.

l'aide de la détente Meyer qui est commandée directement par le grand volant placé devant le mécanicien.

Le second petit robinet commande le joint du récepteur servant à la prise d'air automatique dont nous avons déjà expliqué le fonctionnement.

Le troisième petit robinet sert à la commande du frein de sûreté ; il permet d'introduire directement l'air comprimé derrière les pistons qui actionnent les freins.

Il ne reste donc plus qu'à décrire le fonctionnement du volant ; ce volant produit des effets différents à chaque tour que le mécanicien lui fait faire. Le premier tour permet de régler graduellement la pression sur les freins ; plus le mécanicien tourne à gauche, plus la pression augmente ; s'il tourne à droite, au contraire, la pression diminue, et cela, de telle façon qu'à chaque position du volant correspond une pression différente sur les freins. Supposons le volant au bas de sa course à gauche, les freins recevront la pression maxima ; si le mécanicien fait un tour à droite, la pression des freins décroîtra progressivement et arrivera à zéro. A ce moment le moteur se trouve également à l'air libre ; mais, si le mécanicien continue à tourner le volant à droite, il ouvrira progressivement l'introduction de l'air dans le petit cylindre, jusqu'au moment où il aura terminé son deuxième tour.

Fig. 103. — Vue de face d'une voiture automotrice à air comprimé du tramway de Saint-Quentin. Système Popp-Conti.

Il sera alors en pleine marche compound, et réglera la marche du train à l'aide du volant commandant la détente Meyer.

Le volant peut faire trois tours ; le troisième est en quelque sorte un secours qui permet de tripler la force du moteur. En effet, si le mécanicien continue à tourner son volant à droite, il va passer de la marche compound à la marche directe, c'est-à-dire qu'il va mettre l'échappement du petit cylindre à l'air libre et qu'il va introduire progressivement et directement l'air qui vient des réservoirs dans le grand cylindre, de telle façon que, lorsqu'il va rencontrer la butée à droite, les deux cylindres seront en pleine pression. Lorsqu'il tournera son volant à gauche, il produira les effets inverses, c'est-à-dire qu'après le premier tour à gauche, il sera revenu à la pleine marche compound, après le second tour, le moteur sera à l'air libre, et, après le troisième tour, la pression des freins sera maxima.

Cette manœuvre a l'avantage de rendre impossible toute confusion de la part du conducteur, car on remarquera que, pour agir sur les freins, il est obligé malgré lui de mettre le moteur à l'air libre, et inversement.

On voit que, grâce au système de distribution que nous venons de décrire, les diverses combinaisons d'admission de l'air comprimé dans les cylindres des moteurs, les départs, le réglage de l'effort moteur et de la vitesse de marche, les arrêts, la commande des freins s'opèrent dans un ordre parfaitement déterminé et réglé par la simple manœuvre d'une manivelle placée sous la main du mécanicien. Il est à remarquer qu'aucun mécanisme ne se trouvant sur les plates-formes, celles-ci sont absolument libres et toujours accessibles aux voyageurs. Ce fait constitue, au point de vue de la capacité de transport, un avantage sérieux sur les systèmes de tramways à air comprimé actuellement en usage.

D'autre part, les voitures pouvant marcher dans les deux sens, il n'est plus nécessaire de prévoir l'installation, aux têtes de lignes, de plaques tournantes d'une pose et d'un entretien coûteux.

TRAMWAYS A GAZ ET A PÉTROLE. — Les moteurs à explosion, principalement ceux alimentés par l'essence de pétrole qui, comme nous le verrons plus loin, ont rencontré un si grand succès pour la traction des voitures automobiles, n'ont été jusqu'ici que très peu utilisés pour la propulsion des tramways.

Pour la traction des véhicules destinés à subir de fréquents arrêts, les moteurs à explosion présentent, en effet, le grave inconvénient d'une mise en marche difficile, ce qui nécessite la continuité de marche pendant les stationnements et l'emploi d'embrayages mécaniques destinés à embrayer ou désembrayer les roues motrices pour les mises en marche et les arrêts; pour les voitures, le faible poids des moteurs à explosion compense largement cet inconvénient; mais cette considération n'est plus de la même importance pour les tramways qui, pouvant récolter sur une canalisation fixe par une prise de courant convenable l'énergie électrique nécessaire à l'alimentation de leurs moteurs, n'ont plus à emporter un lourd et encombrant générateur d'électricité et trouvent, par conséquent, dans la traction électrique, en plus des autres avantages, le maximum de légèreté.

Il n'en est pas moins vrai que les tramways mécaniques actionnés par un moteur à explosion présentent un grand intérêt et un certain avenir; ils pourront, dans certains cas, compléter très avantageusement les réseaux de tramways automobiles des grandes villes.

Les tramways à gaz principalement semblent devoir donner d'excellents résultats; en effet, le combustible qu'ils emploient, c'est-à-dire le gaz d'éclairage, se trouve, dans la plupart des villes, canalisé sur tout le parcours du tramway ou tout au moins à des distances suffisamment rapprochées pour qu'on puisse placer l'installation destinée à comprimer le gaz en un point quelconque de la ligne; la construction d'usines spéciales se trouvera ainsi évitée, puisqu'il suffira de s'approvisionner sur les conduites de gaz existantes; la traction peut donc se faire dans des conditions de grande économie, si l'on considère la réduction considérable des frais de premier établissement. De plus, aucun travail sur la voie publique n'est la conséquence de l'adoption des tramways à gaz.

D'autre part, les moteurs à gaz, qui sont inexplosibles, n'exigent ni surveillance, ni foyer, ni chaudière, ni cheminée; leur marche peut être silencieuse, leur fonctionnement est régulier; ils n'impriment à la voiture ni secousses, ni arrêts brusques; enfin, ils donnent une sécurité parfaite.

Le gaz servant au moteur procure la faculté d'éclairer et de chauffer les voitures avec une facilité particulière, le chauffage pouvant être obtenu sans aucun frais, soit avec l'eau de réfrigération des cylindres moteurs, soit avec les tuyaux d'évacuation des produits de la combustion.

Ces avantages incontestables expliquent le développement que semblent vouloir prendre depuis quelque temps les tramways à gaz et rendent particulièrement intéressant l'exposé des derniers essais faits dans cette direction. Quant aux tramways à pétrole, il n'existe actuellement à notre connaissance que quelques lignes à voie étroite de peu d'importance qui utilisent ce système de traction ; mais il n'est pas douteux que les perfectionnements apportés aux moteurs à pétrole lampant durant ces derniers temps ne déterminent des applications intéressantes de ce genre de tramway ; nous espérons donc avoir à y revenir plus longuement dans une de nos futures publications.

Tramways à gaz de Dessau. — Dans le courant des années 1891, 1892 et 1893, M. Lührig, de Dresde, prenait divers brevets, relatifs à une voiture actionnée par moteur à gaz, qui fut mise en essai dans cette ville en 1893. Les résultats très satisfaisants de cet essai engagèrent la Compagnie Continentale Allemande du Gaz à créer un service de traction par moteurs à gaz de ce type à Dessau. Cette installation fonctionne normalement depuis novembre 1894.

La longueur totale actuelle de la voie est de 6^{km},2; elle comprend des rampes maxima de 47 millimètres par mètre et les courbes les plus accentuées ont 12 mètres de rayon ; les rails employés sont les mêmes que ceux des tramways électriques.

Le matériel roulant se compose de 13 voitures automobiles, dont 4 sont équipées avec des moteurs de 10 à 12 chevaux et 9 avec des moteurs de 7 à 10 chevaux. Enfin, la Société possède 7 voitures d'attelage que l'on fait sortir suivant les besoins du service. Le poids de chaque automobile, petit modèle, est de 6 tonnes ; la voiture peut recevoir 28 personnes avec le conducteur, soit 12 places debout et 15 places assises.

L'automobile a l'aspect d'une voiture de tramways à chevaux. Le moteur employé sur ces voitures est du type à quatre temps, à deux cylindres horizontaux, placés l'un devant l'autre, de manière que les deux manivelles soient en prolongement l'une de l'autre ; les deux distributions se font par deux tiroirs conjugués, disposés de manière que l'admission du gaz dans un cylindre coïncide avec la compression dans l'autre.

L'allumage dans chaque cylindre est obtenu par une machine magnéto-électrique, actionnée par l'arbre moteur ; un régulateur à boules modère l'arrivée du gaz pendant un certain nombre de tours, dans les paliers ou les descentes.

L'automobile porte trois réservoirs de gaz disposés de la façon suivante : deux sous les plates-formes et le troisième sous la banquette opposée à celle qui contient le moteur ; leur capacité totale est de 800 litres, quantité suffisant amplement pour deux voyages complets, aller et retour, de 16 à 20 kilomètres ; les récipients sont alors rechargés de gaz, opération qui ne demande qu'une à deux minutes.

Une particularité de la construction des premières voitures mérite d'être signalée. Chargées de gaz comprimé à l'usine du constructeur, à Cologne, elles ont pu utiliser ce gaz en arrivant, huit jours après, à Dessau, pour se rendre au dépôt des tramways, situé à l'autre extrémité de la ville. C'est une preuve évidente de la facilité qu'offre le gaz d'éclairage pour le transport de la force avec des réservoirs d'une étanchéité parfaite.

Le chargement des réservoirs de gaz de la voiture se fait par une tubulure filetée, munie d'un manomètre et placée sur la paroi longitudinale opposée à celle du moteur. Les bouches de chargement et de vidange de l'eau de refroidissement du moteur sont placées au-dessous de celle de chargement du gaz. Ce chargement de l'eau demande de trois à quatre minutes.

A Dessau, il y a deux stations de compression de gaz ; elles se composent d'un petit édifice de $4^m,50 \times 4^m,50$, recevant un compteur, un moteur à gaz et un compresseur ; le gaz d'éclairage est aspiré dans la conduite de ville et comprimé dans des réservoirs à une pression d'une vingtaine d'atmosphères ; de ces réservoirs part une petite conduite qui aboutit à une bouche de chargement souterraine, située dans le voisinage de la voie du tramway ; pour charger de gaz l'automobile, il suffit de visser aux bouches de chargement de la voie et à celle des réservoirs du tramway les deux extrémités d'un tuyau flexible et d'ouvrir les robinets. Cette installation pourrait encore être réduite en superficie ; les réservoirs notamment pourront être facilement installés sous terre, comme l'indiquent les figures 104, 105 et

Fig. 104. — Projet de kiosque de compression. Coupe transversale.

106, qui représentent un projet de kiosque de compression de la Compagnie Parisienne d'éclairage et de chauffage par le gaz.

La capacité des réservoirs de la station de chargement permet de remplir deux automobiles sans actionner le moteur ; aussi, les machines de la petite usine ne fonctionnent à Dessau que trois heures par jour. Si elles fonctionnaient pendant quatorze heures, elles suffiraient à l'alimentation de 40 automobiles. L'ensemble des deux moteurs des stations de compression consomme un dixième de la quantité totale du gaz consommé par les moteurs des voitures.

Tramways à gaz de la « Gas Traction Company ». — La « Gas Traction Company », de Londres, s'est rendue propriétaire des brevets Lührig ; elle construit, dans ses ateliers de Manchester, différents types d'automobiles, notamment des

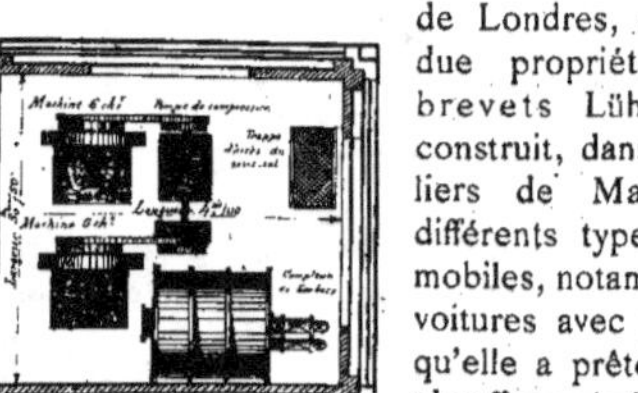

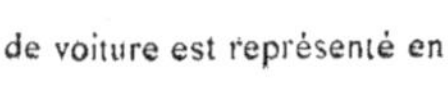

Fig. 106. — Projet de kiosque de compression. Plan.

Fig. 105. — Projet de kiosque de compression. Coupe longitudinale.

voitures avec moteur à deux cylindres, semblables au modèle qu'elle a prêté à la Compagnie Parisienne d'éclairage et de chauffage par le gaz pour les intéressants essais que cette dernière a effectués, dans le courant de l'année 1896, dans l'une de ses usines d'abord et ensuite sur la voie publique. Ce type de voiture est représenté en vue extérieure par notre figures 107, tandis que la figure 108 indique clairement l'emplacement du moteur à gaz sous une des banquettes et la figure 109

montre le truck du véhicule supportant le moteur et les réservoirs à gaz, la caisse de la voiture étant enlevée.

Le moteur est semblable à celui des tramways de Dessau ; il est à quatre temps et à deux cylindres horizontaux placés de part et d'autre de l'arbre moteur. Les différents organes sont disposés de manière à n'occuper aucune place utilisable. Le moteur et les appareils accessoires sont placés sous les

Fig. 107. — Tramway automoteur à gaz essayé par la Compagnie Parisienne du Gaz.

Fig. 108. — Tramway automoteur à gaz. — Le devant de la voiture enlevé montre l'emplacement du moteur sous l'une des banquettes.

sièges, qui, pour cette raison, sont disposés de manière à former une couverture protectrice et une loge bien étanche, afin de garantir les voyageurs contre les mauvaises odeurs et le bruit. Le volant de la machine est disposé dans l'épaisseur de la façade latérale correspondante, laquelle est formée, à cet effet, de deux parois parallèles. Les trois réservoirs contenant le gaz comprimé sont placés, l'un sous la banquette opposée à celle qui contient le moteur et les deux autres à chaque extrémité de la voiture, ce qui réalise un équilibrage parfait. Les parois latérales de la voiture, placées sous les fenêtres, sont munies de portes et, en outre, peuvent être démontées de manière à permettre la visite du moteur et son enlèvement en un seul bloc; la figure 108 indique clairement cette disposition.

En résumé, on peut dire, après un examen attentif de cette voiture, que tout a été prévu pour rendre faciles la visite, le graissage et le démontage de tous les organes et même le remplacement presque immédiat de la machine tout entière, en cas de besoin.

L'ensemble de la transmission qui relie le moteur aux essieux est placé sous le plancher, disposition qui permet de le visiter en enlevant les parties mobiles de ce plancher. Cette transmission est composée d'une roue dentée, calée sur l'arbre moteur et commandant une autre roue dentée fixée sur un arbre intermédiaire parallèle au premier et supportant deux roues folles comprises chacune entre deux plateaux en fer garnis de bois; les plateaux centraux sont solidaires du mouvement de rotation de l'arbre, mais peuvent se déplacer dans le sens longitudinal sous l'action d'un levier d'embrayage; quand, à l'aide de ce levier, on applique l'un de ces plateaux contre la roue folle correspondante, celle-ci vient s'appliquer contre l'un des plateaux extérieurs garnis de bois qui se trouve ainsi entraîné progressivement et sans à-coup par double friction; l'un de ces plateaux extérieurs commande la marche en avant et l'autre la marche en arrière.

Fig. 109. — Truck supportant le moteur et les réservoirs à gaz d'un tramway automoteur à gaz.

La mise en marche du moteur s'opère en faisant effectuer à la main, par un seul homme, deux ou trois tours au volant; une fois lancé, le moteur tourne toujours pendant toute la durée du trajet. Pour arrêter la voiture, le mécanicien place le levier d'embrayage dans sa position médiane, puis serre le frein. Le moteur continue à marcher pendant l'arrêt de la voiture en ne brûlant que très peu de gaz; sa vitesse n'est alors que de 80 tours par minute, tandis que pendant la marche elle atteint 220 tours.

La manœuvre de la voiture est d'une grande simplicité; le mécanicien, n'ayant à s'occuper que du levier de réglage de la vitesse et du levier de frein, peut être attentif à tout ce qui passe sur la voie publique et faire le nécessaire pour éviter tout accident.

Le prix de revient de la traction par moteur à gaz dépend naturellement dans une très large mesure du coût du combustible gazeux ; mais on peut, dès maintenant, prévoir qu'elle pourra, dans de nombreuses circonstances, lutter avantageusement, au point de vue économique, avec tous les autres modes de traction.

TRAMWAYS ÉLECTRIQUES. — Employée pour la première fois comme force motrice appliquée à la locomotive en 1879, l'électricité est aujourd'hui presque exclusivement utilisée pour la traction mécanique des tramways. Comme nous l'avons vu plus haut, elle est même sur le point de pénétrer dans le domaine de la grande traction et de disputer à la locomotive à vapeur une suprématie qui ne compte pas encore trois quarts de siècle.

C'est le Dr Werner von Siemens, fondateur de la maison Siemens et Halske, de Berlin, qui employa le premier l'électricité à la locomotion, à l'Exposition industrielle de Berlin en 1879.

Fig. 110. — Premier tramway électrique établi par le Dr Werner von Siemens à l'Exposition de Berlin de 1879.

La très intéressante petite locomotive électrique, représentée par notre figure 110 et

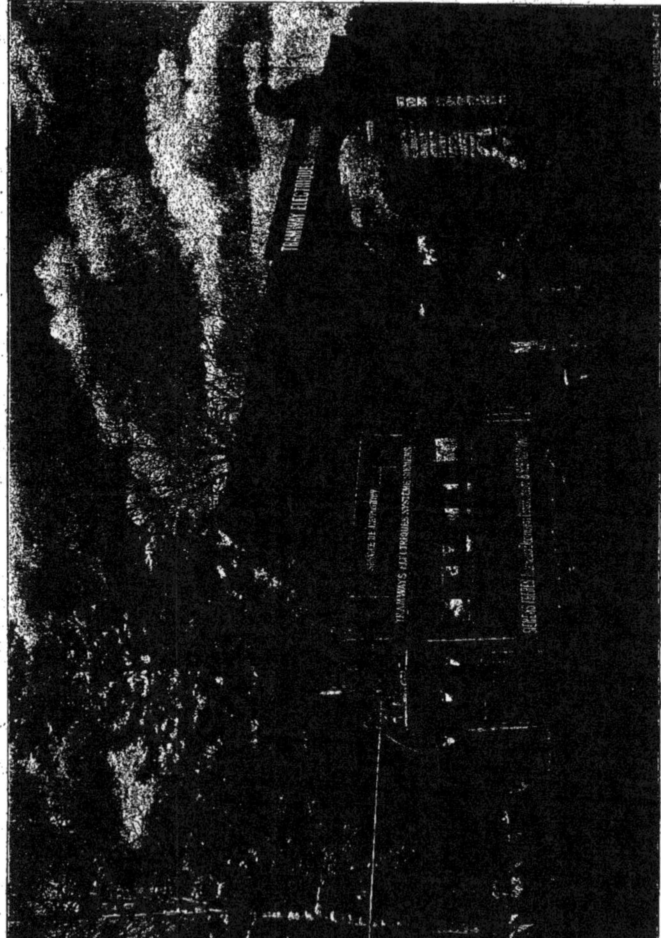

Fig. 111. — Premier tramway électrique à conducteur aérien, système Siemens et Halske, établi à l'Exposition d'Électricité de 1881 à Paris.

qui promenait, à travers l'Exposition, ses petits wagonnets, fit sensation ; la force motrice nécessaire à sa propulsion lui était fournie par une petite dynamo Siemens actionnant les essieux par une série d'engrenages et recevant l'énergie électrique produite par une usine génératrice au moyen d'un balai frotteur glissant sur un rail central ; le retour du courant se faisait par les rails de roulement ; la puissance de cette locomotive était de 3 à 4 chevaux et elle pouvait facilement remorquer 3 wagonnets contenant chacun 6 personnes à la vitesse de 13 kilomètres à l'heure. Le même train électrique fut installé l'année suivante à l'Exposition industrielle de Dusseldorf, puis à Vienne, à Francfort-sur-le-Mein, à Breslau, etc. ; partout, on le considéra comme l'une des plus intéressantes machines exposées ; partout, on accueillit avec faveur ce nouveau mode de locomotion.

A Paris, à l'Exposition Universelle d'Électricité de 1881, la maison Siemens et Halske construisit un tramway allant de la place de la Concorde au Palais de l'Industrie et représenté par la figure 111. Ce fut alors que l'on employa, pour la première fois, la canalisation aérienne ; l'adduction du courant se faisait, en effet, au moyen de deux tubes de cuivre suspendus à des poteaux de bois et dans lesquels glissaient deux navettes remorquées par la voiture automobile au moyen d'une corde de traction et d'un câble conducteur.

Le Dr Werner von Siemens, après avoir étudié un projet de métropolitain aérien pour la ville de Berlin, projet qui échoua devant les réclamations routinières des habitants, voulut démontrer que la nouvelle force motrice répondait à tous les besoins d'une exploitation de tramways régulière et permanente. Le 16 mai 1881, fut donc inaugurée et livrée à la circulation la ligne de tramways électriques conduisant de la gare d'Anhalt de Gross-Lickterfelde, près de Berlin, à l'École des Cadets. Cette ligne constitue le plus ancien tramway électrique de l'univers soumis à une exploitation régulière.

Dans l'Amérique du Nord, on n'avait d'abord donné que peu d'importance à la construction des tramways électriques et ce n'est qu'en 1883 que nous trouvons, à l'Exposition de Chicago, une ligne d'essai semblable à celle qui avait déjà été installée en 1879 à Berlin. Mais, en 1884, on se mit à construire la première ligne de tramways électriques allant de Windsor à Baltimore, qui fut inaugurée en 1885. Cette nouveauté ne tarda pas à prospérer. Le mauvais état des rues, la grande extension des villes et des établissements industriels, la tendance des habitants à perdre le moins de temps possible, le peu de difficultés que présentaient les concessions, tout cela permit au nouveau mode de locomotion de se développer rapidement et de triompher de tous les autres. Des villes comme Boston, par exemple, ont jusqu'à 400 kilomètres de voies desservies par des tramways électriques.

En Europe, quoique beaucoup moins intense qu'en Amérique, le développement des tramways électriques fut assez rapide et va sans cesse en s'accélérant ; il existe actuellement en Europe 150 lignes de tramways ou chemins de fer à traction électrique, comprenant une longueur totale de lignes d'environ 1,460 kilomètres, utilisant 3,100 voitures automotrices et absorbant une puissance de 47,600 kilowatts. De plus, de très nombreuses lignes sont actuellement en construction.

L'Allemagne, qui fut le berceau de la traction électrique, tient toujours et de beaucoup la tête au point de vue de son développement, et cela grâce en grande partie à la maison Siemens et Halske qui contribua dans une très large mesure à ce développement ; l'Allemagne possède, en effet, un nombre de voitures automotrices (1631) supérieur à celui de tout le reste de l'Europe.

En France, la première ligne de tramways électriques ne fut mise en service, entre Clermont-Ferrand et Royat, qu'en 1890 ; mais maintenant elle tient le second rang en Europe

104   LA REVUE SCIENTIFIQUE ET INDUSTRIELLE DE L'ANNÉE

avec 26 lignes, 432 voitures automotrices et une longueur totale de voie d'environ 280 kilomètres.

Nous donnons d'ailleurs ci-après l'intéressante statistique des tramways et chemins
de fer électriques en exploitation, au 1er janvier 1897, dans les différents pays d'Europe :

Statistique des Lignes de Tramways et Chemins de fer électriques

EN EXPLOITATION EN EUROPE AU 1er JANVIER 1897 (1).

PAYS	NOMBRE TOTAL des LIGNES EN EXPLOITATION	NOMBRE de LIGNES à CANALISATION AÉRIENNE	NOMBRE de LIGNES à canalisation souterraine ou prise de courant au niveau du sol	NOMBRE de LIGNES à ACCUMULATEUR	LONGUEUR TOTALE DES LIGNES en KILOMÈTRES	PUISSANCE TOTALE en KILOWATTS	NOMBRE TOTAL de VOITURES AUTOMOTRICES
Allemagne............	51	45	2	4	642^{km},69	18 963	1 631
France...............	26	19	2	5	279 » 36	8 736	432
Angleterre...........	18	10	7	1	109 » 42	4 070	168
Suisse...............	17	17	»	»	78 » 75	2 622	129
Autriche-Hongrie....	10	7	2	1	83 » 89	2 389	194
Italie...............	9	9	»	»	115 » 67	5 970	289
Belgique	5	4	1	»	34 » 90	1 220	73
Espagne.............	3	3	»	»	47 » 00	600	40
Russie..............	3	2	1	»	14 » 75	870	48
Irlande.............	2	1	1	»	18 » 00	486	32
Serbie..............	1	1	»	»	10 » 00	200	11
Suède et Norvège....	1	1	»	»	7 » 50	225	15
Bosnie..............	1	1	»	»	5 » 60	75	6
Roumanie	1	1	»	»	5 » 50	140	15
Hollande	1	»	»	1	3 » 20	320	14
Portugal............	1	1	»	»	2 » 80	110	3
Totaux.........	150	122	16	12	1459^{km},03	47 596	3 100

Les différents systèmes de tramways électriques. — On peut diviser les
tramways électriques en deux catégories principales, suivant que les voitures automotrices
emportent avec elles leur source d'énergie électrique ou qu'elles reçoivent à chaque instant
cette énergie d'une canalisation extérieure indépendante.

La première catégorie comprend les tramways à accumulateurs qui constituent jusqu'ici la seule source d'énergie électrique suffisamment économique et transportable pour
pouvoir être utilisée dans ce cas ; ces tramways, qui durant leur fonctionnement sont absolument indépendants, doivent revenir à l'usine une fois leur charge épuisée, de manière à permettre le rechargement de leur batterie qui s'opère soit directement dans la voiture, soit par
l'échange de la batterie épuisée contre une batterie rechargée.

Dans la seconde catégorie, les wagons moteurs se trouvent continuellement en relation au moyen d'un fil conducteur avec une usine centrale produisant l'énergie électrique
nécessaire à leur propulsion ; dans ce cas, les voitures automotrices n'ont donc à transporter avec elles que l'électromoteur nécessaire à la transformation de l'énergie électrique en
énergie mécanique.

A première vue, les tramways de la première catégorie semblent présenter d'incontestables avantages sur ceux de la seconde ; en effet, les difficultés qui naissent de l'établissement d'une canalisation appropriée, de la dépendance réciproque des wagons entre eux et

(1) Les chiffres de cette statistique sont extraits de *L'Industrie électrique* du 10 mars 1897.

vis-à-vis de l'usine génératrice, de la captation du courant sur le conducteur d'alimentation disparaissent complètement, et les avantages de la traction électrique, absence de bruit, de fumée et d'odeur, subsistent entièrement. Néanmoins, les tramways à accumulateurs n'ont été que très peu utilisés comparativement aux autres systèmes, parce qu'on n'est pas encore arrivé à établir un accumulateur électrique répondant à toutes les exigences d'une ligne de tramways et ne présentant pas les défauts des accumulateurs actuels : poids mort considérable aliant jusqu'à dépasser 50 o/o du poids de la voiture, rapide usure, frais de construction et de réparation très importants, rendement médiocre, nécessité de grandes précautions pendant le chargement des batteries, etc.; les améliorations importantes apportées durant ces derniers temps dans la construction des accumulateurs n'ont pu remédier complètement à ces différents inconvénients et l'on ne peut guère encore recommander, au point de vue économique, l'usage des tramways à accumulateurs.

Les tramways de la seconde catégorie peuvent se subdiviser, suivant la disposition des conducteurs de prise de courant, en un certain nombre de classes, dont les principales sont : les tramways à canalisation aérienne et prise de courant par archet ou trolley, les tramways à canalisation souterraine en caniveau et prise de courant par frotteur passant dans une fente longitudinale et enfin les tramways à canalisation souterraine et prise de courant sur contacts séparés au niveau du sol.

Nous avons vu que, dans certains chemins de fer à crémaillère ou métropolitains dont la voie est exclusivement réservée au passage des trains et totalement interdite à la circulation des piétons et des voitures, les canalisations amenant le courant électrique aux voitures motrices peuvent être disposées au niveau du sol sans aucun inconvénient, et il est bien certain que, lorsque la chose est possible, cette solution est de beaucoup la plus simple et la plus pratique; mais, pour les tramways passant dans des voies publiques fréquentées, il est évident que l'on ne peut employer ce dispositif, surtout lorsqu'on utilise des courants à assez haute tension; on doit donc avoir recours, dans ce cas, à l'une ou l'autre des solutions ci-dessus indiquées et que nous décrirons plus loin. Pourtant certaines installations particulières de tramways ont reçu des dispositions analogues, par exemple le petit tramway installé à l'Exposition de Genève de 1896, dont l'un des rails de roulement constituait la ligne d'arrivée du courant, tandis que l'autre rail était utilisé comme ligne de retour (1); mais ce cas est évidemment tout spécial : la ligne était de faible longueur, la tension du courant n'était que de 110 volts et enfin les voitures et les chevaux qui auraient constitué une sérieuse difficulté n'étaient pas admis à l'Exposition.

D'autre part, il est quelquefois avantageux d'avoir recours à un système mixte permettant de surmonter toutes les difficultés opposées à la construction d'une ligne de tramways à traction électrique; on peut, par exemple, utiliser, sur une portion de la voie la canalisation aérienne et sur le restant la canalisation souterraine en caniveau ou à prise de courant sur contacts séparés au niveau du sol, ou encore avoir recours sur certains points à la suppression partielle de toute canalisation et à son remplacement par une batterie d'accumulateurs alimentant momentanément les électromoteurs.

Nous allons donc diviser notre exposé des tramways électriques en cinq parties, comprenant : les tramways à conducteur aérien, à conducteur souterrain en caniveau, à prise

---

(1) Cette disposition très simple comme installation de la ligne a le grave inconvénient d'exiger l'isolement des roues entre elles ce qui présente de sérieuses difficultés, aussi est-il préférable de toujours employer un rail supplémentaire pour l'arrivée du courant.

de courant sur contacts séparés au niveau du sol, à accumulateurs et enfin les tramways mixtes utilisant partiellement ces diverses dispositions.

TRAMWAYS ÉLECTRIQUES A CANALISATION AÉRIENNE. —

La canalisation aérienne de beaucoup la plus employée pour la traction des tramways consiste à suspendre au-dessus de la voie un fil métallique de cuivre, de bronze phosphoreux ou d'acier sur lequel un appareil de prise de courant supporté par les voitures automotrices vient recueillir le courant qui, après avoir passé dans les moteurs de la voiture, retourne à l'usine génératrice par l'intermédiaire des rails de roulement; notre figure 112 indique cette disposition; l'appareil de prise de courant peut être constitué soit par un frotteur, comme l'archet Siemens et Halske que nous décrirons plus loin, soit par une petite roue à gorge portée à l'extrémité d'un bras articulé sur le toit de la voiture; ce dernier appareil, appelé trolley, est plus fréquemment utilisé, nous le retrouverons dans les tramways Thomson-Houston, Walker, Thury, Oerlikon, Brown-Boverie, etc.

Les tramways à canalisation aérienne, quoique présentant une économie maximum d'installation et de fonctionnement et une sûreté de marche absolue, ont été extrêmement combattus en Europe; pourtant, on ne trouvait guère qu'une seule chose à leur reprocher,

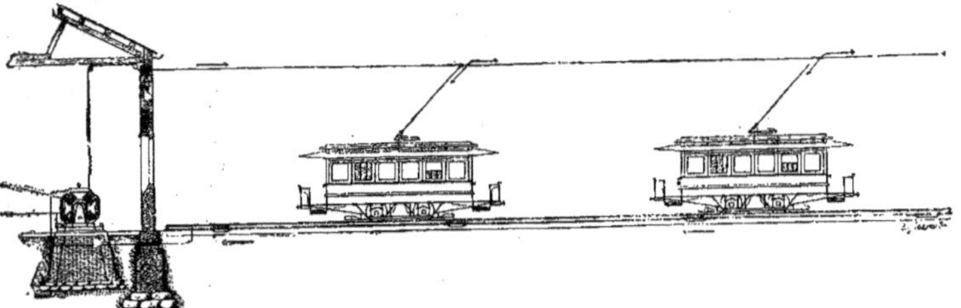

Fig. 112. — Disposition schématique d'une ligne de tramways électriques à conducteur aérien.

chose bien insignifiante en elle-même : c'était leur défaut d'esthétique; on prétendait que la simple pose d'une canalisation aérienne enlaidissait toute une ville, nuisait aux perspectives, défigurait les monuments, etc., et la routine s'alliant à cette campagne peu glorieuse contre la canalisation aérienne entrava dans une grande mesure le développement de la traction électrique qui, sans cela, aurait déjà pris, pour le grand bien de tous, pour le progrès et le développement de la civilisation, une place de la plus grande importance. Heureusement, les Américains, gens moins routiniers et plus pratiques, ne se laissèrent pas arrêter par des considérations aussi puériles et démontrèrent expérimentalement la commodité de ce système; depuis quelque temps, nous voyons également un revirement très heureux se produire en Europe; de nombreuses villes montrent l'exemple de la raison et du bon sens, et partout où les tramways à conducteur aérien font leur apparition, malgré les quelques critiques et les quelques criailleries du début, ils ne tardent pas à recevoir l'approbation de tous avec une complète unanimité. Paris lui-même qui, pendant si longtemps, se montra inattaquable par le trolley (1), vient d'autoriser la pose d'un tramway à conducteur aérien sur l'avenue Daumesnil avec quelques simples restrictions pour la traversée des places.

Ce reproche fait aux tramways à canalisation aérienne de manquer d'esthétique est d'ailleurs, à notre sens, assez peu justifié; il est certain qu'une canalisation aérienne installée à l'américaine avec de nombreux fils transversaux se croisant en tous sens et supportés par de vulgaires poteaux de bois n'est pas très jolie, mais il n'en est pas moins vrai qu'un fil convenablement tendu et maintenu par d'élégantes consoles, comme celles de nos figures 113 et 114 représentant des consoles simples et doubles de la Compagnie Française Thomson-Houston, présente plutôt un aspect agréable et nullement disgracieux; on voit d'ailleurs que ces jolis poteaux peuvent en même temps servir à supporter les lampes destinées à l'éclairage.

Que l'on apporte ainsi dans nos installations le bon goût qui manque parfois aux Américains et tout sera pour le mieux et permettra le développement d'un moyen de locomotion si commode; les criailleurs bougonneront peut-être bien un peu au début en prenant leur tramway, mais ils seront dans

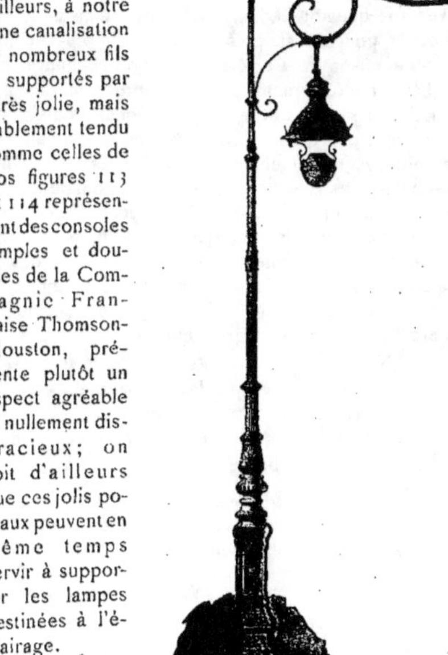

Fig. 113. — Poteau ornementé à simple console de la Compagnie Thomson-Houston.

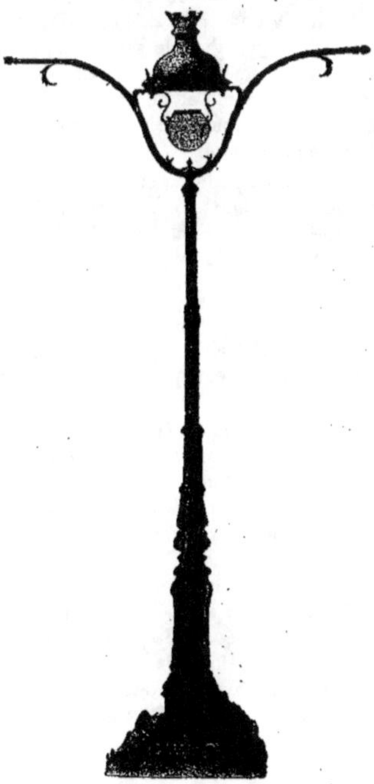

Fig 114. — Poteau ornementé à double console de la Compagnie Thomson-Houston.

(1) Il est bon de faire remarquer ici que le mot trolley en son véritable sens ne désigne que la roulette métallique captant le courant sur le conducteur aérien; mais par extension on l'employa pour désigner l'appareil complet de prise de courant, puis le système de traction lui-même et l'on dit maintenant couramment, pour désigner un tramway à canalisation aérienne : tramway à trolley, même parfois lorsque le trolley est complètement absent et remplacé, par exemple, par un archet.

le fond bien heureux de voyager rapidement et confortablement, et ils ne tarderont pas à se taire discrètement devant la marche du progrès qu'ils n'auront heureusement pas pu arrêter.

Toujours partisan du mieux, nous serions enchanté que l'on pût trouver un système aussi pratique que le conducteur aérien et ne présentant pas ses inconvénients, ce serait avec joie que nous nous y rallierions, mais nous trouvons qu'il est monstrueux d'enrayer le progrès pour de simples questions de plus ou moins d'esthétique; d'autant plus qu'il n'y a aucune raison de s'arrêter en si bon chemin et que nous ne voyons pas trop pourquoi les esthètes ne réclament pas la suppression des fiacres et des lourds omnibus qui sont bien loin d'être gracieux et le retour aux chars romains infiniment plus jolis, quoique un peu moins pratiques; pourquoi nos massives maisons de pierre trouvent-elles excuse à leurs yeux devant les pittoresques et charmantes chaumières couvertes de chaume et entourées de verdure? Avec de telles théories, on en reste, comme à Paris, aux antiques modes de traction, mais la Ville-Lumière n'est point défigurée et l'on a tout le loisir d'y penser et de l'admirer dans les courses interminables que l'on doit effectuer pour se déplacer d'un de ses points à un autre. Nous ne sommes pas ennemi de l'esthétique et trouvons que l'on doit toujours tâcher de concilier la question du beau avec celle du pratique, du confortable et du progrès; mais, lorsqu'elles ne sont pas absolument conciliables, la balance toujours doit pencher sans conteste du côté du progrès, qui est la seule raison d'être de l'humanité.

Nous ne pouvons résister au plaisir de reproduire ici en partie la si fine et si juste boutade publiée à ce sujet dans le journal *Le Siècle* du 26 août 1896, sous la signature de M. Yves Guyot. Un bon bourgeois de Paris, étant allé visiter l'Exposition de Rouen, raconte à son épouse ses impressions au sujet du nouveau réseau de tramways électriques installé dans cette ville :

« MA CHÈRE AGATHE,

« Pendant que tu es à prendre les bains de mer, je suis allé à Rouen voir l'Exposition. Les Expositions sont des leçons de choses utiles à ceux qui croient qu'ils ont toujours à apprendre.

« En moins de deux heures et demie, je suis arrivé de Paris à Rouen, ayant dîné dans le dining-car! Quels progrès! Il n'y a pas cinquante ans, on entassait des voyageurs dans des wagons découverts où l'on ne mettrait pas le bétail aujourd'hui.

« En descendant la rue Jeanne-d'Arc, je vois des fils un peu plus gros que les fils ordinaires du télégraphe, supportés par de grands poteaux métalliques, placés dans le milieu de la rue.

« Au même moment passe une voiture d'un jaune clair, admirablement éclairée, si remplie qu'elle semblait destinée à prouver combien l'être humain est compressible. Elle n'était précédée d'aucun animal, mais son toit était relié par une sorte de grosse canne à pêche à un des fils qui suivaient la rue. La canne à pêche courait le long de ce fil d'où à son contact jaillissaient quelques étincelles bleues. La voiture roulait avec rapidité, sans effort. D'autres la croisaient. Les voitures succédaient aux voitures, sans bruit, toujours aussi remplies.

« J'en pris une. En quelques minutes j'étais au quai, du quai à l'Exposition. On ne donne pas de numéros, et on ne se bouscule pas, parce qu'on est sûr que, si l'on ne trouve pas de place dans une voiture, il y en a une autre qui passera quelques instants après. On ne risque pas d'être à perpétuité un candidat voyageur. Il n'y a point de correspondances. On monte; 10 centimes. Vous partez avec une rapidité de 15 ou 20 kilomètres à l'heure. On ne risque pas de se casser les jambes en descendant quand ils sont en marche. Ils s'arrêtent fréquemment à des poteaux peints en blanc. C'est un va-et-vient, un entrain stupéfiants.

« Le Rouennais avait la réputation d'être sédentaire, de ne point aimer à sortir de sa maison. Maintenant, il est dehors comme un Marseillais. Il va et vient en tramway. Un jour les tramways de Rouen ont transporté 86,000 voyageurs, les quatre cinquièmes de la population. C'est une révolution dans les mœurs de la ville. Elle est encore plus grande dans celles de la banlieue.

« Un membre de la municipalité me disait :

« — Vous trouvez commodes nos tramways ?

« — Je crois bien. Et économiques !

« — Eh bien ! figurez-vous que nous avons eu toutes les peines du monde à les installer. Il y a eu contre nous de formidables campagnes. On a dit que nous déshonorerions la ville...

« — En permettant à ses habitants de se déplacer rapidement et à bon marché ?

« — Pas tout à fait. Mais pensez donc, laisser mettre au milieu des rues et des quais, à 7 ou 8 mètres de haut, des fils comme le petit doigt ! Nous allions masquer la Seine, enlever l'air aux habitants, cacher Rouen sous un réseau de toiles d'araignée.

« — C'est incroyable, répondis-je, combien de gens même intelligents sont capables de dire des bêtises pour combattre un progrès.

« — On a placé de grands poteaux en bronze au milieu des grandes voies. Ils portent un fanal électrique.

« — C'est de la lumière en plus.

« — Ils sont traversés par deux petits bras qui supportent les trolleys. Est-ce qu'ils déshonorent la ville ?

« — Non.

« — Eh bien ! quand en aurez-vous à Paris ?

« Cette question m'interloqua un peu.

« — Ah ! dis-je, à Paris... ce n'est pas la même chose... Nous ne pouvons pas abîmer nos boulevards...

« — Soit.

« — Masquer la façade de l'Opéra !... Couper la façade du Louvre...

« — Ah ! ah ! me dit mon Rouennais avec un petit rire qui me donna quelque irritation, je l'avoue. Vous voilà qui faites pour Paris les objections que nos adversaires faisaient à Rouen. Mais les rues ne sont pas uniquement faites pour que les badauds les regardent ; ce sont des instruments de circulation, et, si on ne leur fait pas rendre leur maximum d'effet utile, on les administre mal.

« — C'est égal, dis-je, Paris est Paris. On ne peut pas lui faire perdre sa physionomie.

« — C'était l'argument dont on se servait pour empêcher de démolir les vieilles baraques pittoresques qui s'empilaient dans les vieilles rues tortueuses de Rouen. C'était l'argument qu'on invoquait aussi contre les travaux de Paris. Est-ce que vous regrettez que les amateurs d'antiquités aient eu tort ?

« — Non, non, sans doute, je suis trop moderne pour cela. Mais il faut prendre garde...

« — Je suis de votre avis, je suis partisan que nous conservions la cathédrale de Rouen, Saint-Maclou, Saint-Ouen, le Palais de Justice, etc. Mais les vénérables monuments ne doivent point nous empêcher de planter des poteaux dans nos rues et d'y placer des trolleys. Du reste, si vous y venez, ne commencez pas par en mettre sur les boulevards ni sur l'avenue de l'Opéra; mais craindrez-vous d'abîmer les boulevards extérieurs en en mettant ? Croyez-vous que les boulevards Haussmann, Malesherbes, Saint-Germain, Saint-Michel, la rue des Écoles et la rue Monge seraient déshonorés si vous y en mettiez ?

« — J'avoue que je n'y verrais pas d'inconvénient, pour mon compte.

« Et mon Rouennais poursuivit triomphant :

« — Je vais souvent à Paris. Maintenant, quand je compare ses moyens de communication à ceux de Rouen, j'ai honte pour lui.

« Le Rouennais abusait vraiment de ses avantages; je me sentis choqué dans mon amour-propre de Parisien, et je gardai le silence afin de laisser tomber cet entretien, qui devenait pénible pour moi.

« Ton époux fidèle,

« FAUBERT.

Cette très intéressante et très spirituelle critique démontre mieux que les plus longs raisonnements l'insanité des protestations artistiques et routinières qui se sont élevées contre l'établissement des lignes de tramways à conducteur aérien; c'est pour cela que nous avons cru bon de la reproduire.

On reproche aussi à la canalisation aérienne le danger de rupture des câbles qui, dans ce cas, peuvent occasionner des accidents et foudroyer les personnes qu'ils touchent par suite de la haute tension du courant utilisé; cette objection, quoique plus sérieuse que la première, n'est pas très réelle et les accidents dus à cette cause sont très restreints, une canalisation établie dans de bonnes conditions et convenablement surveillée ne présentant que de bien faibles chances de rupture; aussi, cette seconde objection n'est-elle guère employée que par ceux qui, combattant de parti pris le trolley, cherchent tous les arguments possibles contre lui; cet argument n'est guère d'ailleurs beaucoup plus sensé que celui qu'invoquerait l'illuminé qui demanderait la suppression des tuiles et des cheminées qui peuvent tomber sur la tête des passants, l'interdiction des voitures de tous genres qui peuvent écraser les piétons et la destruction des maisons dont la chute risque fort de pulvériser leurs habitants.

Un argument beaucoup plus sérieux, quoique très peu invoqué par les ennemis du trolley, la plupart complètement ignorants de la question, réside dans les phénomènes d'électrolyse qui résultent du retour du courant par les rails; en effet, les rails ne présentent ordinairement pas une conductibilité suffisante et d'une uniformité parfaite par suite des raccords et malgré les soins apportés au montage des éclissages; aussi une partie du courant revenant à l'usine se trouve dérivée et suit les canalisations métalliques d'eau ou de gaz qui se trouvent souvent à profusion dans les grandes villes; par suite des sels divers contenus dans le sol, il se produit une véritable électrolyse aux endroits par où le courant pénètre et quitte ces canalisations qui sont rapidement rongées aux points de sortie du courant; cet inconvénient très réel peut être atténué de différentes façons, principalement en plaçant des feeders de retour reliés de place en place avec les rails de roulement et les nouvelles installations soigneusement effectuées ne présentent plus ces phénomènes d'électrolyse que d'une façon insignifiante; toutefois, ils ne peuvent être complètement et radicalement supprimés qu'en établissant une seconde canalisation aérienne communiquant à la voiture par un second trolley et servant de ligne de retour; mais cette disposition n'améliore certainement pas le côté esthétique du trolley aux yeux de ses farouches ennemis et augmente naturellement les frais d'installation et d'entretien de la ligne..

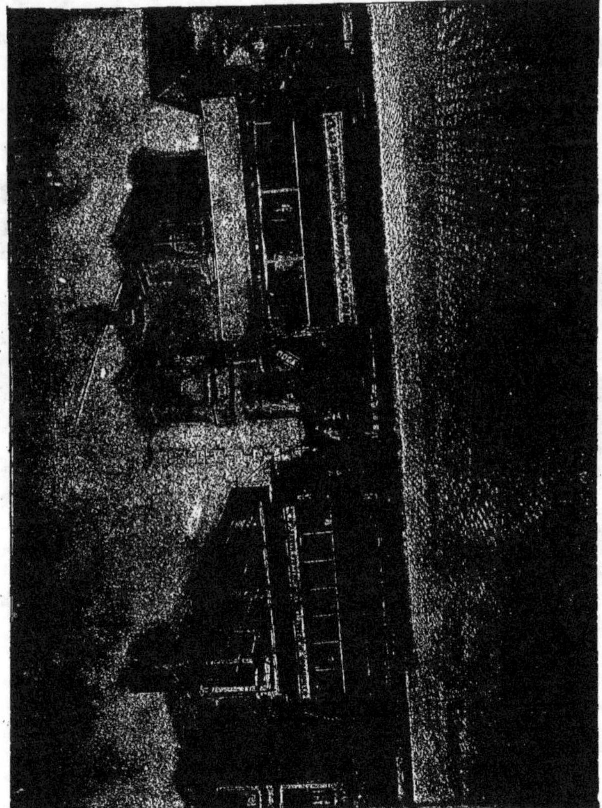

Fig. 115. — Voitures à impériale automobile et remorque du tramway électrique système Thomson-Houston de Bristol.

Pour résumer, disons que, comme on a pu s'en rendre compte par la statistique donnée plus haut, sur 150 lignes de tramways et chemins de fer électriques fonctionnant en Europe au 1er janvier 1897, il y en avait 122 à conducteur aérien et seulement 12 à accumulateurs et 16 à canalisation souterraine en caniveau ou à contact de prise de courant au niveau du sol; ceci montre éloquemment la supériorité pratique incontestable du conducteur aérien qui, quoique présentant certains inconvénients, s'est imposé par sa seule valeur pratique, malgré toutes les attaques routinières et la guerre acharnée qui lui fut faite.

Faisons maintenant une critique non au système lui-même de canalisation aérienne, mais à la plupart des installations qui en sont réalisées, critique d'ailleurs toute spéciale et à laquelle il serait des plus faciles de remédier; nous voulons parler de la suppression des impériales dans la presque totalité des voitures automotrices à trolley. Le confortable ne doit, à notre point de vue, jamais être négligé et il est si agréable, surtout en été, de grimper sur une impériale ouverte d'où l'on voyage en vrai touriste, au lieu de s'enfermer dans une voiture fermée, empestée et sans air, que nous ne pouvons nous empêcher de condamner cette

Fig. 116. — Voiture automotrice ouverte d'été, équipée avec des moteurs Walker.

tendance à supprimer les impériales qui donnent satisfaction aux amateurs de voyages au grand air, d'autant plus que l'intérieur restant permet à tous de choisir l'endroit qui lui convient le mieux; de plus, les impériales présentent le précieux avantage d'augmenter considérablement, presque de doubler, la contenance du véhicule sans accroître sensiblement son poids mort. Avec les conducteurs aériens, il surgit bien une toute petite difficulté à rehausser la voiture, ce qui oblige à rehausser également le fil de travail du trolley; mais cet inconvénient deviendrait souvent un avantage par la suppression de toute entrave apportée à la circulation par des fils suspendus assez haut; des voitures munies d'une impériale couverte comme les confortables véhicules circulant sur la ligne de tramways électriques de Paris à Romainville dont il sera parlé plus loin, conviendraient parfaitement et nous espérons les voir adopter par les nouvelles lignes en construction; même des voitures à impériale non couverte, peuvent d'ailleurs parfaitement être disposées pour recevoir la prise de courant à trolley, comme l'indique la figure 115 représentant deux voitures à impériale, l'une automobile, l'autre remorquée, du tramway de Bristol construit par la Compagnie Thomson-Houston ; la perche du trolley se trouve simplement articulée à la partie supérieure d'un mât vertical disposé au milieu du toit et la seule modification à apporter consiste dans une élévation plus grande du fil de travail.

En Amérique, on emploie très peu les voitures à impériale, mais en revanche les Compagnies mettent en circulation, pendant la bonne saison, des voitures complètement ouvertes qui compensent en partie cette lacune ; notre figure 116 représente ainsi une de ces voitures automotrices ouvertes, équipée avec des moteurs Walker ; en Europe, on a presque partout imité cette suppression des impériales, tout en servant constamment aux voyageurs les mêmes voitures hermétiquement closes et devenant de véritables étuves ambulantes durant les grandes chaleurs. Il faudrait ou imiter tout à fait les Américains et nous donner des voitures découvertes d'été, ou, ce qui serait encore bien mieux, garder en les perfectionnant nos voitures à impériale qui donnent à tous le choix de la place. Le prix des places joue évidemment un certain rôle dans la question de cette suppression des impériales, mais rien ne serait plus simple de résoudre ce problème en uniformisant en une moyenne suffisamment basse le prix de toutes les places.

*
* *

Nous allons maintenant décrire les différents systèmes de tramways électriques à canalisation aérienne les plus fréquemment employés en Europe, et nous donnerons à leur sujet les différents détails concernant l'établissement de la voie, les conducteurs, les appareils de prise de courant, les usines génératrices, etc., qui les particularisent.

Tramways électriques à conducteur aérien Siemens et Halske. — Dans les tramways Siemens et Halske, la voie est ordinairement établie avec des rails d'acier d'une grande solidité pesant de 75 à 95 kilogrammes par mètre linéaire de voie ; dans les rues, les rails sont à gorge et noyés dans la chaussée, tandis qu'il est avantageux pour les voies établies sur accotement le long des routes et interdites au charroi d'employer des rails Vignole à simple champignon qui présentent un coefficient de roulement moins considérable.

Il est préférable de remplacer la couche de béton fréquemment utilisée par une assise de cailloux et de sable présentant une plus grande élasticité et atténuant le bruit que font les roues en passant sur les rails ; les deux rails doivent, autant que possible, être de la même hauteur, sauf dans les courbes. En général, on préfère l'écartement de rails normal ($1^m,435$) à la voie étroite ; pourtant, dans les rues peu larges possédant des courbes très prononcées, il y a intérêt à adopter l'écartement de 1 mètre. Pour les aiguillages, on se sert de pièces en acier fondu et trempé fixées aux parties terminales des rails ; une des langues ou mieux les deux langues de l'aiguille sont mobiles et retenues par un ressort en spirale placé latéralement et protégées par des boîtes spéciales ; les aiguillages permanents dont les langues ne changent que rarement de position, sont en outre maintenues en place par une fermeture particulière.

Les rails servant au retour du courant sont reliés électriquement entre eux et communiquent à l'extrémité de la voie avec un des pôles de la dynamo génératrice ; l'éclissage électrique des rails est obtenu par plusieurs fils de cuivre fixés à l'extrémité de chaque rail par un ajustage à rivet ; de plus, tous les 3 ou 5 rails, on établit une jonction entre les rails opposés au moyen d'un fil de cuivre. Il est ainsi possible d'employer les rails pour le retour du courant sans grandes pertes et en évitant presque entièrement les phénomènes d'électrolyse.

Au-dessus de chaque voie et soigneusement isolé se trouve suspendu un conducteur ou fil de travail formé d'un fil de cuivre écroui de 8 millimètres de diamètre sur lequel les wagons moteurs viennent recueillir leur courant d'alimentation. Malgré son faible diamètre, ce fil conducteur possède une grande résistance de rupture; il est ordinairement suspendu par des fils d'acier transversaux fixés à des mâts spéciaux ou aux maisons bordant la rue. Le fil de travail est divisé en sections qui peuvent être isolées les unes des autres et que des appareils de sûreté munis de souffleurs d'étincelles protègent contre tout danger de décharge atmosphérique ou de court circuit; l'alimentation des sections est réalisée au moyen de commutateurs fixés aux mâts ou aux maisons, renfermés dans des boîtes, reliés électriquement à chaque section et recevant le courant par des feeders d'alimentation; chaque wagon moteur contient une clef pour ouvrir les boîtes des commutateurs. De cette façon, le courant peut passer dans chaque section sans que l'interruption accidentelle dans une section influe sur l'alimentation des autres sections; de plus, cette disposition permet de diminuer les pertes de tension. Les feeders d'alimentation, quand ils sont de petits diamètres, sont suspendus aux mâts à la manière des fils télégraphiques; quand ils sont de grande dimension, ils sont réalisés en câble sous plomb passant sous la chaussée.

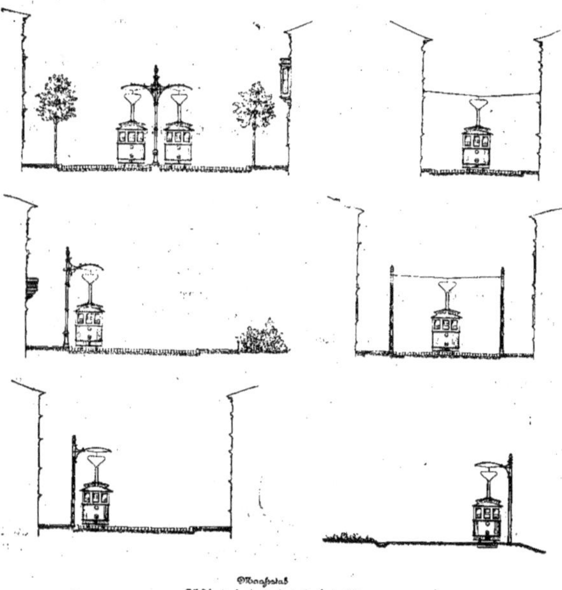

Fig. 117 à 122. — Différents modes de suspension des fils de travail des tramways électriques Siemens et Halske.

Les figures 117 à 122 donnent un aperçu des différents modes de suspension des fils de travail qui varient avec les conditions d'installation de la voie. Le conducteur se trouve en sa partie la plus basse au moins à 4^m,50 des rails. Les points de suspension sont distants de 35 à 40 mètres, sauf dans les courbes où ils sont plus rapprochés; on règle la tension du conducteur au moyen de tendeurs isolés; tous les supports sont également soigneusement isolés des maisons ou des mâts et, quand ils sont fixés à des crochets aux murs des maisons, on

Fig. 123. — Tramways électriques de Hanovre, système Siemens et Halske. — Suspension par fils d'acier transversaux.

Fig. 124. — Tramways électriques de Berlin à Pankow, système Siemens et Halske. — Suspension par poteaux à simple console.

emploie un isolateur élastique spécial qui agit comme étouffoir et empêche la propagation des vibrations sonores du fil. Les mâts sont ordinairement en acier creux et ornés, mais on emploie également des poteaux plus économiques en fer ou bois imprégné. La suspension au moyen de fils d'acier transversaux (fig. 123) est commode surtout pour les lignes à double voie, mais la hauteur du fil peut se modifier et, si l'installation n'est pas très soigneusement faite, elle est bien inférieure à la suspension sur poteau à console simple (fig. 124) ou double (fig. 125) dont l'aspect est d'ailleurs plus agréable.

La maison Siemens et Halske emploie avec succès, depuis de nombreuses années, son système de prise de courant à archet représentée dans la figure 563. Cet archet, construit en un métal mou bon conducteur, ordinairement l'aluminium, est articulé sur un support fixé sur le toit des wagons moteurs et pressé par des ressorts contre le fil de travail; pour atténuer l'usure due au frottement de glissement, la partie supérieure de l'archet forme gouttière que l'on remplit de graisse consistante et le fil de travail est disposé en zigzags très allongés qui provoquent l'usure régulière de l'archet sur toute sa longueur; la partie supérieure de l'archet est d'ailleurs mobile et très facilement remplaçable.

D'après la maison Siemens et Halske, l'archet présente une sûreté de fonctionnement et une facilité de maniement bien supérieures à celles du trolley; dans les courbes et les embranchements, ce dernier est, en effet, très sujet à dérailler et cet accident, surtout dans l'obscurité, est pénible et même périlleux, aussi bien pour le personnel que pour les voyageurs; il faut que le conducteur remette à tâtons le fil conducteur dans la gorge du trolley au milieu de l'obscurité, car les lampes s'éteignent naturellement dès que le trolley a quitté le fil de travail. L'archet,

Fig. 125. — Suspension du fil de travail par poteaux à double console.

au contraire, ne perd jamais contact avec le conducteur et, s'il est nécessaire de changer brusquement le sens de la marche, rien n'est plus facile au moyen de ce dispositif; tandis que le trolley ne permet la marche en arrière que sur une ligne droite et s'échappe fréquemment dès que l'on rencontre des courbes ou un aiguillage.

Comme l'archet a une largeur de 1 mètre à 1^m,50, les conducteurs peuvent affecter une direction brisée dans les courbes, tandis qu'avec le trolley le fil de travail doit autant que possible suivre la courbe pour éviter le danger d'échappement. Par suite, le nombre des mâts, supports, tendeurs, etc., peut être réduit avec la prise de courant par archet. De même dans les embranchements et les croisements, le trolley exige une série d'appareils massifs et disgracieux pour conserver à la roulette la bonne direction et assurer son passage dans les fils entre-croisés; il n'est besoin d'aucun de ces appareils avec l'archet. De plus, dans l'été de 1895, le D^r Du Riche Preller a fait, en Suisse, en Alsace et en France, des recherches sur l'influence perturbatrice qu'exerçaient les conducteurs aériens de tramways électriques

Fig. 126. — Vue d'une voiture automotrice système Siemens et Halske montrant le dispositif de prise de courant par archet. — Tramway de Berlin à Pankow.

Fig. 127. — Chambre de chauffe du tramway électrique Siemens et Halske de Hanovre.

sur les lignes téléphoniques voisines, et il a reconnu que la prise de courant par glissement, employée à Genève, Bâle, Mulhouse, produisait moins de dérangement dans le réseau téléphonique que le contact par roulement.

La maison Siemens et Halske n'a guère employé jusqu'ici que des machines à vapeur pour actionner les dynamos génératrices produisant le courant électrique nécessaire à l'alimentation des tramways électriques; elle a fait peu usage de moteurs à gaz ou des turbines.

Les chaudières à vapeur utilisées sont ordinairement multitubulaires, de manière à produire rapidement de grandes quantités de vapeur et répondre à des augmentations subites de consommation; dans les usines plus importantes, on se sert de chaudières à grand réservoir d'eau produisant un effet utile plus considérable, exigeant moins de réparations et tenant l'eau de la chaudière suffisamment chaude pendant les heures de nuit pour permettre, le lendemain matin, une mise en pression rapide. Notre figure 127, représentant la salle de chauffe du tramway électrique de Hanovre, montre ce type de chaudière.

Comme machines à vapeur, la maison Siemens et Halske emploie presque exclusivement des machines compound à condensation, à vitesse angulaire suffisante pour permettre l'accouplement direct avec la dynamo dont l'induit est placé sur le prolongement de l'arbre de la machine; cette disposition présente, en effet, des avantages incontestables sur la transmission par courroie; notre figure 128, représentant la salle des machines du tramway électrique de Hanovre, indique cette disposition.

Les dynamos génératrices employées sont, dans ce cas, les machines multipolaires Siemens et Halske à inducteur intérieur; les dynamos sont, en général, excitées en dérivation; les étincelles au collecteur sont complètement supprimées, grâce à l'emploi de balais de charbon; la tension du courant est ordinairement de 500 à 550 volts, tension réglée par le rhéostat d'excitation. La figure 129 montre les dynamos multipolaires à inducteur intérieur employées pour l'alimentation du tramway électrique de Berlin à Pankow et directement accouplées à des machines compound à condensation de 100 chevaux tournant à la vitesse de 135 tours par minute.

Les tableaux de distribution en marbre reçoivent les appareils de mesure, de sûreté et de commande, voltmètre, ampèremètre, wattmètre, coupe-circuit, interrupteur à main et interrupteur automatique de sûreté.

Les chambres de machines et de chauffe, les gares, etc., sont ordinairement éclairées à la lumière électrique; si l'on veut pour cela utiliser le courant à 500, 550 volts, il est nécessaire de monter les lampes à incandescence par 5 en série; pour les lampes à arc, si l'on préfère éviter le montage en série, il faut employer des transformateurs diminuant la tension ou mieux se servir d'une dynamo spéciale; comme il est souvent nécessaire de continuer l'éclairage après l'arrêt de la ligne de tramways, il peut être avantageux d'utiliser une petite batterie d'accumulateurs.

La construction des voitures automotrices de tramways électriques, abstraction faite des parties électriques spéciales, ne présente rien de bien particulier.

Les moteurs électriques (fig. 130, 131 et 132) se trouvent placés dans le truck de la voiture (fig. 133). Ils sont construits spécialement pour cet usage, sont à quatre pôles et à excitation en dérivation. L'induit est enroulé en tambour et son collecteur possède de nombreuses sections isolées au mica et recevant le courant au moyen de balais de charbon. Les moteurs reposent d'une part sur l'essieu moteur par des paliers spéciaux et sont suspendus

Fig. 128. — Salle des machines du tramway électrique et Usine de Hanovre.

Fig. 129. — Salle des machines du tramway électrique Siemens et Halske de Berlin à Pankow.

d'autre part par des ressorts à boudin atténuant les chocs à une traverse reliant les supports longitudinaux de la voiture. Leur mode de construction permet d'en visiter facilement l'intérieur et de retirer commodément l'induit sans qu'il soit besoin de démonter complètement le moteur.

La force utilisée pour la traction des voitures varie, suivant les circonstances, entre 350 et 800 watts-heure par wagon-kilomètre ; elle est en moyenne de 500 watts-heure et est plus considérable par temps humide que par temps sec. Au départ, pour le démarrage, les voitures automotrices absorbent plus du quintuple de la force qui leur est nécessaire en marche horizontale.

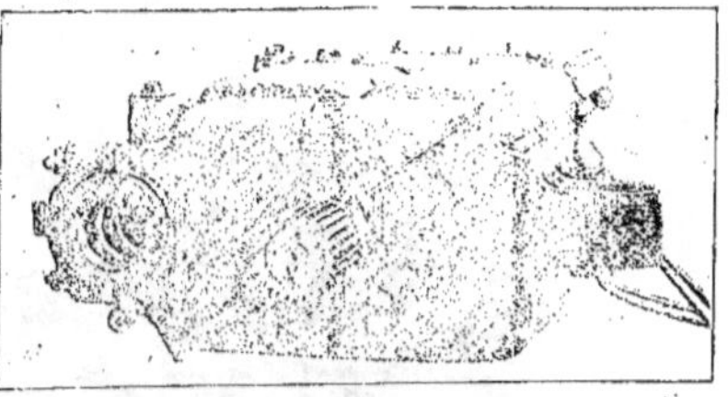

Fig. 130. — Électromoteur Siemens et Halske pour tramways.
Vue du côté de l'engrenage.

Outre les freins mécaniques à sabot dont sont munies les voitures, on peut encore utiliser les moteurs pour le freinage, soit en renversant le courant dans l'induit, soit en mettant l'induit en court circuit, soit encore en intercalant une résistance variable dans le circuit du moteur fonctionnant comme dynamo.

Sur la plate-forme d'avant se trouve fixé le contrôleur de mise en marche, tandis que les résistances bobinées sur montant en porcelaine et servant à régler l'intensité du courant traversant les moteurs et par suite la vitesse de la

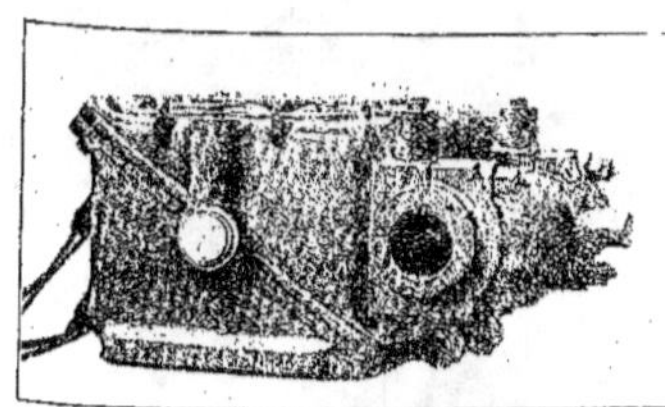

Fig. 131. — Électromoteur Siemens et Halske pour tramway.
Vue du côté opposé à l'engrenage.

voiture sont placées sous les banquettes ; la chaleur qu'elles dégagent est utilisée en hiver à chauffer les voitures et se perd en été par des ouvertures spéciales.

La prise de courant placée sur le toit du wagon (fig. 126) est articulée autour d'un axe transversal et maintenue par des ressorts en spirale qui se trouvent des deux côtés de l'axe et tendent à lui donner constamment une direction verticale. L'action combinée de ces ressorts produit une pression constante et douce de l'archet sur le fil de travail.

Le moteur est protégé par un interrupteur automatique qui s'ouvre instantanément dès que le courant dépasse l'intensité normale ; sous la voiture se trouve de plus un parafoudre.

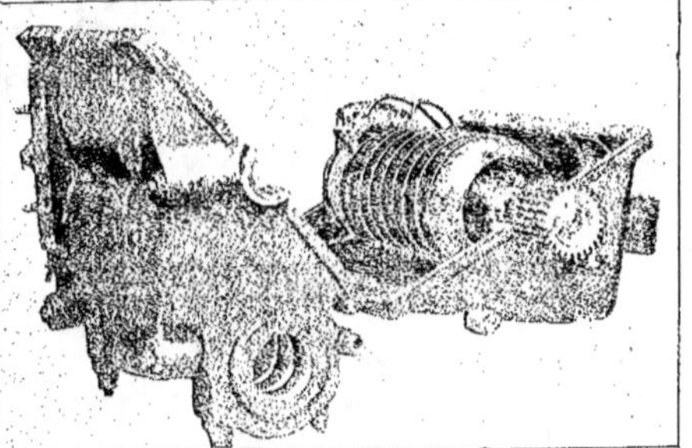

Fig. 132. — Électromoteur Siemens et Halske pour tramway. — Ouvert.

Du circuit principal de la voiture est dérivé un courant servant à l'alimentation de 5 lampes à incandescence et traversant un coupe-circuit; trois lampes éclairent l'intérieur de la voiture; les deux autres sont placées dans les projecteurs d'avant et d'arrière et éclairent la voie.

Un autre type de moteur employé avec grand succès à Bâle consiste en une dynamo bipolaire horizontale, protégée extérieurement par une enveloppe protectrice et actionnant l'un ou les deux axes moteurs de la voiture au moyen de chaînes de transmission; ces mo-

Fig. 133. — Truck de tramway électrique système Siemens et Halske.

teurs possèdent un fonctionnement doux et presque silencieux et ont une très grande durée.

Les voitures remorquées que l'on peut joindre au nombre d'une ou deux aux wagons moteurs sont construites exactement comme les tramways ordinaires.

Il faut encore citer les balayeuses de neige mues électriquement (fig. 134), les voitures à répandre le sel, les voitures d'arrosage, etc., qui sont utilisées dans l'exploitation d'une ligne de tramways électriques.

Il est utile que les remises des voitures soient bien éclairées, spacieuses et construites sur cave au moins sur la moitié de la surface pour

Fig. 134. — Balayeuse électrique Siemens et Halske employée sur le réseau de tramways électriques de Budapest.

permettre par-dessous l'examen commode du mécanisme des voitures motrices; pour conserver un espace libre suffisant sous le plancher, les rails peuvent être simplement supportés sur des piliers de fer. Il est également utile de disposer d'un atelier suffisamment outillé pour faire toutes les réparations courantes, cercler les roues, bobiner les induits, etc.

La manutention des wagons dans les remises, ateliers de réparations, etc., se fait facilement au moyen d'aiguillages, embranchements et plaques tournantes mues électriquement.

Tramways électriques Thomson-Houston. — Comme tous les tramways à canalisation aérienne, ce système comporte quatre parties principales : la station centrale où est produite l'énergie électrique, le conducteur aérien suspendu au-dessus de la voie, la ou les voitures automotrices portant un ou plusieurs moteurs ainsi que l'appareil de prise de courant et enfin une voie de roulement servant en même temps de conducteur de retour pour le courant. Les voitures sont surmontées d'une perche métallique terminée par une roulette ou trolley toujours appuyé sous le câble conducteur et communiquant avec l'une des bornes des moteurs électriques, l'autre borne étant en communication avec les rails par l'intermédiaire des roues du véhicule. Le courant électrique produit par la dynamo génératrice passe donc, comme l'indique notre figure schématique 112, par le fil aérien, le trolley, les moteurs électriques, les roues, les rails de roulement et revient enfin à l'usine centrale.

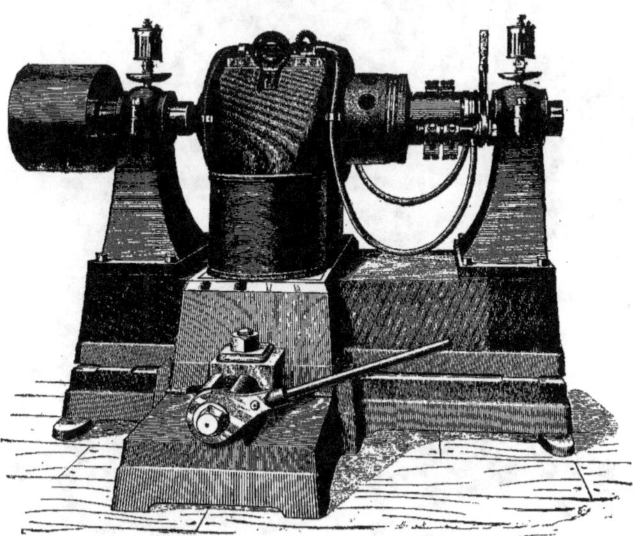

Fig. 135. — Dynamo génératrice bipolaire Thomson-Houston de 20 à 90 kilowatts.

L'usine centrale, dont la meilleure position est au milieu de la ligne, mais qui peut, lorsque les circonstances l'exigent, occuper un emplacement éloigné, comprend les machines motrices primaires qui peuvent être quelconques et les dynamos génératrices. Les dynamos généralement utilisées sont du type bipolaire, représenté par la figure 135, pour les petites installations de 20 à 90 kilowatts et du type multipolaire (fig. 136 et 137) pour les réseaux plus importants consommant de 100 à 500 kilowatts.

Les dynamos sont reliées à la ligne par l'intermédiaire d'un tableau de distribution contenant les appareils destinés à régler, contrôler et mesurer le courant produit. Ce tableau de distribution se compose d'un nombre de panneaux semblables égal au nombre des dynamos génératrices; nos figures 138 et 139 représentent, vu avant et arrière, un de ces panneaux, qui comprend un interrupteur de champ magnétique, un rhéostat de réglage du champ

Fig. 136. — Dynamo génératrice multipolaire Thomson-Houston de 100 kilowatts.

magnétique, un interrupteur principal, un ampèremètre, un parafoudre, un interrupteur automatique et enfin un interrupteur de voltmètre pouvant relier chaque dynamo à un seul voltmètre commun à tous les panneaux.

Le fil conducteur amenant le courant aux voitures se trouve toujours suspendu au-dessus du milieu de la voie, mais son genre de suspension diffère suivant les circonstances.

Fig. 137. — Dynamo génératrice multipolaire Thomson-Houston de 300 kilowatts.

Lorsque la ligne est à une seule voie placée sur un des côtés de la rue, on fait ordinairement porter le conducteur aérien par de simples bras fixés à des poteaux plantés le long de la voie ;

Fig. 139. — Panneau d'un tableau de distribution Thomson-Houston correspondant à une dynamo génératrice. — Vue arrière.

cette disposition, représentée par les figures 140 et 141, porte le nom de suspension à bras simples. Lorsque la ligne comporte deux voies placées du même côté de la route, on peut

Fig. 138. — Panneau d'un tableau de distribution Thomson-Houston correspondant à une dynamo génératrice. — Vue avant.

avoir recours à la même solution en donnant une plus grande longueur aux bras horizontaux, comme l'indique la figure 142, constituant une suspension par bras simples allongés. On peut aussi, quand la ligne est double, planter entre les deux voies une série de poteaux portant chacun deux bras horizontaux à l'extrémité desquels sont accrochés les fils de travail; cette suspension (fig. 143) est dite suspension à bras doubles. Quand la voie simple ou double est située au centre de la chaussée, on emploie ordinairement la suspension transversale; le conducteur est alors accroché sur des fils d'acier tendus en travers de la rue et soutenus soit par des poteaux (fig. 144) plantés de chaque côté de la route, soit par des rosaces fixées dans les murs des constructions qui bordent la rue (fig. 145). Les poteaux peuvent être, suivant les ressources locales, en bois, en fer, en acier, plus ou moins simples ou décorés et peuvent servir en même temps de supports aux appareils d'éclairage à arc ou à incandescence; nous avons indiqué plus haut des modèles ornementés (fig. 113 et 114) employés par la Compagnie Thomson-Houston et qui ne peuvent être qu'un ornement pour les villes où ils sont posés.

Fig. 140. — Tramway électrique Thomson-Houston de Milan. — Suspension à bras simples.

Comme on peut s'en rendre compte sur nos diverses figures, les voitures automotrices ne présentent comme disposition extérieure, à part la prise de courant par trolley, rien de bien particulier et ressemblent à toutes les voitures de tramvays; les moteurs électriques, qui constituent la partie la plus intéressante, sont en effet dissimulés sous la voiture et nullement visibles.

Les caisses des voitures sont placées sur des trucks de construction solide et légère, munis de ressorts très élastiques et pourvus d'un ou de deux moteurs électriques et de freins puissants mécaniques et électriques; les voitures sont éclairées au moyen de 5 lampes électriques à incandescence de 16 bougies montées en série et alimentées par une dérivation du courant alimentant les moteurs; ces voitures, qui peuvent être soit découvertes, soit fermées, portent une barre d'attelage leur permettant de remorquer d'autres voitures et sont munies des appareils de signaux nécessaires.

Comme nous l'avons dit, le trolley consiste en une roulette à gorge profonde, supportée à l'extrémité d'une tige métallique articulée sur le toit du véhicule et amenant le courant recueilli à la voiture automotrice; des ressorts spéciaux donnent à la perche une tendance continue à se dresser verticalement, de manière que la roulette qu'elle porte soit constamment appliquée sur la partie inférieure du fil de travail.

Fig. 111. — Tramway électrique Thomson-Houston. — Suspension à bras simples sur poteaux en bois.

Le nouveau moteur électrique pour tramway de la Compagnie Thomson-Houston possède des qualités remarquables qui en font un des meilleurs moteurs connus jusqu'à ce jour; sa puissance normale est de 25 chevaux et son poids de 600 kilogrammes; sa forme et sa construction mettent tous ses organes à l'abri de la poussière et de l'humidité. Il peut être visité et inspecté très aisément et détaché du truck avec la plus grande facilité. Sa constitution excessivement robuste lui permet de subir une surcharge considérable sans qu'il en résulte un échauffement anormal de l'une quelconque de ses parties. L'induit attaque l'essieu moteur par une seule paire d'engrenages en fonte et acier baignant dans l'huile; cette disposition réduit beaucoup l'usure des parties frottantes et diminue considérablement le bruit de roulement de ces organes. Le mode de suspension du moteur est tel qu'une faible partie de son poids est seule supportée directement par l'essieu; il en résulte un choc moins grand à chaque passage des joints des rails et par conséquent une durée plus longue de la voie et des essieux.

Les paliers sont très longs, de grand diamètre et garnis de coussinets en métal blanc, de sorte que la pression est légère et le frottement très faible. Le graissage est effectué au moyen de graisse semi-fluide.

Les figures 146 et 147 représentent ce moteur fermé et ouvert. Le circuit magnétique inducteur est constitué par une boîte en deux parties en acier coulé portant deux pièces polaires, l'une à la partie supérieure, l'autre à la partie inférieure, entourées de bobines inductrices et de deux épanouissements polaires à 90° des premiers, de sorte qu'il y a en réalité quatre pôles; on obtient ainsi le flux magnétique nécessaire avec un faible poids de matière et dans un espace restreint.

Fig. 142. — Tramway électrique Thomson-Houston de Bruxelles. — Suspension à bras simples allongés.

L'induit est composé de disques de tôle découpés à l'emporte-pièce, puis soigneusement recuits et vernis. Ces disques présentent des encoches rectangulaires, mais rétrécies à la partie supérieure de façon à retenir une clavette en matière isolante que l'on introduit après avoir placé les fils dans les encoches. Ces disques sont montés sur l'arbre de la machine, maintenus en position au moyen de clavettes et fortement pressés entre deux plateaux retenus par des écrous.

L'enroulement de l'induit est composé de bobines élémentaires formées de plusieurs fils réunis par un ruban et enroulés au moyen d'une machine spéciale sur une forme appropriée. Ces bobines sont placées dans les encoches du noyau et maintenues en position par des clavettes en matière isolante introduites à force. Elles ne peuvent donc se déranger ni sous l'action de la force centrifuge, ni sous l'action réciproque des champs magnétiques de l'inducteur et de l'induit. Les fils qui se croisent sont séparés l'un de l'autre au moyen de papier verni et de mica. Les calottes sont recouvertes de toile vernie, retenue par un solide frettage.

Fig. 143. — Tramway électrique Thomson-Houston de Milan. — Suspension à bras doubles.

Les extrémités des bobines aboutissent à un collecteur en cuivre rouge dur dont les segments sont reliés en croix au moyen de connecteurs, de façon à réduire à deux le nombre des balais. Pour faciliter leur inspection et leur entretien, les deux balais sont disposés à la partie supérieure de l'induit, et l'on peut y accéder très facilement en soulevant un couvercle latéral comme le représente la figure 146. Les balais sont en charbon cuivré, ils sont maintenus dans une glissière et pressés à peu près normalement au collecteur par des ressorts. L'emploi de balais en charbon est absolument général sur les moteurs de tramways, parce qu'ils permettent de faire tourner indifféremment l'induit dans un sens ou dans l'autre et assurent une durée très grande au collecteur par suite de leur frottement très doux.

L'inspection de tous les organes du moteur est des plus faciles, même lorsque le moteur est monté sous la caisse. Il suffit, en effet, de soulever l'une des trappes formant le plancher de la voiture pour découvrir entièrement le moteur. On enlève alors un boulon de serrage et l'on fait basculer la partie supérieure des inducteurs autour de sa charnière,

Fig. 147. — Tramway électrique Thomson-Houston de Milan-Monocco. — Sortie de l'ancien cimetière. — Suspension transversale à poteaux.

comme le représente la figure 147 ; enfin, en enlevant la partie supérieure des paliers, on peut retirer l'induit, l'inspecter et le remplacer par un autre, s'il y a lieu. Toutes ces opérations ne demandent que quelques minutes à peine.

Enfin toutes les pièces du moteur sont interchangeables et numérotées, de sorte qu'il suffit d'indiquer le numéro d'une pièce quelconque pour en obtenir une autre et la remplacer sans ajustage préalable.

Les inducteurs et l'induit sont reliés électriquement entre eux et à la ligne au moyen d'un appareil spécial appelé contrôleur et permettant de grouper différemment les moteurs et d'intercaler dans le circuit des résistances, de façon à obtenir un effort considérable au démarrage et d'accroître progressivement la vitesse jusqu'à 25 ou 30 kilomètres à l'heure sans à-coups ni secousses; le contrôleur permet également de renverser le sens de marche de la voiture et même d'employer les moteurs électriques comme freins énergiques.

La question des freins est en effet très importante et a toujours vivement préoccupé les ingénieurs s'occupant de locomotion, car c'est à l'insuffisance d'action des freins que la plupart des accidents sont dus.

Fig. 115. — Tramway électrique Thomson-Houston de Milan. — Suspension transversale à ressorts.

Lorsqu'un véhicule est animé d'une certaine vitesse et qu'on veut l'arrêter, il faut absorber toute la puissance vive emmagasinée dans sa masse; or cette énergie est proportionnelle au poids de la voiture et au carré de la vitesse; pour une voiture de dix tonnes

lancée à la vi-
tesse de 36 kilo-
mètres à l'heure,
elle atteint la va-
leur énorme de
500,000 kilo-
grammètres; si
l'arrêt est pro-
duit en cinq se-
condes, la puis-
sance moyenne
absorbée par les
freins est de plus
de 1,300 che-
vaux.

Dans tous les
systèmes ac-
tuels, l'énergie
emmagasinée
est dépensée en frottements, et les procédés de freinage ne diffèrent que par le mode

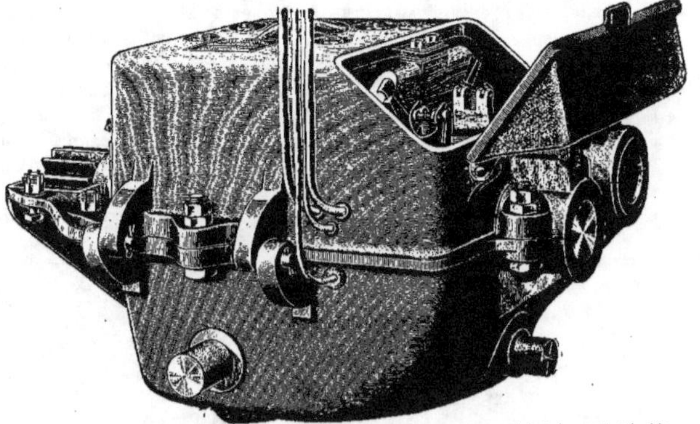

Fig. 146. — Électromoteur Thomson-Houston de 25 chevaux pour tramway. — Le couvercle latéral permettant la visite des balais et du collecteur est seul ouvert.

d'application des frot-
teurs. Le dispositif le
plus simple et le plus
répandu consiste à appli-
quer des sabots sur la
jante des roues, soit au
moyen d'une manivelle
et de leviers, soit au
moyen de l'air comprimé
ou de la pression atmo-
sphérique; les freins à
corde introduits depuis
peu d'années agissent
sur les moyeux des
roues; les freins à patin
s'appliquent sur les rails.
Or tous ces systèmes
ont le grave inconvé-
nient de ne pas être assez
énergiques quand le vé-
hicule est lancé à une
grande vitesse. En effet,
dès que les sabots exer-
cent une pression un
peu forte sur les roues,
celles-ci commencent à

Fig. 147. — Électromoteur Thomson-Houston de 25 chevaux pour tramway. — Ouvert.

patiner, et, si la pression est accrue, les roues se bloquent et le patinage devient très important; le freinage ne résulte plus alors que du frottement des roues sur les rails; il s'ensuit en outre une usure rapide des jantes des roues et la formation de plats; de plus, le châssis de la voiture est soumis à des efforts considérables qui le disloquent petit à petit; enfin, les voyageurs sont soulevés de leur siège et souvent même projetés en avant.

Le système de frein électrique construit par la Compagnie Thomson-Houston repose sur un principe tout différent de ceux que nous venons d'examiner. Au lieu d'absorber la puissance vive de la voiture en frottement, il la transforme entièrement en énergie électrique et emploie une fraction de cette énergie électrique pour freiner les roues juste assez pour

Fig. 148. — Truck de voiture automobile muni de deux freins électriques système Thomson-Houston.

qu'elles ne patinent pas; l'autre fraction est dissipée sous forme de chaleur. Il n'a donc plus aucun des inconvénients des systèmes précédents et peut rendre l'action extrêmement rapide sans qu'il en résulte le moindre choc pour les voyageurs. La manœuvre du frein et le réglage de son action se font par la même manivelle que pour la mise en marche de la voiture; le conducteur n'a donc qu'une seule main d'occupée et n'a aucun effort à faire. La simplicité des pièces et leur petit nombre rendent leur entretien beaucoup moins onéreux que les systèmes à frottement. Enfin, son action est indépendante de la connexion de la voiture avec le fil aérien; ce fil peut donc être coupé ou le trolley peut le quitter sans que l'action du frein soit troublée, ce qui est d'une très grande importance.

Ce système de freinage consiste à utiliser la puissance vive de la voiture à faire tourner les moteurs électriques comme génératrices, à régler la puissance électrique fournie par les mêmes résistances qui servent à modifier la marche des moteurs au moyen du contrôleur série-parallèle ordinaire auquel quelques contacts ont été adjoints, et à envoyer une partie du courant dans un frein magnétique.

Ce frein magnétique se compose d'un disque de fonte solidement fixé sur chaque axe et d'un électro-aimant monté sur le châssis de la voiture et dont les pôles, en temps de repos, ne frottent que très légèrement sur le disque. Au contraire, quand un courant est lancé dans cet électro-aimant, il s'applique énergiquement sur le disque et contribue à l'arrêt de la voiture par son frottement et par les courants de Foucault très intenses qui prennent naissance dans le disque. Un balai en graphite fixé sur l'électro-aimant lubrifie les pièces en contact, diminue leur usure et augmente la conductibilité du circuit électrique formé par les noyaux de l'électro-aimant et le disque de fonte, ce qui facilite l'action retardatrice des courants de Foucault qui, par suite, devient plus importante que celle due au frottement.

Les deux freins d'une même voiture sont montés en série de façon que les couples développés sur les axes soient les mêmes. Un interrupteur automatique limite l'intensité du courant des freins de façon que les roues ne puissent jamais patiner.

Ce système de frein peut être disposé sur toute voiture sans retirer les roues et ne tient que fort peu de place. Les nombreux essais

Fig. 149. — Contrôleur spécial pour voiture automobile munie du frein électrique Thomson-Houston.

auxquels il a été soumis ont montré qu'il répondait entièrement à tout ce que l'on pouvait attendre de lui. La figure 148 montre un truck pourvu de deux freins de ce système et la figure 149 le contrôleur spécial qui n'est pas beaucoup plus compliqué que l'appareil ordinaire et ramène à la simple manœuvre d'une manivelle la conduite complète d'une voiture; la mise en route, l'accroissement et le ralentissement de vitesse, le freinage et l'arrêt s'opèrent par suite simplement en tournant plus ou moins la manivelle du contrôleur dans un sens ou dans l'autre.

Les deux plus récentes installations de tramways électriques du système Thomson-Houston réalisées en France sont : le réseau de tramways de Rouen, inauguré en mars 1896,

J.-L. Barton — 10

et celui de Versailles, fonctionnant depuis le mois d'octobre 1896; nous allons décrire ces intéressantes installations.

Fig. 150. — Tramways électriques de Rouen système Thomson-Houston. — Ligne de Darnétal.

Nos figures 150 à 156 représentent différentes vues prises en divers points du réseau des tramways et montrent le modèle de voiture adopté et les différents modes de suspension du conducteur aérien suivant les endroits; la figure 157 représente le dépôt des tramways.

Le nouveau réseau de tramways électriques de Rouen comporte 8 anciennes lignes d'un développement de 25,460 mètres, desservies auparavant par des tramways à traction animale, et 8 nouvelles lignes de 11,607 mètres, soit donc en tout une longueur totale de lignes de 37 kilomètres.

La voie a été entièrement transformée, elle est en rails Broca de 44 kilogr. par mètre, à l'écartement de 1m,44. Les courbes sont nombreuses et s'abaissent fréquemment à 20 mètres de rayon; les rampes atteignent 4,5 et 5 centimètres par mètre. Les rails sont réunis entre eux par de fortes éclisses et un double fil de cuivre terminé par un coin spécial appelé « Chicago rail bond »; ce fil de connexion a 8 millimètres de diamètre et porte, à chacune de ses extrémités, une pièce cylindrique beaucoup plus grosse et emboutie; après avoir introduit les têtes dans les trous des rails, on force une cheville conique d'acier dans le trou axial de la tête et l'on rabat les lèvres de l'ouverture; le serrage est ainsi excessivement énergique et ne peut se modifier. Chaque joint de rail est muni de

Fig. 151. — Tramways de Rouen. — Ligne de Quévilly.

deux barres de connexion semblables, de sorte que la résistance électrique du joint est annihilée. A de courtes distances, les rails d'une même voie sont reliés entre eux d'une façon analogue; de même les voies parallèles entre elles.

La ligne aérienne est constituée par un fil de cuivre dur de 8mm,25 de diamètre; ce fil est suspendu axialement au-dessus des voies (fig. 150) par des fils d'acier transversaux amarrés à des poteaux métalliques. Les fils d'acier sont isolés à la fois de la ligne aérienne et des poteaux métalliques, de sorte que toute dérivation du courant est impossible.

Les poteaux, au nombre de 1,200, sont en tubes d'acier à quatre sections et ont une hauteur de 7 mètres environ au-dessus du sol. La partie inférieure est garnie d'une base en fonte d'un modèle élégant; les joints des tubes sont recouverts de bagues et leur partie supérieure porte une boule surmontée d'une pointe; ces poteaux

Fig. 152. — Tramways de Rouen. — Ligne de la Madeleine.

ont reçu une patine vieux bronze qui leur donne un cachet très décoratif.

Sur les quais (fig. 154, 155, 156), les poteaux sont à double console et placés dans l'entrevoie. De deux en deux, ces poteaux portent, au lieu et place de boules métalliques, une lampe à arc. Les poteaux des tramways servent également à supporter 162 lampes à

Fig. 153, 154, 155 et 156. — Différentes vues du réseau de tramways électriques de Rouen système Thomson-Houston.

incandescence, réparties dans les rues Jeanne-d'Arc, Thiers, de la République et Lafayette. L'éclairage électrique de toutes les voies parcourues par le tramway est d'ailleurs à l'état de projet.

La ligne a été montée avec beaucoup de soin; les courbes ont été l'objet d'une attention particulière, de sorte que l'installation du tramway électrique apporte plutôt une décoration et ne possède rien de choquant.

Les feeders employés pour l'alimentation de la ligne aérienne ont 200^{mm2} de section et une longueur de 6,000 mètres; ils sont fortement isolés au caoutchouc et mis directement en terre. Les feeders de retour sont en câble nu de 150^{mm2} noyé dans un caniveau en bois rempli de bitume et aboutissent aux mêmes points que les autres.

Le nombre des voitures en service est de 60; ces voitures sont à double plate-forme à marchepied latéral; l'intérieur est divisé en deux classes par une porte à coulisse; ces voitures contiennent 24 places d'intérieur et 16 de plate-forme.

Le poids des voitures chargées est de 7 tonnes; leur longueur totale est de 8 mètres. Les trucks d'une forme nouvelle ont été construits aux ateliers de la Compagnie Française Thomson-Houston, par la Société des Établissements Postel-Vinay. Ils sont très légers tout en étant robustes; le réglage et le changement des pièces susceptibles de se détériorer est des plus faciles.

L'équipement de voitures comprend tout le matériel électrique en dehors des moteurs; il se compose du trolley, de sa perche et de sa base, du contrôleur, des résistances additionnelles, des coupe-circuits, des parafoudres, des lampes et des câbles.

La roue du trolley est une poulie en bronze à gorge profonde et à coussinets en graphite; elle est mobile autour d'un axe fixé sur une fourche à l'extrémité d'une perche métallique emmanchée dans une douille faisant partie de la base. A Rouen, on fait usage d'une nouvelle base de trolley présentant l'avantage de permettre à la perche

Fig. 157. — Tramways électriques de Rouen système Thomson-Houston. — Dépôt des tramways.

de se maintenir toujours verticalement lorsqu'elle est libre et de pouvoir être inclinée en avant ou en arrière à volonté. Elle se compose de deux ressorts à boudin de 45 centimètres de longueur, guidés par un tube et maintenus entre une butée et un tampon à oreille pouvant glisser sur le tube-guide. Deux tiges passent dans les oreilles; elles sont maintenues d'un

Fig. 158. — Tramways électriques de Rouen système Thomson-Houston. — Salle des machines.

côté par des écrous et de l'autre s'accrochent à l'extrémité du petit bras d'un levier mobile autour d'un axe très près de la base et dont le grand bras constitue la perche; celle-ci en s'inclinant tire les tiges du côté où elle s'abaisse et comprime le ressort à boudin.

Le contrôleur destiné à la conduite de la voiture permet de coupler convenablement les moteurs entre eux et avec des résistances appropriées pour graduer la vitesse et le couple moteur depuis zéro jusqu'au maximum sans à-coups ni secousses. Un système particulier de blocage ne permet pas d'envoyer le courant dans les moteurs tant qu'une petite manette est dans la position de repos; cette même manette permet de passer de la marche avant à la marche arrière sans changer le sens de rotation de la manivelle du contrôleur.

Les résistances additionnelles sont placées sous la voiture; elles se composent de bandes métalliques minces pressées entre des bandes analogues de carton d'amiante et maintenues par des cales en porcelaine dans un cadre en fonte; elles sont par suite incombustibles.

Les coupe-circuits sont constitués par une lame d'alliage très fusible serrée entre des mâchoires et disposée au-dessus d'un électro-aimant; quand le courant traversant les moteurs est trop intense, la lame de métal fond, et l'arc formé est vivement soufflé par le champ magnétique de l'électro-aimant. Les parafoudres et l'interrupteur principal sont également à soufflage magnétique.

Les lampes à incandescence servant à l'éclairage des voitures sont au nombre de 5; le courant qui les alimente est dérivé du courant principal avant les appareils de contrôle et de réglage, et retourne directement par l'ossature métallique du truck aux roues et à la voie.

Le courant recueilli par la roulette du trolley passant sous la ligne aérienne chemine par la perche métallique, la base du trolley; un câble reliant cette base à l'interrupteur principal, puis traverse le parafoudre, les coupe-circuits, le contrôleur de réglage, les moteurs, le truck, les roues et la voie.

Fig. 150. — Tramways électriques de Rouen. — Tableau de distribution.

Les moteurs sont au nombre de deux par voiture; ils sont du type décrit plus haut et représenté par les figures 146 et 147, à faible vitesse angulaire et complètement enfermés dans une boîte en acier coulé, de sorte qu'ils sont à l'abri de la poussière et de l'humidité; l'induit attaque l'essieu des roues par une seule paire d'engrenages baignant dans l'huile. Le poids des moteurs est de 660 kilogrammes et leur puissance de 25 chevaux. On peut accéder très facilement aux moteurs par des trappes ménagées dans le plancher de la voiture; pour les visiter, il suffit de faire basculer la partie supérieure de la boîte du moteur autour de sa charnière, et mettre ainsi l'induit à découvert. Les moteurs reposent sur les trucks par l'intermédiaire de tampons en caoutchouc; les trucks étant déjà suspendus par rapport aux boîtes à graisse, les moteurs se trouvent ainsi avoir, comme les caisses, une double suspension élastique.

Outre l'équipement électrique, les voitures portent, à côté du contrôleur, une maninivelle à cliquet commandant quatre freins à sabot; les déclivités n'étant pas très considérables à Rouen, il n'a pas été nécessaire d'employer d'autres systèmes de freins. Enfin, les voitures sont munies à l'avant et à l'arrière des feux de position à pétrole et d'une trompe d'appel.

L'usine électrique, ou station centrale, représentée figure 158, comporte actuellement trois unités génératrices, indépendantes, composées d'une machine Corliss-Farcot et d'une dynamo de 200 kilovatts hypercompoundée pour 550 volts à pleine charge et 500 volts à vide, commandée directement par courroie.

Les machines Corliss-Farcot sont à un seul cylindre de 650 millimètres de diamètre et $1^m,300$ de longueur; elles sont munies d'un volant de 7 mètres de diamètre; leur vitesse angulaire est de 70 tours par minute. Par suite de l'augmentation du nombre des voitures qui est déjà porté à 60 et qui sera accru avant peu, les dynamos de 200 kilovatts, qui étaient grandement suffisantes, seront prochainement remplacées par d'autres de 300 kilovatts; les machines à vapeur ne seront pas changées.

Les chaudières, du type Babcock et Wilcox, sont au nombre de quatre; leur surface de chauffe est de 160^{m2}; à la suite des chaudières, on a disposé un économiseur Green. L'eau de condensation est refoulée dans un réfrigérant à jets, système Sée, au moyen d'une pompe mue par un moteur Volta à 500 volts.

Le tableau de distribution d'un nouveau modèle est représenté dans la figure 159. Il se compose de trois panneaux pour les dynamos et de trois autres panneaux différents pour les feeders. Les panneaux des génératrices comportent un interrupteur automatique forme K, un ampèremètre apériodique Weston, deux interrupteurs principaux à rupture brusque, un petit interrupteur et un rhéostat de champ magnétique dont seul le volant de commande se trouve sur la face antérieure du tableau; enfin, une prise de courant permet de relier chaque dynamo à un voltmètre Weston à grand cadran lumineux.

L'interrupteur automatique forme K est une pièce de construction très remarquable. Il se compose essentiellement d'un solénoïde de forte section actionnant une palette de fer contre-balancée par un ressort réglable et reliée par un système de levier à un déclencheur qui, d'une part, applique fortement un pont formé de lames de cuivre minces contre deux larges barres et, d'autre part, force une lame entre deux mâchoires; ces deux systèmes de contact sont montés en dérivation l'un sur l'autre, mais la combinaison des leviers est telle qu'au moment de la rupture le pont rompt son contact avant la lame forcée entre les deux mâchoires, de sorte que c'est ce dernier contact qui souffre de la rupture, tandis que l'autre reste toujours indemne. La rupture du circuit se produit dans le champ d'un puissant électro-aimant qui souffle violemment l'arc. Quand on ferme le circuit en agissant sur une poignée solidaire des leviers, la pièce de mauvais contact s'engage d'abord, puis le pont vient s'appliquer sur les barres et assure une continuité parfaite.

Les panneaux des feeders comportent un interrupteur automatique semblable pour deux feeders, un ampèremètre apériodique Weston pour chaque feeder, un interrupteur rapide à main et un parafoudre.

Fig. 160. — Tramways électriques de Versailles système Thomson-Houston. — Salle des machines.

Tous ces appareils sont fixés sur de belles plaques en ardoises vernies montées sur des cornières en fer.

Les tramways électriques de Versailles présentent une longueur totale de voie ferrée de 7,829 mètres. Les déclivités sont peu importantes, 3 o/o au maximum ; les rayons de courbures descendent fréquemment jusqu'à 20 mètres.

La voie est en rails Broca de 36 kilogr. par mètre courant et à l'écartement de 1^m,44. La distance entre axes des voies doubles est de 3^m,50, permettant l'établissement de refuges pour les poteaux métalliques à double console.

La station centrale (fig. 160) comporte actuellement quatre machines à vapeur dont deux sont accouplées directement avec les dynamos de traction et les deux autres commandent par courroie des alternateurs monocycliques pour la distribution d'éclairage et de force motrice.

Fig. 161. — Tramways électriques de Versailles.

Les machines pour la traction sont horizontales monocylindriques, à détente variable par le régulateur et donnent une puissance effective de 240 chevaux à la vitesse angulaire de 100 tours par minute. Ces machines marchent soit à condensation, soit à échappement libre ; elles sont munies d'une pompe à air placée au-dessous et commandée par une bielle. Le volant est tel que les variations maxima de vitesse angulaire dans un tour ne dépassent pas 0,5 o/o à l'admission de 15 o/o et à l'allure de 380 chevaux indiqués, correspondant à 343 chevaux effectifs. L'action du régulateur est telle que la variation de vitesse entre la marche à vide et la marche à pleine charge ne dépasse pas 2 o/o. La puissance des machines peut être portée jusqu'à 600 chevaux indiqués.

Les dynamos sont à 8 pôles et débitent 400 ampères sous 500 volts à 100 tours par minute. Le bâti et les pièces polaires sont en acier fondu d'une grande perméabilité ; les pièces polaires sont mobiles de façon à permettre aisément la réparation des inducteurs et leur déplacement, sans déranger la culasse ou l'induit.

Les chaudières, au nombre de quatre, sont du type semi-tubulaire ; elles peuvent vaporiser en marche normale chacune 2,000 kilo-

Fig. 162. — Tramways électriques de Versailles.

grammes de vapeur sèche à la pression de 9 kilogrammes par centimètre carré ; leur surface de chauffe est de 160 mètres carrés.

Les chaudières sont reliées aux machines à vapeur par une tuyauterie en boucle disposée de manière à éviter tout arrêt complet de l'usine en cas d'accident partiel, soit à une chaudière, soit à une machine, soit à la tuyauterie elle-même. Les réfrigérants, au nombre

Fig. 163. — Tramways électriques de Versailles système Thomson-Houston. — Vue de la rue Duplessis.

de deux, sont du type à jets ; l'eau de condensation est refoulée par une pompe et est projetée en lames minces dans l'atmosphère. Les pompes sont actionnées, l'une au moyen d'un moteur électrique à 500 volts, l'autre au moyen d'un moteur à courants alternatifs.

Le matériel roulant se compose de quinze voitures automobiles (fig. 161 et 162) à truck indépendant. Ces trucks sont à deux essieux rigides avec suspension à ressorts pour soutenir les caisses. Les caisses possèdent une partie d'intérieur de 4^m,5 de longueur, offrant 20 places assises, et deux plates-formes de 1^m,5 de longueur, pouvant recevoir chacune 10 voyageurs. Les caisses sont munies d'une barre d'attelage à chaque extrémité pour pouvoir remorquer une autre voiture.

Les moteurs, du type décrit plus haut, sont à l'abri de la poussière et de l'eau; chaque voiture porte deux moteurs. Un contrôleur placé sur chaque plate-forme commande les deux moteurs.

Fig. 161. — Dynamo génératrice multipolaire Walker de 250 kilowatts.

Les poteaux ont 9^m,5 de hauteur et sont scellés de 1^m,5 dans un massif de maçonnerie en chaux hydraulique. Ceux disposés sur les refuges sont pourvus de deux bras formant consoles (fig. 163). Ils sont surmontés soit de lampes à arc, soit de boules ornementales; dans certaines rues, de petites consoles élégantes, portant des lampes à incandescence, sont greffées sur les poteaux (fig. 163).

Les fils transversaux sont en câble d'acier extra-dur, de 4 millimètres seulement de diamètre; ils sont fixés sur les poteaux au moyen de colliers d'attache permettant d'en régler la hauteur.

Un feeder d'alimentation aboutissant place des Tribunaux est constitué par un toron de cuivre de 300 millimètres carrés, une épaisse couche de matière isolante et une double armature de feuillard ; il est posé directement dans le sol. Deux autres câbles de même diamètre, enfouis dans la même tranchée que le feeder, constituent le circuit de retour.

A proximité du dépôt, la ligne se divise en neuf branches en éventail pénétrant sous les travées actuelles de la remise des voitures. Des fosses ont été pratiquées sous les voies pour faciliter l'inspection et le nettoyage des trucks et des moteurs.

Tramways électriques Walker. — Le système de tramways électriques exploité par la Compagnie Walker est à canalisation aérienne, prise de courant par trolley et retour par les rails de roulement ; il se distingue principalement par les dynamos génératrices et les électromoteurs utilisés, et par un nouveau genre de trolley à rouleau tournant dans des paliers à billes.

Fig. 165. — Dynamo génératrice multipolaire Walker à 6 pôles directement actionnée par une machine à vapeur.

Les dynamos génératrices Walker sont multipolaires et possèdent de 4 à 12 pôles, suivant leur puissance ; la figure 164 représente une dynamo à 4 pôles de 250 kilowatts d'un usage fréquent pour les installations de tramways électriques. La figure 165 montre une dynamo à 6 pôles directement actionnée par une machine à vapeur sur l'arbre de laquelle elle est calée et la figure 166 une grande dynamo à 12 pôles se construisant pour 400 et 800 kilowatts.

La carcasse de l'inducteur de ces dernières machines est en fonte et a un diamètre de 4m,23 ; les pièces polaires sont en fer doux feuilleté et encastré dans l'anneau au moment de la coulée ; le diamètre de l'induit est de $3^m,30$, sa longueur suivant l'axe est de $1^m,14$ avec son collecteur et de 94 centimètres collecteur non compris. Les tôles dentelées du noyau sont fractionnées en segments et fixées sur le croisillon par des entailles à queue d'aronde ; dans le sens longitudinal, elles sont serrées entre deux anneaux réunis par des boulons passant près de leur surface intérieure ; pour assurer la ventilation, ces tôles sont divisées en un certain nombre de paquets laissant entre eux un intervalle d'environ 12 millimètres. L'enroulement de l'armature est réalisé avec des bandes de cuivre méplat pliées à la forme avant leur mise en place dans la denture et ne se soudant que du côté du collecteur ; le collec-

Fig. 166 — Grande dynamo génératrice multipolaire Walker à 12 pôles de 400 et 800 kilowatts.

teur de 28 centimètres de longueur sur $2^m,14$ de diamètre est assemblé par deux bagues réunies par des boulons ; l'arbre est en acier forgé de 55 centimètres de diamètre dans le tourillon et 48 dans les coussinets ; les balais sont en charbon et ne sont traversés à pleine charge que par un courant de 5 ampères et demi par centimètre carré. Les dynamos de 400 kilowatts sont exactement semblables, sauf les dimensions qui sont réduites à $3^m,70$ pour le diamètre de la couronne d'inducteurs, à $2^m,30$ pour le diamètre de l'induit et à $1^m,78$ pour celui du collecteur.

Ces dynamos ont été particulièrement soignées dans leurs parties mécaniques et électriques de manière à pouvoir supporter sans inconvénients les brusques variations de

Fig. 167. — Électromoteur Walker monté sur son essieu. — Vue arrière montrant le mode de suspension.

charges et même les surcharges accidentelles auxquelles sont si sujettes les génératrices alimentant les lignes de tramways électriques; de plus, les constructeurs se sont attachés à obtenir une marche sans étincelles au collecteur et sans variation du calage des balais jusqu'à une surcharge de 50 et même 75 0/0; c'est ainsi qu'à la station de tramvays de Détroit (Michigan), qui comporte deux dynamos de 400 kilovatts et une de 800 kilovatts, on put arrêter pendant un court espace de temps cette dernière et reporter la charge totale sur les deux autres qui supportèrent parfaitement ce courant double sans nécessiter le changement du calage des balais et en ne donnant que de très légères étincelles.

Les électromoteurs (fig. 167) sont en acier à quatre pôles et à simple réduction de vitesse par train d'engrenages noyés dans l'huile; le type ordinaire pour tramvays développe facilement une force de 25 chevaux et peut

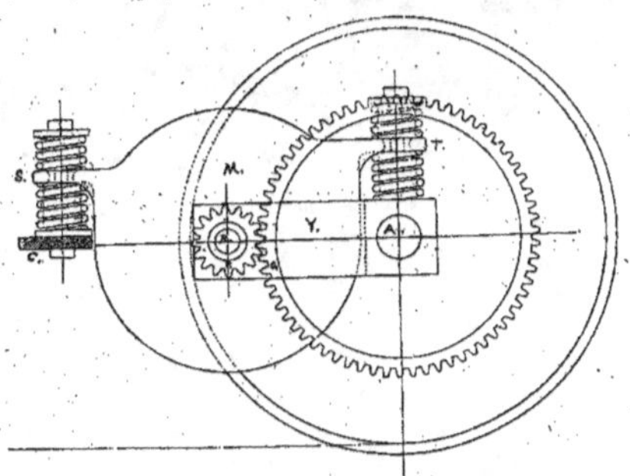

Fig. 168. — Schéma indiquant le mode de suspension des électromoteurs Walker.

donner aux voitures automotrices une vitesse de 30 kilomètres à l'heure; mais il se construit également des moteurs semblables de 30, 50, 100 chevaux et plus. Les moteurs complètement enfermés dans leur enveloppe sont à l'abri de l'eau et de la poussière, ils ne possèdent qu'une seule ouverture à couvercle permettant de surveiller facilement les balais; l'enveloppe des engrenages est en fer malléable et acier. Le moteur Walker peut être facilement démonté indifféremment par la partie supérieure ou la partie inférieure, ce qui est très important et permet dans les installations de tramvays possédant des fosses de visites dans les remises des voitures d'ouvrir le moteur par-dessous; dans ce cas, l'induit reste dans la partie supérieure, d'où on peut le retirer par le bas en enlevant deux écrous; si, au contraire, on ne dispose pas de fosses, on peut tout aussi facilement retirer l'induit par-dessus en enlevant une trappe du plancher de la caisse de la voiture. L'ouverture des paliers se fait par-dessous et les boulons sont placés de haut en bas, ils sont de même diamètre et de même longueur, et par suite interchangeables et n'ont pas à supporter le poids du moteur. Les coussinets sont très solides et placés en dehors de l'enveloppe du moteur; ils sont en acier et recouverts à l'intérieur d'une couche de métal antifriction; la graisse qui est rejetée des coussinets tombe dans des ouvertures de dimensions suffisantes

Fig. 160. — Voiture automotrice de la « Rapid Company » équipée avec deux moteurs Walker de 100 chevaux.

pour ne pouvoir se boucher et ne peut pénétrer à l'intérieur du moteur. L'isolement est effectué avec le plus grand soin à l'aide de mica et l'enroulement des inducteurs et de l'induit est recouvert d'un vernis spécial qui les garantit complètement de l'humidité; l'isolement est essayé à l'aide d'un courant alternatif à 5,000 volts. Les bobines du champ magnétique, maintenues par quatre boulons, sont enroulées à la machine et complètement isolées par plusieurs couches de mica; elles sont recouvertes et protégées par un ruban épais sur lequel sont finalement appliquées trois couches du vernis isolant imperméable. L'induit est enroulé en tambour sur une carcasse en tôles dentelées, il est pourvu de bobines interchangeables bobinées à la machine et reliées au commutateur de telle sorte que, malgré les quatre pôles, le courant peut être recueilli par deux balais seulement; les bobines sont isolées au mica et l'isolement est essayé sous une tension de 5,000 volts. L'arbre de l'induit est très lourd, sa partie reposant sur les coussinets est très longue et d'un fort diamètre, deux parties coniques reçoivent

le pignon et le collecteur maintenus par des écrous spéciaux. Le collecteur, partie essentiellement vitale du moteur, est construit avec un soin tout particulier ; les segments sont fabriqués
en cuivre de première qualité comprimé à la presse et d'une dureté uniforme, ce qui fait que
l'usure est partout égale et régulière ; l'isolement essayé sous 5,000 volts est réalisé avec des
feuilles de mica disposées en couches très épaisses ; ce collecteur peut facilement être
démonté pour le remplacement des segments après usure. Les porte-balais sont construits
de telle sorte que, durant toute la durée des charbons, la pression sur le collecteur reste
constante ; le bruit produit ordinairement par les balais en charbon a pu être presque entièrement supprimé. Toutes les pièces du moteur sont enfin interchangeables. Mais ce qui carac-
térise principalement ce moteur est son mode de suspension que nous allons indiquer.

Fig. 170. — Voiture automotrice actionnée par deux moteurs Walker de 100 chevaux remorquant une autre voiture.

Le mode de suspension des moteurs électriques des voitures automotrices présente
une très grande importance, l'expérience ayant démontré que la principale dépense de réparation d'une ligne de tramways électriques consiste dans l'entretien de la voie et principalement des joints des rails qui se creusent rapidement sous l'influence des chocs dus au poids
du moteur qui, dans la plupart des systèmes, repose en grande partie directement sur l'essieu
qu'il commande ; ces à-coups ne peuvent être évités qu'en supprimant le contact absolu et
rigide entre le moteur et l'essieu, c'est ce qui a été très ingénieusement réalisé dans le mode
de suspension des moteurs Walker. La figure 168 représente schématiquement le dispositif
employé ; au lieu d'être fixé rigidement d'un côté à la traverse Y reposant sur l'arbre par le
palier A et soutenu de l'autre côté par les ressorts flexibles S, comme cela a ordinairement

lieu, le moteur n'est relié à la traverse Y que par son axe pouvant tourner dans le palier B et est supporté non seulement par les ressorts S reposant sur le bâti C de la voiture, mais encore par les ressorts T reposant sur l'essieu ; de cette manière, l'axe du moteur, tout en étant maintenu à une distance rigoureusement constante de l'axe de l'essieu, ce qui produit un engrènement toujours identique de la roue dentée et du pignon, peut osciller dans toutes les directions et ne repose sur l'essieu par aucun contact rigide ; les chocs résultant de son poids au passage des joints des rails sont par suite considérablement atténués par cette suspension élastique ; il en résulte une grande douceur de fonctionnement et une usure réduite à son minimum.

Fig. 171. — Voitures automotrices ouvertes de « l'Orange Electric Railway » équipées avec des moteurs Walker.

Les voitures équipées avec les moteurs Walker peuvent naturellement être de forme et de disposition quelconques et, seuls, les trucks recevant les moteurs suspendus à la façon que nous venons d'indiquer présentent un intérêt particulier. La figure 169 représente une voiture fermée de grande dimension de la « Rapid Company » actionnée par deux moteurs Walker de 100 chevaux, et la figure 170, une voiture identique de la même Compagnie remorquant une seconde voiture découverte ; les figures 171 et 172 représentent des voitures légères et découvertes employées en été sur de nombreuses lignes de tramways américaines et équipées de moteurs Walker de 25 chevaux.

Quant à la prise de courant sur la canalisation aérienne, elle était auparavant effectuée par un trolley à roulette, mais une très heureuse modification vient d'être apportée tout dernièrement à cet appareil par la Compagnie Walker et le trolley anciennement utilisé est maintenant remplacé par un rouleau tournant tenant le milieu entre le trolley ordinaire et l'archet Siemens et Halske. Cet appareil, représenté par la figure 173, est constitué par un rouleau de 90 centimètres de long sur 45 millimètres de diamètre, constitué par un tube d'acier étiré sans soudure, recouvert galvaniquement d'une enveloppe de cuivre destinée à assurer un contact aussi parfait que possible avec le fil de travail; ce rouleau, maintenu par une tige centrale à écrous dans un étrier supporté par la perche, peut tourner sur des paliers coniques munis de douze billes d'acier de 6 millimètres de diamètre; ce roulement sur billes permet de supprimer totalement le graissage des paliers, même pour une vitesse de 5,000 tours par minute sous une pression de 14 à 15 kilogrammes contre le fil de travail. Afin d'éviter tout échauffement et piqûre des billes présentant une surface de contact très faible,

Fig. 172. — Voiture automotrice ouverte remorquant une autre voiture et actionnée par des moteurs Walker.

le courant est capté sur la paroi intérieure du rouleau par de petits balais de cuivre fixés sur des colliers en tube de laiton tournant sur la tige centrale. La perche du trolley sollicitée par deux ressorts, comme l'indique la figure 173, tend toujours à se redresser verticalement et appuie le rouleau contre le fil de travail avec une force qui peut être réglée par la tension des ressorts; mais elle ne possède aucun mouvement latéral et ne permet pas au rouleau d'abandonner le fil. Notre figure 174 montre le nouveau trolley monté sur une voiture automotrice munie de moteurs Walker. Les avantages du trolley à rouleau Walker résident principalement dans la simplification des croisements et des aiguillages et dans la non-usure du fil dans les courbes, usure produite par les joues des trolleys ordinaires grippant contre le fil de travail; de plus, il évite les ruptures du circuit par échappement du trolley.

Tramways électriques des Ateliers de Construction Oerlikon. —

Ces tramways sont encore à canalisation aérienne et prise de courant par trolley ; les électromoteurs utilisés ont été particulièrement étudiés ; la partie la plus importante d'un tramway électrique est en effet, sans contredit, les moteurs des voitures et c'est de la qualité de ces derniers que dépend le bon fonctionnement de toute l'installation.

Les Ateliers de Construction Oerlikon ont établi un type de moteur pour la traction (fig. 175) d'une construction solide et pratique, qui est à la hauteur de toutes les exigences.

Le bâti des inducteurs, divisé en deux parties, sert d'enveloppe de protection pour l'induit ; la partie supérieure mobile autour d'une charnière peut être soulevée pour permettre de visiter l'induit et les bobines inductrices, comme l'indique la figure 176. Cette enveloppe protège le moteur mieux que tout autre dispositif contre la poussière, la boue et l'humidité, tout en permettant une inspection facile de l'intérieur. Par l'un de ses côtés, le moteur est suspendu élastiquement au châssis de la voiture ; de l'autre, il repose sur l'essieu qu'il doit actionner, de telle sorte que l'élas-

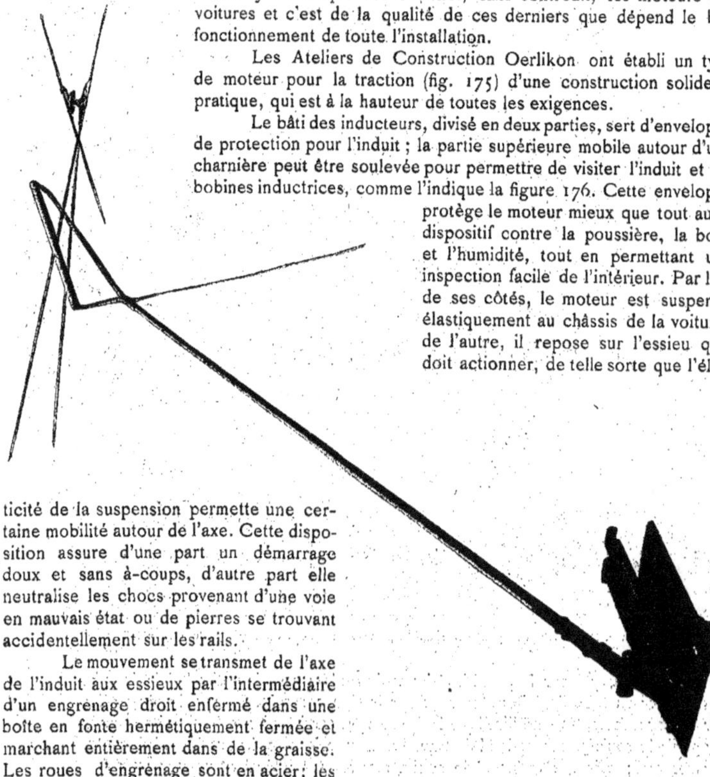

Fig. 173. — Nouveau trolley à rouleau Walker et sa perche.

ticité de la suspension permette une certaine mobilité autour de l'axe. Cette disposition assure d'une part un démarrage doux et sans à-coups, d'autre part elle neutralise les chocs provenant d'une voie en mauvais état ou de pierres se trouvant accidentellement sur les rails.

Le mouvement se transmet de l'axe de l'induit aux essieux par l'intermédiaire d'un engrenage droit enfermé dans une boîte en fonte hermétiquement fermée et marchant entièrement dans de la graisse. Les roues d'engrenage sont en acier ; les dents en sont taillées sur machines spéciales, ce qui leur assure un engrènement exact et une marche silencieuse.

Les Ateliers d'Oerlikon emploient exclusivement des moteurs avec excitation en tension, lesquels possèdent, outre la facilité d'isolement, l'avantage d'adapter leur vitesse d'eux-mêmes au profil de la ligne. Le nombre de tours des moteurs est très peu élevé, il ne dépasse pas 500 tours par minute.

L'emploi
de balais en
charbon éli-
mine complè-
tement la pro-
duction d'é-
tincelles au
collecteur et
réduit l'usure
à son mini-
mum. Au-
dessus du
porte-balais
se trouve
un couvercle
permettant la
visite des ba-
lais et, le cas
échéant, leur
remplace-
ment.

Toutes
les parties du
moteur sont construites sur gabarits, ce qui permet leur remplacement immédiat sans

Fig. 174. — Voiture automotrice équipée avec des moteurs Walker et munie du nouveau trolley à rouleau Walker.

Fig. 175. — Moteur électrique pour tramways des Ateliers de Construction d'Œrlikon. — Vu ferme.

Fig. 176. — Moteur électrique pour tramways des Ateliers d'Oerlikon. — Vu ouvert.

ajustage préalable. Les bornes sont numérotées, les numéros correspondent à ceux des autres appareils établis dans la voiture. Le montage est par suite considérablement facilité.

Ces moteurs sont construits en trois grandeurs différentes : de 14 à 18 et de 18 à 25 chevaux pour voitures à écartement de 1 mètre et de 30 à 40 chevaux pour voitures à écartement normal.

Les voitures automotrices munies de ces moteurs, que l'on aperçoit sur nos figures 177 et 178 représentant des vues du tramway électrique de Zurich et sur la figure 179 montrant la disposition intérieure de la remise des voitures du même réseau de tramways, ne présentent rien de bien particulier; elles sont surmontées de l'appareil de prise de courant formé d'un trolley

Fig. 177. — Tramways électriques de Zurich. — Système des Ateliers de Construction Oerlikon.

supporté par une perche en bois soumise à l'action de ressorts disposés sur le toit du véhicule.

Une des installations les plus intéressantes réalisées par les Ateliers de Construction Oerlikon est, sans contredit, le réseau de tramways de la « Zentrale Zurichbergbahn », qui comporte deux particularités toutes nouvelles : d'abord l'emploi de moteurs à gaz pauvre comme machine motrice

Fig. 178. — Tramways électriques de Zurich. — Système des Ateliers de Construction Oerlikon.

primaire, puis l'utilisation d'une batterie d'accumulateurs comme volant compensateur.

La station génératrice, représentée par la figure 180, comprend actuellement deux moteurs Crossley à un cylindre de 60 chevaux effectifs actionnant deux dynamos multipolaires Oerlikon de 33 kilowatts et alimentés par un gazogène à gaz pauvre Stirnemann et Weissenbach ; mais par suite de l'agrandissement du réseau un nouveau moteur Crossley de 120 chevaux à deux cylindres oppo-

Fig. 179. — Tramways électriques de Zurich système Oerlikon. — Vue de la remise des voitures.

sés, comme celui représenté sur notre planche II (page 303), va être prochainement installé ; nous ne reviendrons pas ici sur ces moteurs, décrits en détail dans notre quatrième partie.

L'emploi de moteurs à gaz pauvre dans une installation de tramways ne comportant

Fig. 180. — Salle des machines de la « Zentrale Zürichbergbahn ». — Moteur à gaz pauvre Crossley actionnant des dynamos Oerlikon.

pas d'accumulateurs serait difficile et d'un très mauvais rendement, par suite des variations considérables de la charge; au contraire, avec une batterie d'accumulateurs, le travail demandé au moteur reste constant, et, lorsque la dépense d'énergie électrique dans la ligne dépasse celle que peut fournir la dynamo à pleine charge, la batterie fournit le surplus momentanément demandé; elle se charge, en revanche, lorsque la dépense descend au-dessous du niveau moyen; de cette façon, la dynamo et le moteur qui l'actionne marchent toujours à pleine charge, d'où résulte, maigré la perte d'énergie due à la double transformation dans les accumulateurs, un fonctionnement très économique. La batterie d'accumulateurs se compose de 300 éléments Tudor d'une capacité totale de 178 ampères-heure et d'un courant normal de décharge de 59 am-

Fig. 181 — Tramway électrique système Oerlikon. — Vue prise sur le réseau de la « Zentrale Zürichbergbahn ».

pères, courant qui peut, sans inconvénient, atteindre une valeur double durant quelques minutes; 90 éléments d'accumulateurs divisés en 30 groupes de 3, intercalés chacun entre deux contacts consécutifs d'un réducteur de charge et de décharge, servent à régler le voltage du courant; ces éléments de réglage sont chargés par une petite dynamo spéciale donnant 16 ampères sous 150 volts à 1,500 tours par minute.

La figure 181 montre une vue

Fig. 182. — Voiture automotrice système Oerlikon de la « Zentrale Zürichbergbahn ».

prise sur la ligne à un point de raccordement de deux voies et d'une voie de garage établie en contre-courbe. La figure 182 représente une des voitures utilisées; ces voitures, qui sont établies en deux grandeurs pour 26 ou 36 places, sont équipées avec deux moteurs du type décrit plus haut de 10 chevaux pour les unes et de 14 chevaux pour les autres; la prise de courant se compose d'un trolley supporté par une perche en bois.

Tramways électriques de la Compagnie de l'Industrie Électrique. — Les tramways électriques installés par la Compagnie de l'Industrie Électrique de Genève sont, comme les précédents, à canalisation aérienne et retour de courant par les rails; mais l'appareil de prise de courant est modifié et le trolley à roulette à gorge est remplacé par un

Fig. 183. — Moteur pour tramway de la Compagnie de l'Industrie Électrique. — Vu fermé.

frotteur spécialement étudié pour éviter les déraillements dans les courbes ou les aiguillages, quelle que soit la vitesse; ce frotteur est porté par une perche en bois qui pivote sur son embase lorsqu'on veut changer le sens de marche de la voiture; la partie du frotteur qui s'use est rapportée et peut être facilement remplacée après usure.

Le moteur utilisé, représenté fermé et ouvert par les figures 183 et 184, est compact, léger, d'un rendement élevé et marche à vitesse réduite pour faciliter la commande des essieux qui est effectuée par un pignon d'acier engrenant avec une roue en fonte; ces engrenages sont taillés à la machine avec une grande précision, de manière à assurer un fonctionnement très doux et à réduire l'usure au minimum. Ce moteur est à quatre pôles dont deux conséquents et se trouve complètement renfermé dans une enveloppe métallique formant le circuit magnétique et mettant tout l'ensemble de la machine à l'abri des rejaillissements d'eau et de la poussière; les pièces polaires formant aussi noyaux d'électros sont très courtes et noyées dans le bâti de façon à laisser le plus grand espace possible

Fig. 184. — Moteur pour tramway de la Compagnie de l'Industrie Électrique. — Vu ouvert.

pour l'armature. Cette armature est très robuste; tous les conducteurs disposés sur sa périphérie sont noyés dans des rainures empêchant toute détérioration des isolants et toute rupture des fils en cas de contact accidentel entre l'induit et les pièces polaires par suite de l'usure des coussinets ou de toute autre cause. Le courant est amené au collecteur par des balais en charbon cuivré qui assurent une bonne conservation du collecteur et une marche sans étincelles. Toutes les pièces du moteur sont parfaitement accessibles et les paliers sont pourvus de graisseurs automatiques à bagues. La carcasse du moteur est formée de deux demi-boîtes séparées par un joint passant par l'axe et la partie supérieure peut pivoter autour d'une charnière, de manière à permettre une surveillance facile et un

Fig. 185. — Moteur monté sur l'essieu qu'il commande.

démontage rapide. Ces moteurs sont établis pour des puissances variant de 15 à 25 chevaux et fonctionnent sous 500 ou 600 volts, suivant la tension adoptée pour l'alimentation de la canalisation du tramway; notre figure 185 montre le mode de montage d'un moteur sur l'essieu qu'il commande.

La figure 186 représentant une voiture du tramway de Genève et la figure 187 représentant une voiture automotrice du tramway électrique d'Écully montrent la disposition des véhicules équipés avec les électromoteurs que nous venons de décrire. Ces voitures sont munies d'un appareil de mise en marche ou contrôleur enfermé dans une boîte de fonte placée sur la plate-forme; le conducteur ou wattman agit sur cet appareil par un levier commandant un commutateur intercalant dans le circuit des résistances placées sous la voiture ou sur le toit dans un lanterneau spécial; l'appareil permet d'obtenir la mise en marche, l'arrêt, le changement de marche et le freinage électrique. Toute la manœuvre consiste dans le déplacement d'un levier qui, au repos, occupe la position

Fig. 186. — Tramways électriques de Genève. — Système de la Compagnie de l'Industrie Électrique.

verticale; pour la marche en avant, le conducteur pousse le levier en avant plus ou moins, suivant la vitesse à obtenir; il le ramène dans la position verticale pour l'arrêt, et, pour actionner les freins et provoquer la marche en arrière, il tire le levier en arrière; le sens de la marche est ainsi toujours indiqué par la position du levier et aucune erreur ne peut se produire.

Tramways électriques de la « Steel Motor Company ». — Cette Compagnie, représentée en France par M. E.-H. Cadiot, exploite un système de tramway se distinguant particulièrement par le matériel électrique destiné à l'équipement des voitures automotrices; nous allons successivement décrire les moteurs, résistances et contrôleurs qu'elle construit.

Le moteur le plus fréquemment utilisé, représenté ouvert par la figure 188 et fixé sur l'essieu qu'il commande dans la figure 189, est d'une puissance de 30 chevaux, mais peut développer sans échauffement ni étincelles une puissance beaucoup plus grande pendant de courtes périodes de temps; il possède quatre pôles, dont deux seulement sont munis de bobines inductrices, tandis que les deux autres sont conséquents; on a cherché surtout dans sa disposition à réduire autant que possible les frais d'entretien et à rendre toutes ses parties facilement accessibles. Le corps du moteur en acier fondu est formé de deux parties contenant les pièces polaires supérieure et inférieure et munies d'épanouissements polaires venant former les pôles conséquents; ces deux parties peuvent se séparer, comme l'indique la figure 188, en tournant autour d'une charnière, de manière à permettre l'examen facile ou le démontage de l'armature et des bobines des inducteurs; ce démontage s'effectue par le bas. Le moteur s'appuyant d'un côté sur l'essieu par des paliers spéciaux est supporté de l'autre par des ressorts fixés au truck du véhicule; les paliers de l'essieu et ceux de l'armature sont ménagés dans une même partie rigide, ce qui garantit un engrènement parfait et constant du pignon calé sur l'arbre de l'armature et de la roue dentée fixée sur l'essieu. Les coussinets

Fig. 187. — Voiture automotrice de la Compagnie de l'Industrie Électrique. — Tramways d'Évruly.

en bronze phosphoreux de grande dimension sont lubrifiés par de la graisse dont l'excès s'écoule par des ouvertures spéciales et ne peut tomber dans l'intérieur du moteur; les coussinets sont retenus par une vis dans la partie supérieure du moteur, de telle sorte que l'armature reste suspendue, comme l'indique la figure 188, lorsque l'on ouvre la partie inférieure. Une ouverture fermée par un couvercle à charnière et ménagée dans la partie supérieure du moteur permet l'inspection et le remplacement des balais, des porte-balais et de leur support.

Ces porte-balais (fig. 190) possèdent des ressorts de grande longueur, de manière à rendre à peu près constante la pression des balais en charbon sur le collecteur; le support du porte-balais est fixé sur la partie supérieure du moteur, de façon à ne pas être dérangé

Fig. 188. — Moteur de 30 chevaux de la « Steel Motor Company ». Vu ouvert.

lorsque l'on enlève l'armature, tout en pouvant facilement être lui-même démonté, en cas de besoin, par l'ouverture supérieure ménagée au-dessus du collecteur.

L'induit est du type tambour bobiné sur une carcasse (fig. 191) en disques minces de fer de Suède dentelés, isolés, percés de trous parallèlement à l'axe pour assurer la ventilation

Fig. 189. — Moteur de 30 chevaux de la « Steel Motor Company » monté sur l'essieu qu'il commande.

et maintenus de chaque côté par des calottes d'acier doux; l'axe est d'acier forgé muni d'emplacements légèrement coniques pour recevoir le collecteur et le pignon fixés par des boulons s'adaptant sur des parties taraudées; les paliers sont de grand diamètre et de grande longueur, ce qui assure un roulement sans échauffement. Les bobines de l'induit sont enroulées à la machine sur des formes spéciales, parfaitement isolées par une double couche de matière isolante particulière, puis placées dans les rainures de la carcasse déjà recouvertes d'un composé isolant; les bobines sont enfin fixées par des cales de bois dur et le tout solidement ligaturé. Les extrémités de l'induit sont recouvertes de toile vernie imperméable protégeant l'enroulement de l'humidité et de la pous-

Fig. 190. — Porte-balais du moteur de 30 chevaux.

sière ; enfin, l'extrémité opposée au collecteur est protégée par une calotte en laiton perforée ; notre figure 192 montre ainsi l'induit complètement terminé.

Fig. 191. — Carcasse de l'induit du moteur de 30 chevaux.

Le collecteur (fig. 193) est constitué par des segments de cuivre dur isolés au mica et maintenus sur une carcasse de fer malléable par des colliers coniques qui rendent impossible toute dislocation de l'ensemble ; les conducteurs reliant les bobines de l'induit au collecteur sont parfaitement isolés et viennent se souder dans des encoches ménagées dans l'extrémité des segments ; le collecteur fixé par un écrou sur une partie légèrement conique de l'arbre de l'induit peut facilement être enlevé et remplacé après usure.

Les bobines inductrices (fig. 194) au nombre de deux sont enroulées sur des carcasses de laiton, puis fixées sur les pièces polaires inférieure et supérieure, d'où elles peuvent être très facilement détachées en cas de besoin ; l'isolement de ces bobines est particulièrement soigné et le diamètre du fil ainsi que sa quantité sont calculés pour éviter tout échauffement du circuit ; les deux pôles latéraux ne possèdent pas d'enroulement et sont conséquents.

Fig. 193. — Collecteur du moteur de 30 chevaux.

La roue dentée fixée sur l'essieu est en acier fondu soigneusement percée, tournée et taillée à l'aide d'une machine spéciale ; le pignon calé sur l'arbre de l'induit est également en acier et ses dents sont taillées à la machine. Ces engrenages sont recouverts d'une enveloppe en fer malléable parfaitement ajustée et représentée par la figure 195 ; une partie de cette enveloppe située sous le pignon peut facilement se détacher, comme l'indique la gravure, de manière à permettre l'enlèvement de l'induit ; une ouverture supérieure ménagée au-dessus du pignon et fermée par un couvercle à vis permet l'introduction de la graisse destinée à la lubrification.

Fig. 194. — Bobine inductrice.

La « Steel Motor Company » construit également des moteurs de plus grandes puissances, entre autres un type de 40 chevaux, représenté vu

arrière et monté sur l'essieu qu'il commande par la figure 196, et un type de
60 chevaux, vu ouvert dans la figure
197; ces deux moteurs sont d'ailleurs
presque en tous points semblables au
moteur de 30 chevaux que nous venons
de décrire en détail, sauf, bien entendu,
une plus grande dimension.

Les contrôleurs employés pour
la commande des voitures sont de plusieurs modèles: la figure 198 représente
un de ces contrôleurs renfermé dans son
enveloppe métallique, et la figure 199, le
même contrôleur ouvert de manière à
laisser voir son mécanisme intérieur.

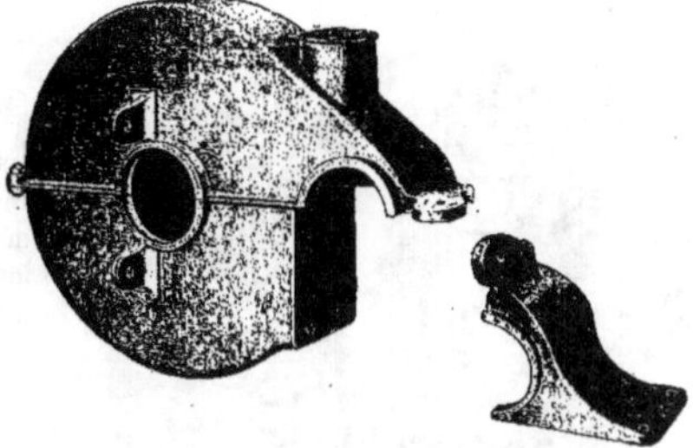

Fig. 195. — Enveloppe du train d'engrenages.

Cet appareil est essentiellement
composé d'une série de touches
qui, sous l'action de ressorts,
viennent s'appliquer sur un tambour en matière isolante portant
les plots de contact; toutes ces
touches sont séparées par des
plaques isolantes circulaires empêchant tout contact accidentel
et toute formation d'étincelles;
une manette agissant sur le tam-

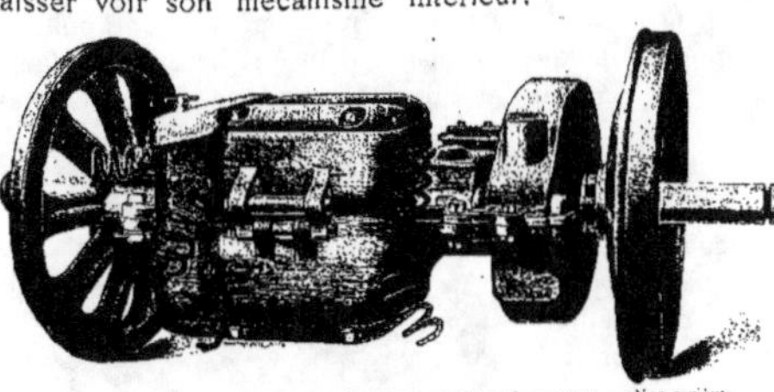

Fig. 196. — Moteur de 40 chevaux de la « Steel Motor Company ». — Vue arrière.

bour permet de lui imprimer un mouvement de rotation. Une seconde
manette placée sur le devant du contrôleur sert au renversement de
la marche ;
cette manette
ne peut fonc-
tionner que
lorsque l'au-
tre occupe
une position
déterminée,
de manière à
ne pas per-
mettre le ren-
versement du
courant à plei-
ne charge et

Fig. 198. — Contrôleur fermé.

Fig. 197. — Moteur de 60 chevaux de la « Steel Motor Company ». — Ouvert.

à forcer le mécanicien de diminuer l'intensité du courant traversant
les moteurs avant d'agir sur le changement de marche. Les deux
manettes sont pourvues d'index se déplaçant sur les cadrans et

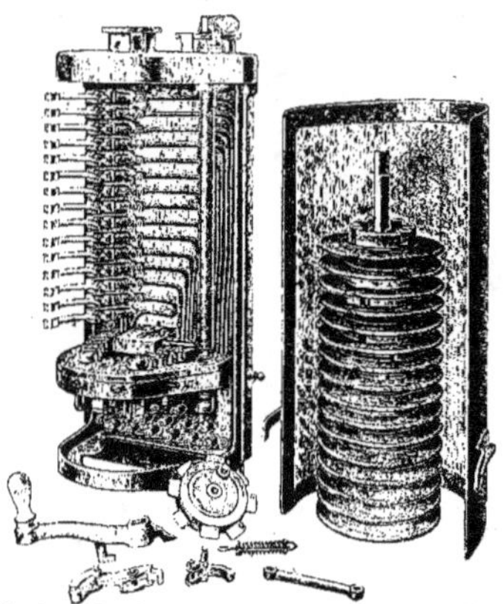

Fig. 199. — Contrôleur démonté laissant voir sa disposition intérieure.

indiquant à chaque instant les conditions de fonctionnement de l'appareil.

Les résistances intercalées dans le circuit par le contrôleur sont formées d'une série de plaques de fer isolées par de l'asbeste et renfermées dans une boîte rectangulaire de fer, comme l'indique la figure 200 ; de cette boîte émergent les bornes qui doivent être reliées au contrôleur ; les résistances sont graduées de manière à obtenir une accélération graduelle de la vitesse des moteurs procurant une mise en marche sans secousse.

Une autre résistance (fig. 201) composée d'un ruban métallique enroulé en spirale, isolé par de l'asbeste et renfermé dans une boîte métallique circulaire, peut être intercalée dans le circuit des inducteurs pour augmenter la vitesse de marche ; son usage a pour effet de diminuer l'intensité du champ magnétique et par suite la force contre-électromotrice développée par l'induit pour une vitesse donnée ; conséquemment, le courant d'alimentation pénètre en quantité plus grande dans l'armature dont la vitesse de rotation augmente jusqu'au moment où une force contre-électromotrice égale au voltage du courant d'alimentation est de nouveau atteinte.

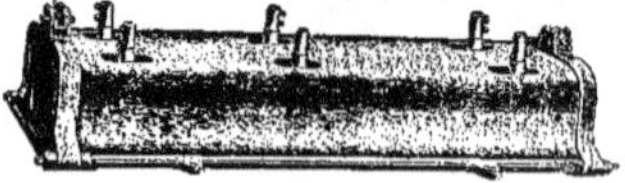

Fig. 200. — Résistance de réglage du courant d'alimentation.

Pour l'établissement de la canalisation aérienne, la « Ohio Brass Company », que représente également en France M. E.-H. Cadiot, construit des appareils spéciaux dont nous allons rapidement examiner les plus intéressants.

Les figures 202 et 203 représentent deux modèles de consoles pour poteaux en bois ; la première possède un bras horizontal à hauteur variable qui peut prendre des inclinaisons diverses ; la seconde est caractérisée par le mode de suspension de l'isolateur supportant le fil de travail et qui, au lieu d'être fixé rigidement à la console, est maintenu par un fil flexible tendu entre les deux extrémités d'un cadre qui termine cette console ; cette suspension flexible atténue dans une grande mesure les chocs produits par le passage du trolley.

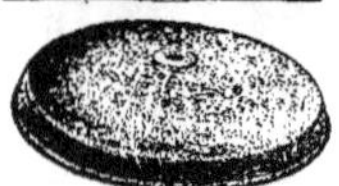

Fig. 201. — Résistance de réglage du champ magnétique.

Fig. 202. — Console réglable.

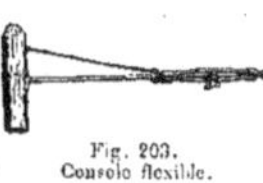

Fig. 203. Console flexible.

Les figures 204 à 208 représentent des isolateurs destinés à recevoir les supports des fils de travail ; l'isolateur de la figure 204 doit être fixé sur les consoles tubulaires, comme celle représentée par la figure 202; les isolateurs des figures 205 et 206 servent aux suspensions transversales et enfin ceux des figures 207 et 208 sont destinés à maintenir le fil dans les courbes.

Les appareils représentés par les figures 209, 210 et 211 et qui doivent être vissés sur les isolateurs précédents sont destinés à soutenir le fil de travail, qui est pris dans une mâchoire ou un tube ouvert qui sont refermés sur lui.

La figure 212 montre un appareil destiné aux croisements sous un angle quelconque, et la figure 213, un isolateur à boule servant à isoler les fils d'acier transversaux supportant le fil de travail.

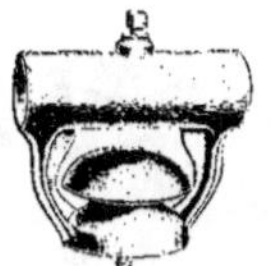

Fig. 204. — Isolateur pour console tubulaire.

TRAMWAYS ÉLECTRIQUES A COURANTS ALTERNATIFS.

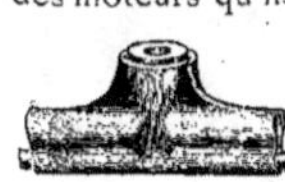

Fig. 205. — Isolateur pour suspension transversale.

— Tous les systèmes de tramways à canalisation aérienne que nous avons décrits jusqu'ici emploient pour la transmission de l'énergie aux voitures automotrices un courant électrique continu d'une tension de 5 à 600 volts et l'on a pu voir qu'ils ne diffèrent entre eux que par des points de détail, le mode de suspension de la canalisation, la forme et la disposition des électromoteurs étant pour tous presque identiques. Cette adoption presque unanime de systèmes semblables de traction démontre indiscutablement leur côté pratique; toutefois, ils présentent tous un inconvénient commun en ne se prêtant pas facilement à l'alimentation d'un réseau de tramways d'une grande longueur. En effet, la tension du courant utilisé ne pouvant guère dépasser 600 volts par suite des difficultés d'isolement et des dangers qui en résulteraient, ces systèmes nécessitent, dans ce cas, une énorme dépense de cuivre dans les canalisations d'alimen-

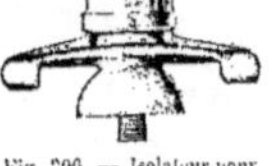

Fig. 206. — Isolateur pour suspension transversale.

tation qui doivent être de grandes sections pour canaliser sans trop de pertes à une grande distance un courant de tension relativement basse, ou encore une multiplication coûteuse des stations génératrices le long du réseau. Si, d'autre part, on se trouve forcé pour des raisons quelconques de placer la station génératrice à une distance importante du centre d'utilisation ou que l'on veuille utiliser une force hydraulique éloignée, il devient très difficile d'employer le courant continu, qui se prête mal à une production sous haute tension et à une transformation

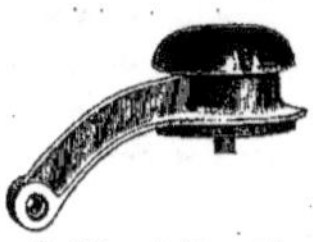

Fig. 207. — Isolateur pour courbes.

de ce courant de transmission à haute tension en courant au voltage voulu pour l'alimentation de la ligne de tramways.

Les courants alternatifs simples, au contraire, se prêtent admirablement bien aux transformations successives de tensions nécessaires au transport à grande distance, mais ils sont de beaucoup inférieurs aux courants continus pour la production de la force motrice, par suite des difficultés de démarrage des moteurs qu'ils actionnent. Les courants alternatifs polyphasés et principale-

Fig. 208. — Isolateur pour courbes.

ment triphasés surmontent cette nouvelle difficulté et, tout en présentant la facilité de transformation des courants alternatifs ordinaires, ils peuvent transformer l'énergie électrique en énergie mécanique avec une facilité au moins aussi grande que les courants continus; les moteurs à champ tournant alimentés par les courants polyphasés présentent même

Fig. 209. — Support du fil de travail.

de grands avantages sur les moteurs à courant continu, par suite d'une plus grande simplicité de construction et surtout de l'absence complète de collecteur. Ces

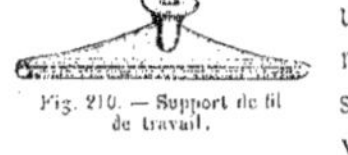

Fig. 210. — Support de fil de travail.

précieuses qualités, qui rendent inévitable le développement de l'application des courants polyphasés à la traction, permettent d'installer la station génératrice à une très grande distance du centre d'utilisation et d'alimenter des réseaux de très grande longueur en échelonnant le long des voies des sous-stations ramenant le courant distribué à haute tension au voltage voulu pour l'alimentation du fil de travail; si l'on utilise le courant alternatif polyphasé lui-même à l'alimentation de moteurs à champ tournant placés sur les voitures automotrices, les sous-stations ne comportent que des transformateurs immobiles ne demandant aucune surveillance et diminuant simplement la tension du courant sans en changer la nature; mais, si

Fig. 211. — Support de fil de travail.

Fig. 212. — Support pour croisements.

l'on préfère garder le courant continu pour l'alimentation des moteurs des voitures, on doit employer des transformateurs rotatifs transformant le courant alternatif polyphasé à haute tension en courant continu au voltage voulu et qui, quoique très simples, exigent néanmoins une certaine surveillance pour la lubrification des paliers.

Nous allons successivement examiner ces deux solutions en décrivant les installations des tramways de Lowell et de Dublin, où les courants alternatifs triphasés ne sont employés que pour le transport de l'énergie à longue distance et transformés en courant continu avant l'utilisation à la traction des tramways, et l'installation de Lugano, réalisée par la maison Brown, Boveri et Cie, dans laquelle les courants triphasés simplement

Fig. 213. — Isolateur à boule.

ramenés à la tension voulue sont directement utilisés à l'alimentation des électromoteurs à champ tournant actionnant les essieux des voitures automotrices.

Tramways de Lowell. — Le problème posé à la Compagnie Américaine Thomson-Houston par la Compagnie des Tramways de Lowell était le suivant : prolonger la ligne de tramways électriques allant de Lowell à Lakeview, magnifique endroit situé à $7^{km},5$ de Lowell, jusqu'à Nashua, distant de 25 kilomètres, de façon à faciliter les communications entre les deux villes et amener en grand nombre les touristes à Lakeview.

La solution adoptée consiste en principe à disposer le long de la ligne des sous-stations desservant chacune une section, chaque sous-station comprenant un générateur à courant continu à 500 volts commandé par un moteur triphasé alimenté par un poste de transformateurs branché sur une canalisation à courants triphasés à haute tension. En réalité, les choses furent même simplifiées : les dynamos génératrices à courants triphasés furent construites de manière à fournir également du courant continu, de façon à desservir la section voisine de la station, et, au lieu d'employer dans les sous-stations des moteurs et des générateurs séparés, on fit usage de convertisseurs de courants triphasés en courant continu. Cette élégante solution a donné les meilleurs résultats.

Les génératrices à courants triphasés et continu établies dans la station centrale de Lowell sont au nombre de 3 ; elles sont tétrapolaires et donnent 120 kilowatts à 900 tours par minute sous 360 volts à courants triphasés et 500 volts à courant continu. Ces machines sont commandées par un arbre de transmission muni de manchons d'embrayage, de sorte que l'on peut actionner une dynamo quelconque par une machine à vapeur quelconque. Des transformateurs élèvent le potentiel de 360 volts à 5,500 volts; ils sont du type à insufflation d'air.

La première sous-station est située à 10 kilomètres de Lowell et à 3 kilomètres de Lakeview, à un endroit appelé Eayr's Mills, sur les quais de la rivière Merrimac; cette sous-station est une simple petite cabane en bois comprenant deux salles; dans la première se trouvent les transformateurs-réducteurs de tension, le ventilateur-automoteur pour refroidir les transformateurs et le tableau de distribution d'où sortent trois câbles amenant le courant à basse tension dans la seconde salle. Les convertisseurs, au nombre de deux, sont analogues aux génératrices à courants triphasés et continus de la station de Lowell ; ils sont reliés à un tableau ordinaire de tramway, d'où partent des feeders, les uns allant vers Lakeview, les autres vers Nashua. Ces convertisseurs sont des appareils tout à fait remarquables, démarrant aussi facilement qu'un moteur à courant continu, fonctionnant sans étincelles et pouvant être surchargé du double de leur puissance normale pendant un certain temps. Ils ne dépensent qu'une très faible quantité d'énergie lorsque aucune voiture n'est engagée sur la section qu'ils desservent ; leurs paliers sont larges et sont à graisseur automatique, de sorte qu'ils ne requièrent aucune attention. La seconde sous-station établie à Nashua est identique à celle de Eayr's Mills.

Tramways de Dublin. — Le succès du nouveau mode de traction employé à Lowell se répercuta jusqu'en Irlande et aussitôt la Compagnie des Tramways de Dublin traita avec la Compagnie Anglaise Thomson-Houston pour l'établissement d'une ligne reliant Dublin avec Pembroke, Blackrock et Dalkey.

D'autres considérations, en dehors de celle de la longueur de la ligne qui est de 13 kilomètres, dictèrent l'emploi d'un système analogue à celui de Lowell ; ce sont, d'une part, la prescription du Board of Trade d'après laquelle la chute du potentiel entre les rails et la terre ne doit pas dépasser 7 volts et, d'autre part, la

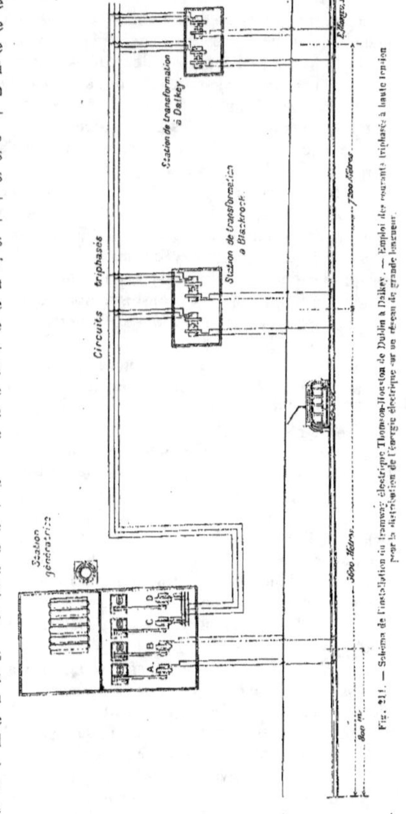

Fig. 211. — Schéma de l'installation du tramway électrique Thomson-Houston de Dublin à Dalkey. — Emploi des courants triphasés à haute tension pour la distribution de l'énergie électrique sur un réseau de grande longueur.

commodité des terrains et des locaux dont on pouvait disposer. En effet, l'un se trouvait voisin du dépôt de la Compagnie, à Balls Bridge, merveilleusement disposé pour se procurer l'eau nécessaire à l'alimentation et à la condensation, et les bâtiments existants étaient parfaitement appropriés pour des bureaux et des magasins. Enfin, la Compagnie possédait des bâtiments utilisables pour des sous-stations à Blackrock et à Dalkey.

Pour toutes ces raisons, l'emploi combiné des courants triphasés et continus permit seul d'arriver à une solution simple et économique. Le dispositif employé diffère cependant en quelques points de celui de Lowell; on résolut d'actionner les parties des lignes suffisamment proches au moyen de génératrices ordinaires de tramways établies à la station centrale et de transmettre l'énergie à des sous-stations situées à Blackrock et Dalkey, au moyen de courants triphasés engendrés par des alternateurs spéciaux, comme l'indique la figure 214.

Les génératrices fournissant directement le courant continu ont une puissance de 100 kilowatts chacune. Les génératrices triphasées sont de 120 kilowatts à 3,000 volts et à la fréquence de 30 périodes par seconde. Aux sous-stations se trouvent deux moteurs synchrones de 60 kilowatts chacun actionnant, par l'intermédiaire d'un accouplement isolé, une dynamo à courant continu de 500 volts; le débit nominal de chacune de ces sous-stations est de 120 kilowatts, débit qui dépasse notablement la demande moyenne. Les dynamos à courant continu de la station centrale fournissent le courant d'excitation nécessaire aux génératrices triphasées. Les moteurs synchrones, dans les sous-stations, démarrent soit directement au moyen des courants triphasés, soit au moyen des dynamos à courant continu.

En admettant une consommation de 1 kilowatt-heure par voiture-kilomètre (voiture automotrice et voiture remorquée), la perte dans les conducteurs triphasés ajoutée à la perte dans le trolley donnerait un total inférieur à 8 o/o; au contraire, avec un même poids de cuivre et un courant continu de 500 volts, la perte monterait à 30 o/o. La perte maxima du retour par terre, dans des conditions normales de service, ne doit pas dépasser 2 volts.

Les deux applications du nouveau système que nous venons de décrire suffisent pour montrer le rôle important qu'il est appelé à jouer, puisqu'il apporte une solution simple, élégante, pratique et économique au problème de l'intercommunication des villes et des villages non desservis par des chemins de fer dont le coût d'exploitation serait trop élevé.

Tramways électriques à courants triphasés de Lugano. — Cette remarquable installation, réalisée par la maison Brown, Boveri et Cⁱᵉ, a démontré d'une manière éclatante la possibilité de l'emploi direct des courants triphasés à la traction et les nombreux avantages que l'on peut en tirer; le succès de cette installation rend inévitable le rapide développement d'un mode de traction qui a eu et a encore de nombreux adversaires, mais qui s'imposera forcément par sa seule valeur dans tous les cas où le grand développement du réseau ou l'éloignement de l'usine génératrice rendra difficile, sinon impossible, l'usage des courants continus.

Vers le milieu de l'année 1894, la maison Bucher-Durrer chargea MM. Brown, Boveri et Cⁱᵉ d'une étude pour les tramways de Lugano. A 12 kilomètres de Lugano, près de la commune de Maroggia, MM. Bucher-Durrer possédaient une force hydraulique qui, depuis quelques années déjà, fournissait par courants alternatifs ordinaires l'éclairage de la ville de Lugano; c'est l'excédent de cette force hydraulique qui devait être utilisé à alimenter le réseau de tramways de Lugano, ainsi qu'à fournir un supplément de force motrice au chemin de fer du San Salvatore et à quelques établissements industriels.

Dans ces conditions, il est clair que l'emploi direct du courant continu sous 500 à 600 volts de tension, tel qu'on l'utilise habituellement pour les tramways, était impossible; en outre, l'installation d'une station de transformateurs à courant continu eût été trop coûteuse et aurait occasionné de trop grandes pertes de force, de sorte que l'on songea tout de suite à l'utilisation directe de courants alternatifs pour l'alimentation des moteurs des tramways.

MM. Bucher-Durrer acceptèrent la solution que leur proposa la maison Brown, Bóveri et Cie et lui remirent la commande en février 1895 ; cette solution, à part les frais d'installation réduits, assurait, dans ce cas, de nombreux avantages.

L'application des courants polyphasés aux tramways présente, en effet, une certaine supériorité et certains inconvénients comparativement au système à courant continu. L'objection principale qui pourra être faite est que l'emploi des courants di ou triphasés nécessite au minimum l'emploi de deux fils aériens ; toutefois, en examinant de plus près cette question, on se rendra facilement compte que ce désavantage n'est pas aussi sérieux qu'il le paraît au premier abord. En effet, ce qui dépare principalement les rues dans les installations de tramways à conducteur aérien : les mâts, les consoles et les attaches restent absolument les mêmes, attendu que le poids de cuivre à employer pour les deux fils aériens de la conduite di ou triphasée n'est que peu supérieur à celui qu'on est forcé d'employer pour le courant continu. Les croisements et bifurcations des fils, qui dans le cas de deux lignes aériennes sont naturellement plus compliqués, peuvent être simplifiés en n'utilisant qu'un seul fil à ces endroits et en isolant les points de croisement, ce qui peut se faire en se basant sur ce fait que des moteurs polyphasés, une fois le démarrage accompli, peuvent continuer à marcher en moteurs monophasés. La canalisation double présente d'ailleurs une importante propriété due à la présence de deux trolleys pour la prise du courant ; en effet, lorsque ces derniers sont convenablement disposés, il est presque impossible, aux passages des points de croisement ou de courbes, que les deux trolleys perdent leur contact en même temps ; la production d'étincelles sera, par conséquent, presque complètement évitée, et, comme cette dernière est déjà considérablement amoindrie par l'emploi du courant alternatif, il s'ensuit que l'usure du fil et des trolleys sera réduite au minimum possible et sera bien moins importante qu'avec le courant continu.

Mais les principaux avantages des courants alternatifs appliqués aux tramways sont les suivants : ils permettent de desservir des réseaux très étendus, avec des pertes insignifiantes et des conduites peu coûteuses. Le courant alternatif pouvant être facilement transformé et les transformateurs ne nécessitant aucune surveillance, il est en effet possible de produire à la station centrale un courant de haute tension, qui est distribué à différents points du réseau, où des transformateurs en réduisent la tension à la valeur qui convient le mieux pour les conditions locales de la voie. Cet avantage permet non seulement de supprimer complètement les lourds feeders, mais aussi de maintenir tout le réseau plus léger. On déduira également de ce qui précède que ce système donne la possibilité d'utiliser pour la traction des tramways des chutes d'eau sises à des distances considérables du lieu d'exploitation.

L'emploi du courant continu n'exclut pas entièrement, il est vrai, une utilisation de ce genre, en ce sens qu'il est possible de conduire un courant continu ou alternatif à haute tension depuis la chute au centre du réseau, où une station de transformateurs rotatifs le transforme en courant continu à la tension voulue. Ces dernières stations ont cependant l'inconvénient de donner un rendement inférieur, d'exiger des frais d'installation assez considérables et, comme il s'agit de machines en mouvement, de demander un entretien et une surveillance continus.

En ce qui concerne les moteurs, l'expérience démontre qu'un moteur polyphasé par sa construction plus simple et plus robuste présente, comparé à un moteur à courant continu, une plus grande sécurité de fonctionnement. Ces moteurs peuvent, en effet, être plus facilement construits pour des tensions élevées, et leur plus grand avantage consiste dans l'absence du collecteur qui se trouve remplacé par des bagues.

Quoi qu'on soit parvenu à construire des moteurs à courant continu pour tramways, dont les collecteurs n'occasionnent pas de trop grandes difficultés, on conviendra facilement que la préférence doit être donnée à une machine ne possédant pas de collecteur, principalement pour la traction des tramways, où de fortes variations de charges viennent à chaque instant troubler la marche du moteur et où une surveillance de ce dernier devient impossible, par suite de la place qui lui est assignée sous la voiture.

L'opinion souvent émise que des moteurs à courants polyphasés ne sont pas aptes à produire le même couple de démarrage que des moteurs à courant

Fig. 215. — Tramways de Lugano. — Alternateur triphasé Brown, Boveri et Cie de 150 chevaux à bobinage fixe et excitatrice montée sur le même arbre.

continu est absolument inexacte; au contraire, à poids égal, il est possible de construire des moteurs à champ tournant ayant un couple de démarrage bien supérieur au couple normal, attendu que la densité magnétique du fer de ces moteurs est bien plus faible que celle des moteurs à courant continu, et qu'il est par conséquent possible d'augmenter pendant quelques instants considérablement leur couple moteur.

Le réglage de la vitesse s'effectue en intercalant des résistances dans le circuit induit, dont la tension peut être rendue aussi faible qu'on le voudra; il s'ensuit que ces résistances seront plus faciles à faire et seront moins sujettes à des détériorations que les appareils de réglage à haute tension pour courants continus. Ce moyen de réglage permet de faire

Fig. 216. — Tramways de Lugano. — Alternateur triphasé Brown, Boveri, démonté pour laisser voir le système inducteur.

varier la vitesse du moteur, depuis celle qui correspond à la marche synchronique jusqu'à zéro.

Fig. 217. — Tramways électriques à courants alternatifs triphasés de Lugano, système Brown, Boveri et Cⁱᵉ. — Vue prise sur le parcours des tramways montrant la canalisation double aérienne et deux voitures automotrices munies de leurs deux trolleys

D'ordinaire, les résistances sont complètement retirées du circuit et le moteur présente alors l'avantage de conserver une vitesse approximativement constante, quelles que soient les variations de sa charge. A la montée comme à la descente, la voiture gardera, par conséquent, sa vitesse normale, sans qu'un réglage devienne nécessaire, ce qui facilite la conduite du véhicule.

Le freinage se fait de lui-même, en ce sens que le moteur actionné renvoie du courant dans la conduite sans qu'il soit besoin de changer aucune des connexions. Enfin, grâce à l'emploi des courants alternatifs, les extra-courants qui se produisent aux commutations sont évités, ainsi que les phénomènes d'électrolyse qui constituent un inconvénient sérieux des tramways à courant continu et retour par les rails de roulement.

L'usine génératrice des tramways de Lugano, située à Maroggia, contient une turbine à haute pression de 300 chevaux, à axe horizontal, actionnant directement par l'entremise d'un accouplement élastique une génératrice à courants triphasés de 150 chevaux, représentée en vue extérieure par la figure 215 et que la figure 216 montre avec la partie supérieure de la carcasse supportant l'induit enlevée de manière à laisser voir le système inducteur.

Cette génératrice marche à une vitesse de 600 tours avec une fréquence de 4,800 périodes par minute; sa tension est de 5,000 volts. L'armature ainsi que tous les bobinages qu'elle contient sont fixes, de sorte que seul le fer des inducteurs se trouve en mouvement. A l'encontre des constructions ordinaires de ce genre, les deux rangées de pôles tournants sont disposées en quinconce, ce qui présente l'avantage de permettre d'exécuter le bobinage de l'induit comme dans une machine à une seule rangée de pôles, c'est-à-dire que les conducteurs traversent directement les deux parties de l'armature et ne nécessitent par conséquent qu'un seul bobinage. Les fils d'armature passent dans des trous ménagés dans le fer de l'armature et en sont isolés par de forts tubes en matière isolante. La machine excitatrice est calée en porte-à-faux sur l'arbre de la dynamo génératrice et son collecteur est placé en face du palier de cette dernière.

La ligne réunissant l'usine génératrice à Lugano se compose de trois fils de cuivre de 5 $^m/_m$ de diamètre aboutissant à une station unique de transformateurs qui réduit la tension à 400 volts. Plus tard, quand un nombre plus grand de véhicules sera mis en circulation, d'autres stations de transformateurs seront réparties sur le réseau.

La longueur totale de la ligne de tramways est de 4,900 mètres; elle possède sur de grands parcours des pentes de 3 o/o; à différents points et sur de faibles longueurs seulement, la pente atteint 6 o/o. Les deux fils aériens ont un diamètre de 6 $^m/_m$ et sont placés à une distance de 25 centimètres l'un de l'autre. Le fil de retour manquant complètement et étant remplacé par les rails de roulement, les éclisses de ceux-ci sont doublées de bandes de cuivre qui leur assurent une conductibilité suffisante.

Pour le moment, quatre véhicules pouvant contenir 24 personnes font le service. Chaque voiture est munie d'un moteur de 20 chevaux, actionnant par engrenage (rapport 1 : 4) l'un des essieux de la voiture. La vitesse est de 15 kilomètres à l'heure.

La prise de courant est effectuée par l'entremise de deux trolleys, dont les tiges sont distantes de 1 mètre l'une de l'autre, mesuré dans le sens de la longueur du véhicule; nos figures 217 et 218 reproduisant deux vues prises sur le parcours du réseau de tramways indiquent cette disposition; la partie gauche de la figure 217 montre une importante pente de 6 o/o sur laquelle les voitures peuvent démarrer sans aucune difficulté.

Le moteur à champ tournant (fig. 219) est protégé de la poussière et de l'humidité par une boîte en fonte hermétiquement close. Son bobinage consiste en fils passant par des ouvertures de l'assemblage de tôle qui compose la carcasse magnétique du moteur. Trois bagues recueillent le courant de la partie tournante du moteur et l'envoient par l'entremise de leurs balais à l'appareil de réglage. Afin de pouvoir inspecter le moteur, la boîte qui le contient et qui lui sert en même temps de bâti possède dans le haut une ouverture fermée hermétiquement par un couvercle. Les bagues et leurs balais sont construits de manière à permettre au moteur de marcher des semaines sans surveillance.

Fig. 213. — Tramways électriques à courants triphasés de Lugano, système Brown, Boveri et Cⁱᵉ.— Vue d'une voiture automotrice munie de ses deux trolleys.

Le moteur et les résistances de réglage (fig. 220) sont montés sur le truck des voitures, comme l'indique clairement notre figure 221; le moteur, suspendu de la même manière que la plupart des moteurs à courant continu décrits plus haut, commande un des essieux à l'aide d'un train d'engrenages réducteurs de vitesse.

Le moteur peut être commandé des deux plates-formes de la voiture. A la droite du conducteur se trouve la poignée du frein, à gauche le levier de réglage par l'entremise duquel le véhicule peut être mis en marche et maintenu à une vitesse quelconque entre l'arrêt

Fig. 219. — Tramways de Lugano à courants triphasés. — Moteur à champ tournant fixé sur l'essieu qu'il actionne. — Vu d'en haut.

et la marche synchronique correspondant à une vitesse de 15 kilomètres à l'heure. Un commutateur placé à gauche sert au changement de marche, ainsi qu'à l'interruption complète du courant.

Ainsi que cela a déjà été dit, la tâche qui incombe au conducteur pour le réglage de la vitesse de la voiture est des plus simples : il aura, dans la plupart des cas, simplement à amener son levier dans la position qui correspond à la plus grande vitesse, vitesse qui, à la montée comme à la descente, se maintiendra sensiblement constante. C'est un précieux avantage que possèdent seuls les tramways à courants alternatifs.

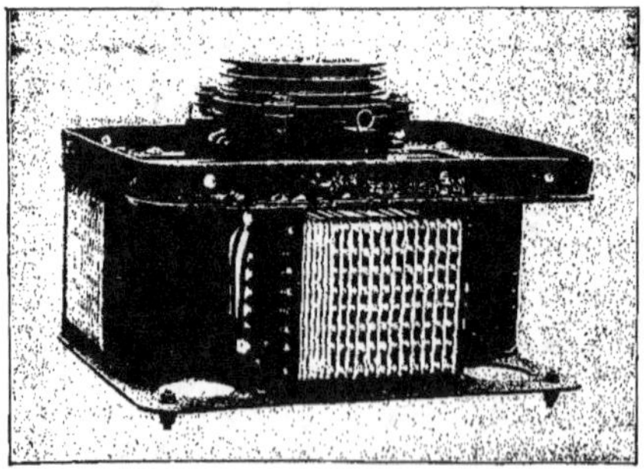

Dans les cas où des lignes de tramways conduisent hors ville et où, par conséquent, une plus grande vitesse est désirable, il est possible, au moyen d'une disposition spéciale, de diminuer par une simple commutation le nombre des pôles du moteur, ce qui entraîne une augmentation de vitesse correspondante ; le même effet peut également être obtenu en travaillant sur ces parcours avec une fréquence plus élevée.

Fig. 220. — Tramways de Lugano à courants triphasés. — Résistance de réglage.

Dans le cas de très fortes pentes, il est possible en augmentant la densité du champ, soit par commutation des bobinages, soit par la mise en circuit d'un appareil d'induction, d'augmenter considérablement la puissance du moteur. Le même but peut également être atteint en travaillant sur ces parcours avec une tension plus élevée, ce qui, étant donnée la simplicité de transformation du courant alternatif, ne présente aucune difficulté. Lorsque sur des parcours de ce genre on désire marcher plus lentement et par conséquent avec une plus faible dépense d'énergie, la vitesse peut être réduite soit par l'emploi sur le parcours en question d'un courant de moindre fréquence, soit, comme précédemment, par un changement du nombre des pôles du moteur.

Pour des voitures munies de deux moteurs, il existe encore une autre solution qui consiste à coupler les deux moteurs par leurs parties induites, l'un d'eux recevant seul le courant de ligne ; la vitesse ainsi que la puissance des moteurs sont alors réduites de moitié.

Fig. 221. — Tramways de Lugano à courants triphasés, système Brown, Boveri et C⁰. — Truck moteur.

La mise en marche de l'installation des tramways de Lugano eut lieu en décembre 1895, et réussit à merveille. Par de nombreuses insinuations, la Société des Tramways était devenue très inquiète au sujet du bon fonctionnement de son installation ; des personnes, en apparence compétentes, allèrent même jusqu'à prétendre qu'il ne serait jamais possible de faire fonctionner une installation de ce genre et notamment qu'il ne serait pas possible d'obtenir des moteurs un couple de démarrage suffisant ainsi que de régler leur vitesse. L'étonnement fut d'autant plus vif que, dès les premiers essais, le fonctionnement, jusque dans ses moindres détails, ne laissa rien à désirer.

A propos du démarrage, il est d'un certain intérêt de mentionner ici un résultat d'essai qui démontre qu'à la plus grande pente de 6 o/o, il est possible de démarrer facilement avec une voiture surchargée et ce sans qu'il soit besoin de recourir à un artifice quelconque.

Comme la ligne sur toute sa longueur suit des conduites téléphoniques, on devait s'attendre à ce que le fonctionnement du tramway occasionnerait des perturbations dans ces dernières. Des essais démontrèrent qu'en employant pour ces conduites des fils de retour isolés, les perturbations n'avaient plus lieu ; ce qui mena à une entente avec l'Administration des téléphones pour l'exécution immédiate de ces fils de retour.

Nous espérons que de nouveaux essais de cet intéressant mode de traction par courants triphasés seront tentés d'ici peu et que leurs applications iront sans cesse se développant, car nous croyons fermement que là se trouve la véritable solution de la traction électrique sur les longues lignes de tramways et de chemins de fer; aussi, ne peut-on trop louer MM. Brown, Boveri et Cie de la si heureuse initiative qu'ils ont prise et qu'ils ont menée à si bonne fin.

TRAMWAYS ÉLECTRIQUES A CANALISATION SOUTERRAINE EN CANIVEAU. — Les objections que soulevèrent les tramways électriques à canalisation aérienne provoquèrent la recherche d'un autre mode de traction électrique choquant moins les esthètes et amenèrent l'établissement de quelques lignes de tramways à canalisation souterraine en caniveau. Ce système consiste à établir sous la voie un caniveau plus ou moins grand contenant, supporté par des isolateurs, le fil de travail sur lequel des trolleys ou frotteurs particuliers reliés aux voitures automotrices et passant dans une fente ménagée dans la chaussée viennent recueillir le courant nécessaire à l'alimentation des électromoteurs; ce courant peut revenir à l'usine par les rails de roulement ou mieux, afin d'éviter complètement tout phénomène d'électrolyse, par un second conducteur souterrain en communication constante avec la voiture au moyen d'un second frotteur semblable au premier.

Le caniveau contenant les conducteurs peut être situé soit sous l'un des rails de roulement, soit entre les deux rails, comme cela a lieu pour les tramways funiculaires; l'existence de cette rainure centrale est d'ailleurs le seul point commun qui existe entre les tramways funiculaires remorqués par un câble souterrain entraîné par une machine motrice placée en une usine centrale et les tramways électriques à canalisation souterraine en caniveau dans lesquels le câble est naturellement fixe et ne sert qu'à l'arrivée du courant électrique destiné à l'alimentation des électromoteurs des voitures automotrices; dans le premier cas, la voiture doit être rattachée au câble par un grip qui les rend solidaires et, dans le second, elle ne doit porter qu'un simple frotteur qui glisse sur le conducteur; il n'est pas inutile de faire cette distinction, car c'est une absurdité courante de classer les funiculaires, confondus avec les tramways à caniveau, parmi les tramways électriques.

Il est évident que la largeur de la fente longitudinale donnant passage aux frotteurs ne peut dépasser une certaine limite à partir de laquelle les roues des voitures et des vélocipèdes pourraient courir le risque de s'y engager; à Paris, la limite maximum imposée est de 29 millimètres et cette limite descend jusqu'à 20 millimètres en Amérique.

Cette rainure doit être établie de manière à ne pouvoir se resserrer sous l'influence des pressions exercées sur la chaussée par différentes causes; le pavage en bois, par exemple, présente à ce point de vue de très sérieux inconvénients par suite des énormes pressions qu'il donne et qui soulèvent parfois le bord des trottoirs, malgré la précaution que l'on prend de laisser, entre le commencement du pavage de bois et la fin du trottoir, un espace d'environ 6 à 8 centimètres rempli de sable qui peut être enlevé à mesure que s'effectue le gonflement du bois; c'est ainsi qu'un tronçon de caniveau de 100 mètres de longueur établi à titre d'essai entre la rue Lafayette et le carrefour de Châteaudun, à Paris, se ressentit assez fortement, au bout de quelques mois, de ces effets de compression du pavé de bois et vit sa rainure se rétrécir de plusieurs millimètres.

Les frotteurs de prise de courant doivent être conditionnés pour circuler librement dans cette rainure, tout en étant suffisamment résistants pour pouvoir au besoin chasser une pierre ou un objet quelconque qui s'y est introduit accidentellement; ils sont ordinairement formés d'une enveloppe en acier à l'intérieur de laquelle passent les câbles de prise de courant.

Comme on le voit, les tramways à conducteur souterrain en caniveau n'ont pas l'inconvénient d'exiger, comme ceux à canalisation aérienne, l'installation de poteaux et de fils aériens, qui ont provoqué tant de protestations routinières; mais c'est là leur seul avantage et ils possèdent, en revanche, de très nombreux inconvénients; d'abord, leur prix d'installation est de beaucoup plus élevé et l'établissement des croisements et des aiguillages présente quelques difficultés; leur entretien est très difficile et coûteux et exige fréquemment l'ouverture de tranchées apportant de sérieux obstacles à la circulation et, au point de vue esthétique, produisant des enlaidissements qui, pour être temporaires, n'en sont pas moins très réels et compensent largement la laideur de la canalisation aérienne; leur caniveau, si la pente n'est pas assez prononcée et les points d'évacuation assez nombreux, risque de se remplir rapidement de boue, surtout dans les artères de grande circulation où le balayage mécanique est usité; cette accumulation de boue dans le caniveau peut provoquer des obstructions, un mauvais isolement de la ligne et une usure plus rapide des fils de travail; enfin, la présence d'une rainure profonde au milieu des chaussées n'est pas sans présenter certains inconvénients et peut provoquer des accidents.

Les principaux inconvénients que nous venons d'énumérer sont en grande partie supprimés par l'emploi d'un caniveau de grandes dimensions permettant la circulation d'un homme pour le nettoyage et l'entretien; cette circulation peut même se faire très commodément sur un petit chariot automoteur pourvu d'un moteur électrique alimenté par la canalisation du tramway qui en même temps peut procurer un abondant éclairage électrique permettant un travail facile et efficace; malheureusement cette solution, qui présente incontestablement une énorme supériorité sur le petit caniveau, est d'un prix d'installation beaucoup plus élevé, quoique pouvant être en partie atténuée par l'établissement d'un caniveau unique pour une voie double;

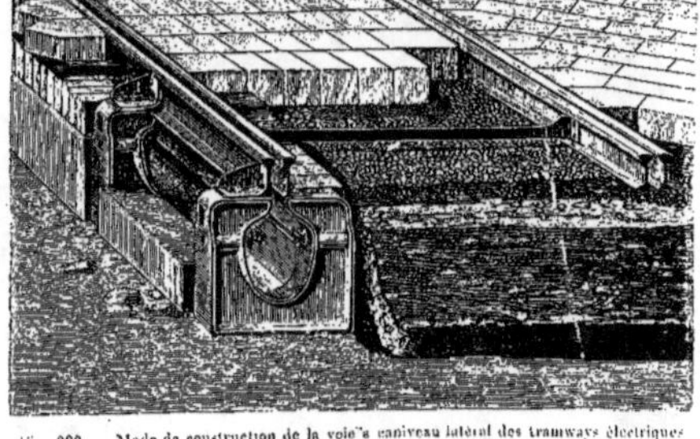

Fig. 222. — Mode de construction de la voie à caniveau latéral des tramways électriques de Budapest, système Siemens et Halske.

de plus, sa construction peut présenter de très graves difficultés par suite des égouts et des conduites d'eau et de gaz qui se trouvent fréquemment dans les grandes villes placées immédiatement sous le sol dans le centre de la chaussée; ceci entraîne forcément des déplacements et des travaux supplémentaires qui peuvent augmenter dans une énorme proportion le prix de premier établissement de la ligne de tramways à grand caniveau et même rendre complètement impossible son installation.

Ces raisons expliquent pourquoi les tramways à canalisation souterraine en caniveau ont reçu de si peu nombreuses applications relativement aux tramways à canalisation aérienne; en effet, en plus de quelques lignes de faible longueur établies en Amérique, ce système de traction n'est guère usité sur de grands réseaux qu'à Blackpool, en Angleterre, et à Budapest, en Hongrie; ces deux installations fonctionnent, il est vrai, d'une façon satisfaisante depuis plusieurs années; toutefois, ce système ne semble pas devoir se développer, surtout par suite de l'entrée en lutte d'un nouveau mode de traction électrique par prise de courant sur contacts séparés au niveau du sol, qui présente de grands avantages sur la canalisation en caniveau et a déjà reçu, comme nous le verrons plus loin, de très intéressantes applications.

Nous nous étendrons donc moins longuement sur ce mode de traction par canalisation souterraine en caniveau, qui semble présenter peu d'avenir; nous nous bornerons à décrire le système de caniveau Siemens et Halske, qui constitue certainement le système le plus perfectionné et qui a reçu à Budapest la plus importante application. Les nombreux systèmes qui ont été proposés et dont très peu ont été pratiquement essayés ne diffèrent d'ailleurs entre eux par rien de bien essentiel et il est évident que l'on peut varier à l'infini la disposition et la forme du caniveau et des conducteurs sans sensiblement modifier le système en lui-même.

Tramways à caniveau Siemens et Halske. — La principale application de ce système a été effectuée à Budapest où une première ligne fonctionne d'une manière très satisfaisante depuis 1889; ce réseau s'est considérablement accru depuis cette époque et n'a cessé de donner de bons résultats.

Comme l'indique la figure 222, le caniveau recevant les fils de travail est placé sous l'un des rails de roulement qui est supporté par une série de cadres en fonte espacés de 1^m,20 et présentant une ouverture ovoïde de même profil que le caniveau et servant d'indication pour l'établissement de celui-ci; ce caniveau, de 28 centimètres de large sur 33 centimètres de hauteur, est construit en béton dans sa partie inférieure et couvert en briques que l'on peut facilement enlever lorsque les réparations à effectuer rendent la chose nécessaire.

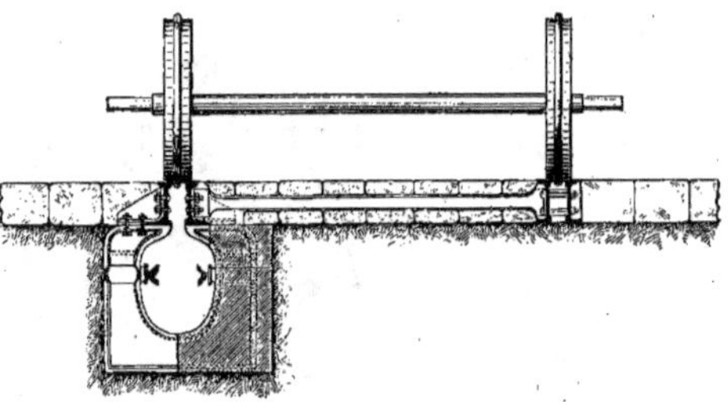

Fig. 223. — Coupe de la voie des tramways de Budapest. — Un essieu placé sur la voie montre la forme des roues des voitures à boudin central.

De distance en distance, des réservoirs latéraux recueillent l'eau et la boue, et tous les 20 à 30 mètres des regards servent au nettoyage.

Les chaises de fonte qui reposent sur le sol par leur partie inférieure large de 180 millimètres sont solidement reliées par des équerres en fer forgé au double rail formant rainure qu'elles supportent; les deux rails de roulement sont entretoisés par des traverses métalliques fortement boulonnées. Le sol du caniveau se trouve à une distance de 57 centimètres du bord supérieur des rails. Les deux parties des rails s'usent d'une façon uniforme par suite de la forme particulière des roues des véhicules qui, comme l'indique la figure 223, ont leurs boudins situés au centre de la jante. La rainure permettant le passage des appareils de prise de courant a 33 millimètres de largeur.

Les conducteurs qui servent à l'arrivée et au retour du courant sont constitués par des fers cornières à angle droit de 65 millimètres de côté, fixés aux deux parois du caniveau au moyen d'isolateurs horizontaux en porcelaine scellés dans des trous venus de fonte avec les chaises. Ces conducteurs ne peuvent être ni vus ni touchés accidentellement de l'extérieur par la rainure.

Fig. 224. — Tramways électriques de Budapest à canalisation souterraine en caniveau, système Siemens et Halske. — Construction de la voie près de Volkstheater.

Fig. 225. — Tramways électriques de Budapest à canalisation souterraine en caniveau, système Siemens et Halske. — Vue de la place Calvin.

La prise de courant est effectuée par des navettes épousant la forme des conducteurs et appliquées constamment sur ceux-ci par des ressorts ; ces navettes sont en communication avec la voiture automotrice au moyen de fils conducteurs passant dans une enveloppe en tôle mince.

Notre figure 224 montre une partie de la ligne du réseau de tramways de Budapest en construction à l'endroit d'un double croisement situé près du Volkstheater ; la figure 225 représente une vue du tramway électrique de Budapest prise sur la place Calvin, et la figure 226, une vue montrant, sur la gauche de la gravure, une voiture automotrice du tramway à canalisation souterraine et, sur la droite, les tramways à canalisation aérienne et prise de courant par archet qui ont été établis à Budapest dans les parties périphériques de la ville où les conducteurs aériens étaient moins susceptibles de nuire à l'aspect extérieur des rues.

Les voitures utilisées à Budapest sur la ligne à canalisation souterraine sont extérieurement semblables aux voitures de tramways ordinaires et l'on n'y voit aucune pièce extérieure indiquant le mode de traction : plus d'archets ni de trolleys, plus de fils aériens ; si cette apparence de simplicité et cette absence de fils aériens qui gênent tant de gens n'étaient compensées par une complication réelle, ce serait donc parfait.

La distribution de l'énergie électrique dans les canalisations souterraines s'effectue sous une tension de 300 à 320 volts. L'usine génératrice, représentée par la figure 227 et qui alimente également le chemin de fer métropolitain souterrain décrit plus haut (page 416), comporte 10 machines à vapeur compound à condensation d'une force totale de 2,800 chevaux commandant directement des dynamos à inducteurs intérieurs calées sur leur arbre et pouvant donner un courant de plus de 6,200 ampères sous 300 à 320 volts. Pendant les moments de faible consommation, une partie des dynamos est employée à charger une batterie d'accumulateurs servant à l'éclairage des bureaux, des chambres de chauffe et de machines, des gares, etc.

TRAMWAYS ÉLECTRIQUES A PRISE DE COURANT SUR CONTACTS SÉPARÉS AU NIVEAU DU SOL. — Les inconvénients des tramways à canalisation souterraine en caniveau que nous avons énumérés plus haut ont provoqué l'invention d'un nouveau mode de traction électrique très ingénieux et susceptible d'un certain développement partout où, pour une cause ou une autre, le conducteur aérien sera banni ; nous voulons parler des systèmes comportant la canalisation souterraine et la prise de courant sur contacts séparés au niveau du sol.

Ce système consiste à disposer de distance en distance, entre les rails de roulement, une série de contacts métalliques isolés et ne dépassant le sol de la chaussée que de quelques millimètres, de manière à ne gêner en aucune façon la circulation ordinaire des voitures et des piétons ; c'est sur ces contacts, reliés électriquement à l'usine génératrice et qui se trouvent distants d'une longueur inférieure à celle des voitures automotrices, que celles-ci viennent capter, à l'aide d'un frotteur longitudinal disposé sous leur truck, le courant nécessaire à l'alimentation des électromoteurs ; mais, afin d'empêcher toute perte excessive d'électricité par dérivation entre les plots de contact et les rails de roulement servant au retour du courant et surtout afin d'éviter tout accident et commotion désagréable et dangereuse pour les passants ou les chevaux, il est indispensable de ne mettre les plots successivement en communication avec la canalisation d'alimentation que lorsqu'ils sont recouverts par le véhicule automoteur et de supprimer l'arrivée du courant aussitôt après ; ce résultat peut être obtenu,

Fig. 226. — Tramways électriques de Budapest, système Siemens et Halske. — On voit sur la gauche une voiture automotrice du tramway à canalisation souterraine et sur la droite la ligne de tramways à conducteur aérien et archet.

Fig. 227. — Salle des machines des tramways électriques de Budapest, système Siemens et Halske. — Machine à vapeur compound à condensation actionnant directement
des dynamos Siemens et Halske à inducteurs intérieurs calées sur leur arbre.

comme nous le verrons plus loin, par divers moyens plus ou moins simples et ingénieux et qui constituent la caractéristique des différents systèmes.

Ce mode de canalisation présente incontestablement de grands avantages; il n'a pas l'aspect disgracieux qui fait tant de tort à la canalisation aérienne, ni les nombreux inconvénients de la canalisation souterraine en caniveau; mais, en revanche, il possède quelques inconvénients propres et une certaine complication; son prix de revient et d'entretien peut être compris entre ceux des deux autres solutions : incontestablement plus cher que la canalisation aérienne, il est d'une installation et d'un entretien certainement moins coûteux que la canalisation en caniveau; les commutateurs chargés de lancer le courant au fur et à mesure de l'avancement des voitures automotrices dans chacun des plots de contact sont ordinairement d'une construction assez délicate et viennent naturellement augmenter les chances d'accidents et d'interruption dans le service; l'usure des plots de contact et leur dénivellation exigent une assez fréquente remise à niveau, occasionnant certains petits travaux sur la chaussée. En résumé, nous trouvons que cette solution ne présente pas la simplicité d'installation et la sûreté de fonctionnement des tramways à canalisation aérienne; mais, quand celle-ci est rejetée de parti pris, elle nous semble tout indiquée et préférable à la canalisation souterraine en caniveau; dans ces conditions, elle a d'ailleurs encore une grande place à prendre et est susceptible d'une très grande extension.

Dans le système de prise de courant sur contacts séparés au niveau du sol, il est évident que, lorsque le retour du courant s'effectue par les rails de roulement, les phénomènes d'électrolyse peuvent se produire exactement comme dans le mode de canalisation par conducteur aérien à fil unique et retour par les rails et qu'il est nécessaire pour y remédier de prendre les mêmes précautions dans l'éclissage électrique des rails et la pose de feeders de retour. On pourrait toutefois supprimer totalement et radicalement tout effet d'électrolyse en installant une nouvelle rangée de plots de contact servant au retour du courant et reliée à une canalisation spéciale de retour; la communication de ces plots avec cette canalisation pourrait d'ailleurs être continue si leur isolement par rapport au sol était suffisamment assuré; il serait pourtant encore préférable, pour éviter toute chance de dérivation, de rendre cette communication intermittente et de ne l'établir qu'au passage des voitures automotrices, soit à l'aide du même commutateur qui réalise les communications passagères entre la canalisation d'arrivée du courant et les plots de prise de courant, soit encore par des appareils commutateurs spéciaux; en tout cas, il est évident que cette solution augmenterait encore dans une notable proportion le coût de premier établissement et d'entretien de la ligne.

Tramways électriques à contacts au niveau du sol, système Claret-Vuilleumier. — Les premières expériences de ce système datent de 1890 et ont été faites sur une voie d'essai de 200 mètres de longueur, installée à Clermont-Ferrand, et sa première application pratique a été réalisée pendant l'Exposition internationale de Lyon, en 1894; mais c'est surtout l'établissement, en 1896, de la ligne de tramways entre Paris (place de la République) et Romainville, qui démontra le côté pratique et la valeur de ce nouveau mode de traction électrique. Nous allons donc décrire en détail cette dernière installation.

Cette ligne de tramways a été établie dans le but de relier les communes de la banlieue Est de Paris avec le centre de la capitale. Partant de la place de la République à Paris, elle suit toute l'avenue de la République et l'avenue Gambetta, jusqu'à la porte de Romainville où elle franchit les fortifications. Sur toute cette partie, d'une longueur de 4 kilomètres, la ligne est à double voie. A partir de la porte de Romainville, la ligne, qui est alors à simple

Fig. 228. — Tramways électriques de Paris à Romainville, système Claret-Vuilleumier. — Vue prise à l'origine de la ligne, place de la République à Paris.

Fig. 229. — Tramways électriques de Paris à Romainville, système Claret-Vuilleumier. — Vue prise dans l'avenue de la République devant le lycée Voltaire.

Fig. 230. — Tramways électriques de Paris à Romainville, système Claret-Vuilleumier. — Vue prise en face l'usine génératrice, aux Lilas.

voie avec garages par suite du peu de largeur des voies empruntées, traverse les communes du Pré-Saint-Gervais, des Lilas et de Romainville et se termine à la sortie de cette dernière ville, vers Noisy-le-Sec; sa longueur en dehors de Paris est de 3 kilomètres. Nos figures 228, 229 et 230 montrent différentes vues prises sur le parcours du tramway; la première représente la station terminus de la place de la République; la seconde, prise de l'avenue de la République en face du lycée Voltaire, montre la voie double avec refuge recevant les candélabres électriques alimentés par l'usine du tramway; enfin, la dernière est une vue prise devant l'usine génératrice aux Lilas et montrant la voie d'embranchement conduisant à la remise des voitures.

Dans sa dernière partie, la ligne présente des courbes de faible rayon (25 mètres); elle comporte également de fortes rampes. Elle part, à la place de la République, de la cote 37 au-dessus du niveau de la mer pour arriver à 124^m,37 dans la commune des Lilas, à la place Paul-de-Kock; sur ce parcours, les rampes atteignent 55 millimètres par mètre comme dans l'avenue Gambetta, le long du Père-Lachaise.

L'usine génératrice est située aux Lilas, environ aux deux tiers de la ligne. Elle comporte une chambre de chauffe, une salle des machines et une remise pour 30 voitures.

Les générateurs de vapeur (fig. 231) sont au nombre de trois; ce sont des chaudières semi-tubulaires à deux bouilleurs de 160 mètres carrés de surface de chauffe et 3^{mq},24 de surface de grille, timbrées à 8 kilogrammes.

Fig. 231. — Usine génératrice des Lilas. — Chambre de chauffe.

Les machines à vapeur, également au nombre de trois, sont du type Corliss, avec condenseurs à mélange et pompes à air en tandem. Chaque machine est d'une puissance moyenne de 170 chevaux effectifs correspondant à une admission de 1/8e. Le piston a 0^m,460 de diamètre et une course de 1^m,08. Son volant, de 5 mètres de diamètre, pèse 10,000 kilogrammes et tourne à raison de 85 révolutions par minute. Chaque machine à vapeur actionne par courroie une dynamo Huguet-Hillairet, compound à 4 pôles, de 150 kilowatts pouvant débiter 280 ampères sous une tension de 530 volts.

La figure 232 montre un ensemble de la salle des machines où la place a été réservée pour pouvoir établir trois nouveaux groupes semblables, en prévision de la création de nouvelles lignes de tramways et de l'extension de l'éclairage public. L'éclairage de l'avenue de la République et de l'avenue Gambetta est, en effet, assuré par l'usine des Lilas; il comporte actuellement 113 lampes à arc.

Le courant produit par les dynamos est amené au tableau de distribution disposé dans le fond de la salle (fig. 233). Ce tableau se compose de trois panneaux, correspondant chacun à une dynamo et comportant un grand commutateur permettant d'envoyer à volonté le courant de la dynamo qu'il dessert, soit sur le circuit du tramway, soit sur le circuit de l'éclairage, puis les appareils indicateurs, voltmètres et ampèremètres, et un interrupteur pour chaque machine. L'installation ne comportant pas de lignes aériennes, le tableau n'est muni ni de parafoudres, ni de déclencheurs automatiques.

La remise des voitures, représentée par notre figure 234, possède des fosses permettant l'examen des voitures par-dessous ; elle comprend un atelier contenant tout l'outillage nécessaire pour l'entretien et la réparation des voitures.

Comme l'indique le schéma figure 235, le cou-

Fig. 232. — Usine génératrice des Lilas. — Salle des machines.

rant émis par la dynamo génératrice G est envoyé par un conducteur souterrain X à des distributeurs, disposés le long de la voie à environ 100 mètres les uns des autres. De ces distributeurs partent, se bifurquant à droite et à gauche, des petits fils d'alimentation se reliant chacun à un élément de contact placé au milieu de la voie de roulage.

Ces contacts, qui, dans la ligne de l'Exposition de Lyon, étaient constitués, comme le représente la figure 235, par des rails de 2 mètres à 3 mètres de longueur avec mêmes intervalles, sont formés, dans l'installation qui nous occupe, par deux pavés reliés entre eux par un fil et distants de 2m,50 les uns des autres. C'est sur ces contacts, qui, par suite d'un mouvement automatique des distributeurs que nous décrirons plus loin, ne sont reliés à la canalisation d'alimentation que pendant le passage des voitures automotrices, que les électromoteurs recueillent le courant par l'intermédiaire d'un frotteur adapté à la partie inférieure des véhicules.

Ce frotteur est disposé de telle sorte qu'il soit toujours en communication avec au moins un des contacts qui sont recouverts par la voiture. La voiture continuant sa marche, son frotteur viendra donc toucher le contact suivant avant d'avoir quitté le précédent, et, comme ce contact est relié au distributeur par un fil conducteur, une minime dérivation du courant revient au distributeur et agit sur un électro-aimant de grande résistance électrique qui détermine immédiatement une communication directe du nouveau contact avec le câble d'alimentation; en même temps, la communication se trouve coupée avec le premier plot, et c'est le nouveau seul qui alimente la voiture jusqu'au moment où il est lui-même remplacé par le suivant, et ainsi de suite.

Dans ce système, comme dans celui à trolley ou frotteur captant le courant sur une canalisation aérienne ou souterraine en caniveau, les moteurs des voitures automotrices restent donc en communication permanente avec la source d'électricité et ne prennent que la quantité d'énergie nécessaire pour la marche de la voiture, c'est-à-dire beaucoup, peu ou pas d'électricité, selon que l'on se trouve en rampe, en palier ou en pente. Le retour du courant à la dynamo G se fait par la masse de la voiture, les roues et les rails.

La figure 236 représente en plan et en coupes une portion de la voie munie de tout son dispositif électrique. Le rail adopté pour la ligne de Romainville est le rail Broca; l'écartement de la voie est maintenu par des entretoises métalliques espacées de $2^m,442$. Les rails sont reliés entre eux par une connexion électrique représentée par la figure 237 et formée d'un fil de cuivre rivé à chaque extrémité des rails à réunir.

Fig. 233. — Usine génératrice des Lilas. — Tableau de distribution.

Les plots, ou pavés de contact p (fig. 236), sont placés dans l'axe de la voie et sont espacés les uns des autres de $2^m,50$; ils sont établis de même dimension que les pavés en grès ou en bois de la chaussée et les remplacent facilement. Ces plots, qui sont en acier, sont isolés au bitume; chacun d'eux porte, rivé d'avance, un fil de cuivre qui permet de les relier entre eux par couple de deux et avec le fil d'alimentation se rendant au distributeur.

Fig. 231. — Tramways électriques de Paris à Romainville, système Claret-Vuilleumier. — Vue de la remise des voitures située à l'usine génératrice des Lilas.

Les fils d'alimentation reliant les plots aux distributeurs sont en cuivre de 3 millimètres de diamètre (7 millimètres carrés de section); ils sont isolés au caoutchouc vulcanisé. Ces fils sont logés dans un tuyau en fonte *c* (fig. 236) qui longe la voie dans toute sa longueur et qui présente, tous les 5 mètres en face de chaque couple de plots, une boîte de raccord C par où passe le fil venant alimenter ce couple de plots. En face de chaque poste de distributeurs, c'est-à-dire tous les 95 mètres, se trouve un branchement *c'* qui relie ce poste au tuyau de fonte longitudinal par une boîte de branchement B; la figure 238 représente cette boîte de branchement par où passent tous les fils d'alimentation reliant le distributeur avec les différents couples de plots qu'il dessert.

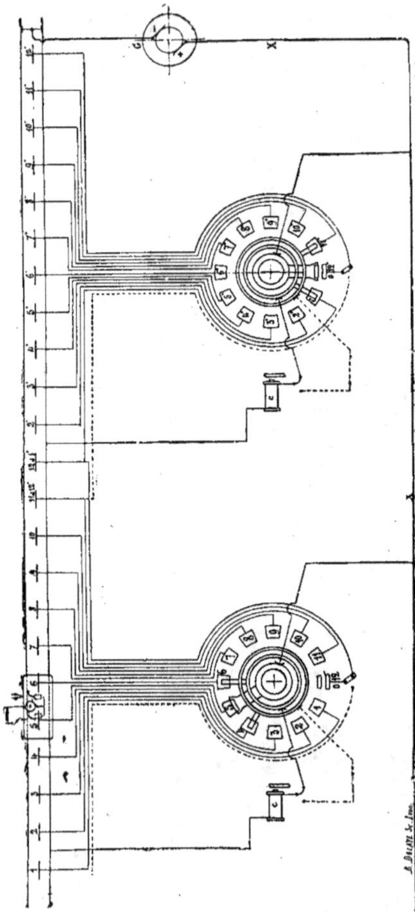

Les postes de distributeurs sont constitués par des cuves en fonte de dimensions suffisantes pour abriter un ou deux distributeurs, selon que la voie est simple ou double; dans la ligne de Romainville, les postes sont donc doubles dans l'intérieur de Paris et ils sont simples à l'extérieur de Paris, sauf à l'endroit des garages. La cuve est fermée par un couvercle de 0^m,50 de diamètre recouvrant une ouverture qui permet d'introduire ou d'enlever facilement le distributeur. La fermeture est rendue hermétique au moyen d'un tube en caoutchouc sur lequel vient appuyer le couvercle; ce dernier peut être serré au moyen d'une vis placée au centre et se vissant sur un fort levier *i* (fig. 236), pivotant autour d'un axe fixé à la paroi de la cuve et servant en même temps à établir ou à rompre la communication du distri-

Fig. 235. — Schéma de la transmission du courant aux plots de contact. — Les plots indiqués dans cette figure ont la forme de rail comme dans le tramway de l'Exposition de Lyon; à Paris, chaque bout de rail est remplacé par deux petits plots communiquant électriquement.

buteur *d* avec le câble principal d'alimentation X.

Les fils d'alimentation qui arrivent dans la cuve passent dans des trous pratiqués dans une couronne en bois, de façon qu'ils soient toujours maintenus à leurs places respectives; ils sont terminés par une fiche fendue qui vient s'engager dans une douille correspondant à chaque touche du distributeur, cet appareil étant placé lui-même sur la couronne en bois. Le démontage du distributeur peut se faire ainsi très rapidement : il n'y a qu'à sortir les fils de leurs douilles et l'on peut enlever l'appareil; pour le remettre en place, l'opération est aussi simple. Des essais officiels ont prouvé qu'un distributeur pouvait se changer en deux minutes, et l'opération être faite par des hommes peu expérimentés.

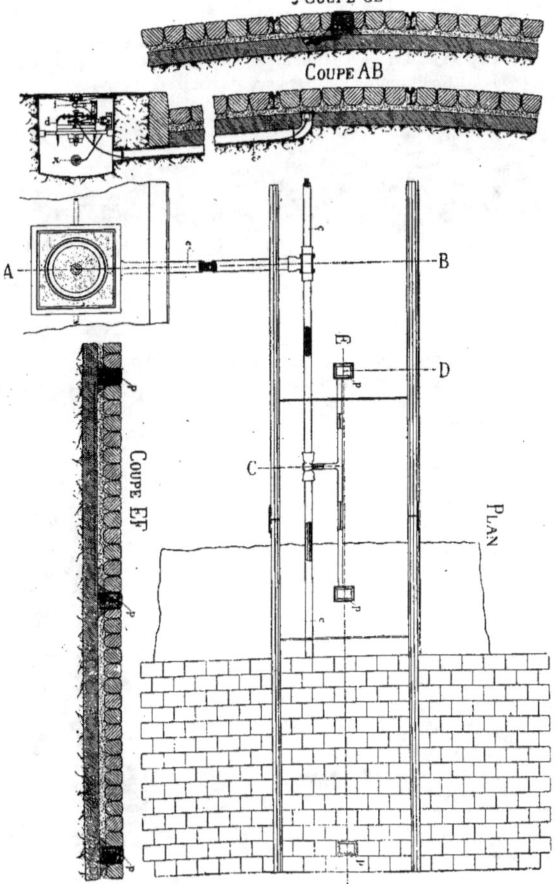

Fig. 238.— Tramways électriques de Paris à Romainville, système Claret-Vuilleumier.— Mode de construction de la voie.

Notre figure 239 représente, vu de côté et vu de dessous, un des distributeurs employés sur la ligne

Paris-Romainville et dont les dimensions sont : hauteur maxima, 0^m,30, diamètre maximum, 0^m,40. Chaque distributeur alimente jusqu'à 19 contacts ou 38 pavés métalliques ; mais le même appareil pourrait au besoin actionner un nombre quelconque de plots, moindre de 38, voire même un seul, ce qui permettrait, dans certains cas, d'avoir des voitures qui se touchent ou du moins très rapprochées les unes des autres ; il est, en effet, évident, comme on a déjà pu le comprendre, que l'on ne peut engager deux voitures automotrices sur la région desservie par le même distributeur, puisque un seul des couples de plots qu'il dessert peut être en même temps en communication avec la canalisation princi-

Fig. 237. — Mode de connexion électrique des rails.

pale d'alimentation ; mais, d'un autre côté, il est certain que, si l'on emploie des distributeurs commandant moins de plots, il faut en multiplier le nombre, ce qui complique le système et augmente le coût d'établissement et d'entretien. C'est pourquoi on a choisi sur la ligne Paris-Romainville des distributeurs desservant 19 couples de plots.

Chaque distributeur comporte donc 20 touches montées sur un cercle métallique supporté par un croisillon, servant de bâti à l'appareil. Au centre du distributeur se trouve un axe vertical pouvant, comme nous allons le voir, être sollicité suivant le cas dans un sens ou dans l'autre, et muni : 1° d'une roue portant autant d'entailles qu'il y a de touches à l'appareil, soit 20 ; 2° de trois manettes n, m, n' (fig. 240 et 241) reposant sur trois touches consécutives ; 3° de

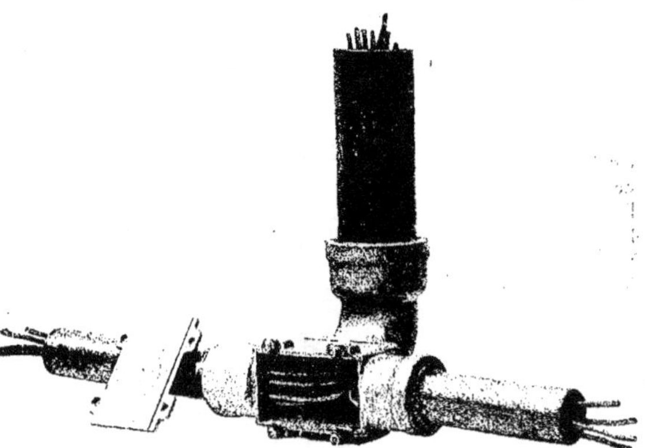

Fig. 238. — Vue d'une boîte de branchement reliant les postes de distributeurs au conduit longitudinal de fonte et contenant les fils d'alimentation des plots.

trois cercles destinés à maintenir des communications électriques entre les trois manettes et les trois bornes fixes de l'appareil.

La grande manette du milieu distribue aux différentes touches le courant qu'elle reçoit du câble principal X; elle est plus large que l'intervalle compris entre deux touches, de façon à entrer en contact avec la suivante avant de quitter la précédente. Les deux autres manettes n et n', placées symétriquement de chaque côté de la grande, sont plus petites, et quittent complètement une touche avant de rencontrer la suivante; chacune d'elles peut communiquer par l'intermédiaire d'un commutateur p, p'

Fig. 239. — Distributeur automatique, système Claret-Vuilleumier, vu de côté et vu de dessous.

et de ses touches i, i', h, h' avec l'entrée d'un des électro-aimants e, e' dont la sortie est reliée aux rails; ces deux électro-aimants sont fixés à la partie inférieure du bâti et possèdent une armature commune aa en forme d'ancre, solidaire du commutateur, et qui peut osciller entre leurs pôles. De son côté, le commutateur comporte deux doigts d'entraînement, qui peuvent agir sur deux cliquets c, c' disposés en regard de la roue dentée fixée sur le même arbre que les trois manettes.

Le schéma de la figure 240 montre une voiture alimentée par les plots de prise de courant n° 5; si la voiture se déplace dans une direction ou dans l'autre, elle établira, au moyen de son frotteur, un pont entre la grande manette m et l'une ou l'autre des petites, ce qui aura pour effet d'exciter l'électro-aimant correspondant; celui-ci faisant osciller l'armature commune a dans sa direction, provoque l'engagement du cliquet correspondant ainsi que l'avancement de tout le système tournant de $1/20^e$ de tour.

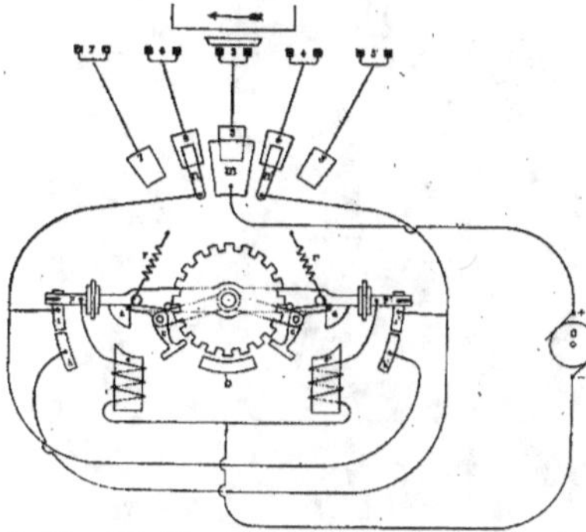

Fig. 240. — Schéma indiquant le fonctionnement d'un distributeur automatique. 1re position.

Les trois manettes se trouvent alors avancées respectivement d'une touche, comme l'indique la figure 241, et la voiture se trouve alimentée par les plots de contact suivants; à ce moment, le cliquet est arrêté par un buttoir b qui limite sa course et par conséquent l'oscillation de l'armature et la rotation des trois manettes. Cette position du distributeur persiste (l'électro-aimant a étant alors alimenté par la petite manette n' grâce au mouvement du commutateur) jusqu'à ce que la voiture ait franchi les plots de contact n° 5 qui, précédemment, alimentaient ses moteurs; à ce moment le cliquet, rappelé par un ressort r, ramène le commutateur à son point de départ, c'est-à-dire dans une position symétrique par rapport aux deux électro-aimants. Si la voiture marchait en sens inverse, les rôles seraient simplement inversés, les divers organes étant symétriques.

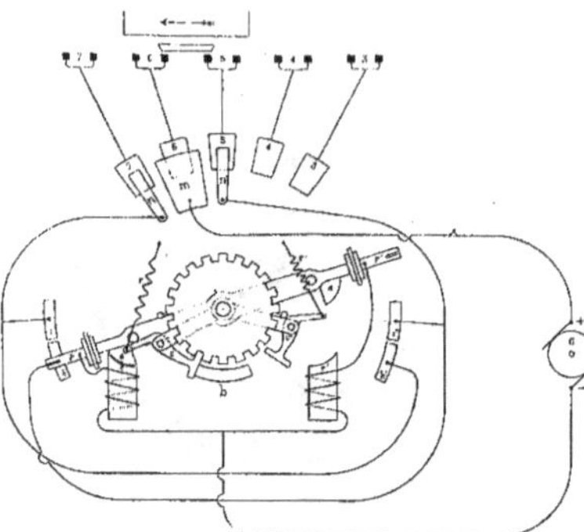

Fig. 241. — Schéma indiquant le fonctionnement d'un distributeur automatique. 2ᵉ position.

La figure 242 représente la vue d'ensemble d'une des très confortables voitures de la ligne de Paris à Romainville. Ces voitures, à impériale couverte, que nous désirerions voir utiliser sur toutes les lignes à traction mécanique, contiennent 52 places; elles comportent, à l'avant, un fourgon destiné à transporter des messageries. Il y en a actuellement 20 en circulation, mais le nombre en sera bientôt augmenté. Les voitures pèsent 13,000 kilogrammes en charge, elles sont actionnées par deux mo-

Fig. 242. — Voiture automotrice du tramway électrique de Paris à Romainville, système Claret-Vuilleumier.

teurs bipolaires d'une puissance de 15 à 20 chevaux chacun, dont l'emplacement est indiqué sur nos figures 243 et 244 et qui commandent les essieux par un train d'engrenages réducteurs de vitesse.

La prise de courant est faite par un frotteur placé au-dessous de la voiture et qui remplace la perche et le trolley de la ligne aérienne; ce frotteur (fig. 243 et 244) est constitué par une barre de fer cornière ff, ayant une longueur de $3^m,30$; l'écartement des plots étant de $2^m,50$, on voit que cette barre sera toujours en contact avec au moins l'un d'eux, quelle que soit la position de la voiture; la cornière est placée de champ, de façon que le contact soit toujours assuré d'une façon parfaite malgré la boue. La barre est maintenue sur champ par les deux tiges t qui peuvent coulisser dans des boîtes b montées sur les supports s; les ouvertures dans lesquelles passent les tiges t sont ovalisées et sont disposées de telle façon que l'entraînement du frotteur se fasse toujours par la tige avant par rapport au sens de la marche de la voiture, la tige arrière ne servant plus que de guide; à la partie supérieure des tiges sont montées des traverses aux extrémités desquelles viennent agir les ressorts r. Un frotteur ainsi constitué peut suivre toutes les sinuosités de la voie, il offre une sécurité complète comme moyen de prise de courant, quel que soit l'état du pavage et malgré la boue, la neige, les poussières, etc. Le contact se conserve encore parfait avec de grandes vitesses; on a pu atteindre des vitesses de 35 à 40 kilomètres sans inconvénient. Le frotteur recueille le courant sur les pavés métalliques et le transmet au régulateur de marche; de là le courant est envoyé aux moteurs, le retour se fait par la masse, les roues et les rails.

Ajoutons que toutes les voitures

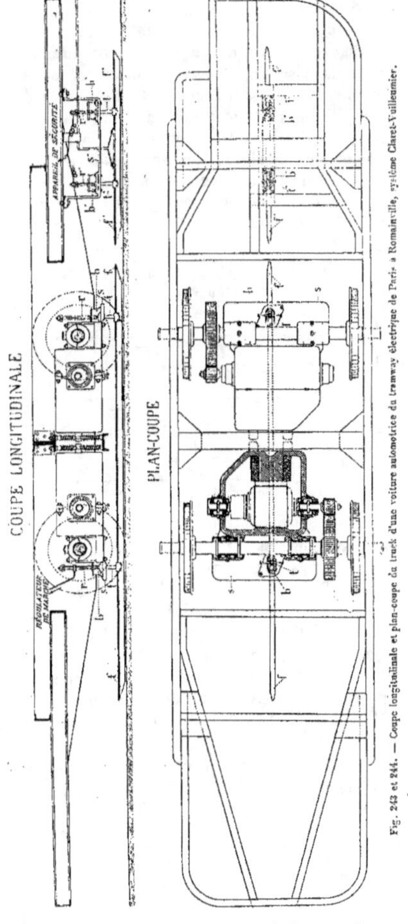

Fig. 243 et 244. — Coupe longitudinale et plan-coupe du truck d'une voiture automotrice du tramway électrique de Paris a Romainville, système Claret-Vuilleumier.

sont munies d'un dispositif de sécurité qui rend impossible (1) le prolongement accidentel de la communication électrique d'un plot avec la canalisation d'alimentation après le passage d'une voiture. Ce dispositif, représenté schématiquement par la figure 245, et dont les figures 243 et 244 indiquent le mode d'adaptation sur la voiture, a pour but, au cas de non-fonctionnement du distributeur, de mettre en court circuit sur les rails le plot restant en communication avec la canalisation d'alimentation et par suite de fondre le coupe-circuit fusible *b*; son fonctionnement ressort clairement de l'examen de la figure 245.

Disons pour terminer que, lorsque tout au début de l'installation nous avions visité l'usine et la ligne du tramvay de Paris à Romainville, ce système, tout en nous paraissant extrêmement ingénieux, nous semblait être bien fragile et devoir comporter de nombreuses chances d'arrêt et d'accident; mais nous devons maintenant constater que jusqu'ici il n'a nullement donné raison à nos prévisions et a fonctionné avec une régularité et une endurance très remarquables; c'est ainsi que, pendant les violents cyclones des 26 juillet et 10 septembre 1896, le tramway de Paris à Romainville n'a pas cessé de fonctionner. Sur de longues parties de son parcours, il a pu franchir, sans difficulté, de véritables mares qui noyaient la chaussée sous 15 centimètres à 20 centimètres d'eau et de boue. Dans certains

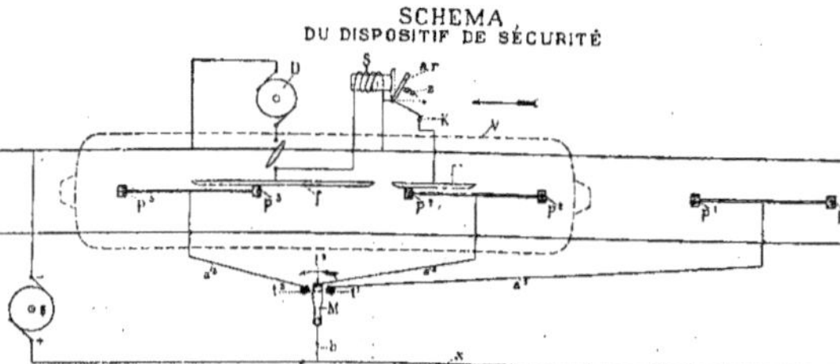

Fig. 245. — Tramways électriques Claret-Villeumier. — Schéma du dispositif de sécurité.

bas-fonds, entre Les Lilas et Romainville, où l'écoulement des eaux se trouve mal assuré, cette situation s'est prolongée pendant plusieurs jours. Il y a lieu d'ajouter que l'abondant épandage du sel sur les chaussées de Paris, lors des chutes de neige des 22 et 25 décembre 1896, n'a nullement entravé le fonctionnement du tramway. A l'extérieur de Paris, où le service du nettoyage des rues n'est pas assuré, la circulation a été facilement maintenue par l'emploi d'un chasse-neige dont était munie une seule voiture du tramway. Des amas de 25 centimètres à 30 centimètres de neige ont été ainsi facilement franchis.

L'expérience pratique, ce juge incontestable et irréfutable de toute innovation, s'est donc prononcée en faveur du nouveau et ingénieux système de traction électrique de MM. Claret-Vuilleumier et l'on ne peut plus douter que ce système ne présente un grand avenir.

Tramways électriques à contacts au niveau du sol, système Diatto. — Ce système de traction, exploité en France par la Compagnie Générale de Traction Élec-

---

(1) Au moment de mettre sous presse nous apprenons qu'un accident, dû au maintien de la communication entre l'un des plots de contact et la canalisation d'alimentation après le passage d'une voiture, vient d'arriver sur la ligne de tramways de Paris-Romainville; malgré le dispositif de sécurité employé, deux chevaux ont été foudroyés. Mais cet accident est dû à la négligence d'un conducteur qui, après le virage sur la plaque tournante de la station terminus nécessitant la levée du dispositif de sécurité, avait omis de le rabaisser. Ceux qui prennent texte de cet accident, pour combattre ce système de traction en particulier et la traction électrique en général, ne peuvent donc être que des intéressés ou des ignorants; un seul accident, sans grande importance, survenu après une année de fonctionnement ne peut évidemment suffire pour condamner un système : il indique de nouvelles mesures de prudence à prendre et voilà tout.

trique, est, comme le précédent, à prise de courant sur contacts séparés, disposés au niveau du sol ; il se distingue par une simplicité extrêmement grande des appareils chargés d'établir et de supprimer la communication des plots de contact avec la canalisation d'alimentation.

Le système distributeur du courant se compose d'un conducteur en cuivre isolé C (fig. 246), placé sous la chaussée entre les deux rails de roulement. Tous les 5 mètres environ, une dérivation d du conducteur principal amène le courant à une boîte de contact P noyée dans le sol, disposée dans l'axe de la voie et dont la partie supérieure présente une convexité insignifiante désaffleurant la chaussée de quelques millimètres seulement. Un fil de cuivre f, de section assez faible pour former pièce fusible en cas de court circuit, est relié d'une part à la dérivation pénétrant dans la boîte au moyen d'une pince à vis V, et de l'autre à un bouchon métallique B scellé dans le fond d'un vase en porcelaine R. Ce vase, supporté verticalement dans l'axe de la boîte de contact, contient du mercure dans lequel flotte une cheville en fer doux D.

Le couvercle de la boîte de contact porte en son milieu un tampon en fonte E, muni suivant son axe d'un noyau en fer doux K, dont la surface inférieure arrive, en temps ordinaire, à quelques millimètres de la tête de la cheville mobile. Ce tampon est ajusté dans le couvercle isolant N, en bois créosoté, porté par la boîte en fonte. Un mode de fermeture spécial assure l'étanchéité des joints en exerçant une forte pression.

Une barre de fer flexible A, aimantée au moyen d'électroaimants M (fig. 247), est suspendue, comme l'indique notre gravure, sous la voiture automotrice et dans son axe ; on peut à volonté régler la hauteur de cette barre au-dessus de la chaussée, ainsi que la pression qu'elle exerce sur les boîtes de contact. La longueur de cette barre est supérieure à la distance comprise entre deux boîtes, de manière qu'elle se trouve toujours en contact au moins avec l'une d'elles.

Le fonctionnnement du système est des plus simples et se comprend aisément : la barre A, arrivant au contact d'une boîte, aimante la tige cylindrique du tampon, laquelle attire la tige D flottant dans le mercure. La barre étant reliée électriquement à l'une des bornes du moteur de la voiture, le courant venant du conducteur souterrain pénètre dans le mercure, traverse la cheville en fer doux D, le tampon en fonte E, la barre en fer méplat A et arrive au moteur qu'il traverse, passe ensuite par les appareils de réglage, de sûreté et d'interruption, puis aboutit au châssis de la voiture ; de là il retourne à l'usine

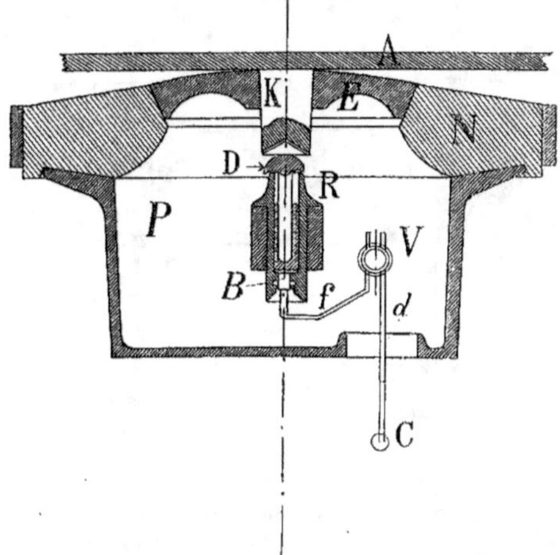

Fig. 246. — Tramway électrique système Diatto. — Boîte de contact.

génératrice par les rails auxquels, dans certains cas, on adjoint un conducteur de retour. Au moment où la barre est près d'abandonner la boîte considérée, elle touche la boîte de contact suivante ; la connexion du circuit de la voiture au conducteur souterrain se trouve donc toujours assurée.

Lorsque la barre abandonne la boîte, la cheville n'étant plus attirée retombe immédiatement, et par suite rompt la communication entre le tampon et le conducteur souterrain ; dès lors, aucun courant ne peut plus passer. Afin d'éviter que le magnétisme rémanent ne maintienne, même pendant un temps très court, la cheville en contact avec le noyau en fer doux, les surfaces correspondantes de ces deux pièces sont recouvertes d'une feuille de cuivre ou de tout autre métal non magnétique.

On voit donc que, lorsque les prises de courant sont reliées au conducteur souterrain, elles sont toujours recouvertes par la voiture, et, par suite, inaccessibles ; la sécurité pour les piétons et les chevaux est donc complète.

La boîte de contact est, comme on le voit, d'une très grande simplicité et ne comporte aucun mécanisme susceptible de se déranger ; elle est très robuste et résiste sans déformation au passage des lourds fardeaux.

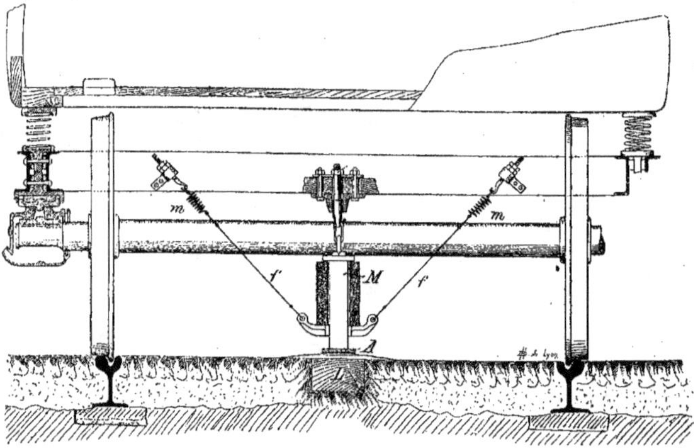

Fig. 247. — Tramway électrique Diatto. — Disposition de la barre de contact et de ses électro-aimants sous une voiture automotrice.

Tramways électriques à contacts au niveau du sol, système Westinghouse. — Dans ce système, les plots de contact disposés au niveau du sol sont doubles ; l'un d'eux sert à recueillir, par l'intermédiaire d'un frotteur placé sous la voiture automotrice, le courant émis par une petite batterie d'accumulateurs portée par cette voiture et destinée à actionner le commutateur électro-magnétique qui doit établir la communication entre la canalisation d'alimentation et le second plot sur lequel un second frotteur parallèle au premier vient capter le courant nécessaire à l'alimentation des électromoteurs.

Le commutateur électro-magnétique est simplement constitué par un puissant électro-aimant possédant un double enroulement, l'un en fil fin communiquant d'une part avec le plot recevant le courant de la batterie d'accumulateurs et d'autre part avec les rails de roulement, et l'autre en gros fil relié par une de ses extrémités au plot de prise de courant et par l'autre extrémité à l'un des contacts du commutateur; lorsque le courant de la batterie d'accumulateurs est lancé dans le premier enroulement par l'intermédiaire du frotteur et du plot spécial, l'armature est attirée et vient appliquer l'un contre l'autre deux doubles contacts en charbon, ce qui a pour résultat de permettre au courant principal de venir alimenter le moteur de la voiture en passant dans le gros enroulement de l'électro-aimant dont il renforce l'action, ce qui rend plus efficaces les contacts du commutateur, puis par le plot de prise de courant et par son frotteur; ce courant retourne ensuite à l'usine par les rails de roulement.

Quand les frotteurs quittent leur plot respectif par suite de la progression de la voiture, tout le courant se trouve supprimé dans les enroulements de l'électro-aimant dont le noyau se désaimante et abandonne son armature qui retombe en interrompant toute communication entre la canalisation d'alimentation et le plot de prise de courant, qui devient ainsi absolument inoffensif et peut être touché sans inconvénient par les piétons ou les animaux; les frotteurs de la voiture sont toutefois, avant d'abandonner les plots précédents, entrés en contact avec les suivants qui, à leur tour, alimentent les électro-moteurs jusqu'à ce qu'ils soient eux-mêmes dépassés et laissés inactifs. On conçoit ainsi que l'avancement de la voiture peut se faire d'une manière continue et que les plots de contact ne peuvent se trouver électrisés que lorsqu'ils sont recouverts par les véhicules automoteurs.

Tramways électriques à contacts au niveau du sol, système Lacroix. — Ce système, exploité par M. Boissier, comporte encore la prise du courant d'alimentation sur une série de contacts séparés, disposés au niveau du sol à une distance moindre que la longueur des voitures, comme l'indique la figure 248 montrant la coupe d'une voie double et la figure 249 représentant la disposition des plots de contact dans un branchement.

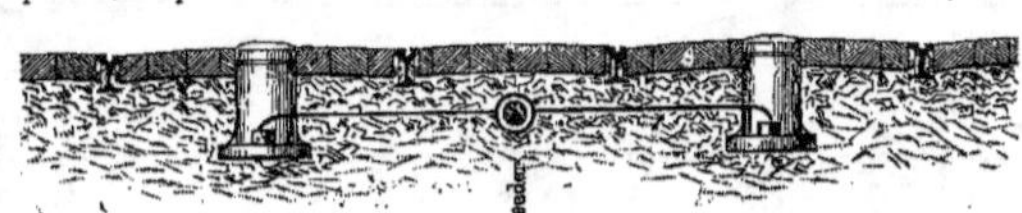

Fig. 248. — Coupe transversale d'une voie double d'un tramway électrique, système Lacroix.

La partie caractéristique du système réside dans les plots de contact qui portent en eux-mêmes le commutateur automatique, appelé par l'inventeur auto-commutateur balistique et destiné à les relier à la canalisation d'alimentation au moment du passage des voitures et à interrompre cette communication aussitôt après.

L'auto-commutateur balistique, renfermé dans une boîte dont le couvercle sert de prise de courant, se compose d'une carcasse cylindrique en porcelaine CA (fig. 250), possédant un appendice A rempli de mercure jusqu'à une certaine hauteur, et ensuite d'une couche d'huile lourde. Sur cette carcasse sont enroulés deux circuits distincts 1, 2 et à l'intérieur, dans la partie correspondant au solénoïde 2, est logé un tube en fer doux dans lequel peut se mouvoir facilement le flotteur FL. Ce flotteur est formé d'un petit cylindre de fer monté sur une tige d'aluminium T guidée dans sa hauteur par deux rondelles. Enfin, la tige d'aluminium porte à sa partie supérieure, et isolée de sa masse, une fourche métallique FF' dont les deux branches viennent baigner chacune dans une coupe Co, Co' remplie de mercure jusqu'à une certaine hauteur et surmonté d'une couche d'huile lourde; le mercure de l'une des coupes est relié électriquement à l'une des extrémités de la bobine inférieure 2, tandis que le mercure de l'autre coupe l'est au fil de retour constitué par les rails de roulement. Une extrémité de la bobine supérieure est reliée électriquement au mercure placé à l'intérieur de l'électro-aimant, tandis que l'autre extrémité est en dérivation sur le fil positif venant de l'usine génératrice.

Tel est le dispositif simple et robuste qui constitue le commutateur proprement dit et qui est renfermé dans une boîte en fonte de 20 centimètres de diamètre et 36 centimètres de hauteur. Cette boîte est formée de deux parties : un cylindre en fonte spéciale non magnétique B et un couvercle en fonte magnétique, assujetti au moyen d'une vis V sur une bride formant autoclave.

L'auto-commutateur balistique ainsi constitué, étant placé en terre son couvercle au ras du sol, peut être inspecté à l'intérieur avec la plus grande facilité, puisqu'il suffit pour cela de démonter son couvercle en retirant la vis, ce qui n'entraîne pas l'ouverture d'une tranchée sur la chaussée et l'interruption de la circulation.

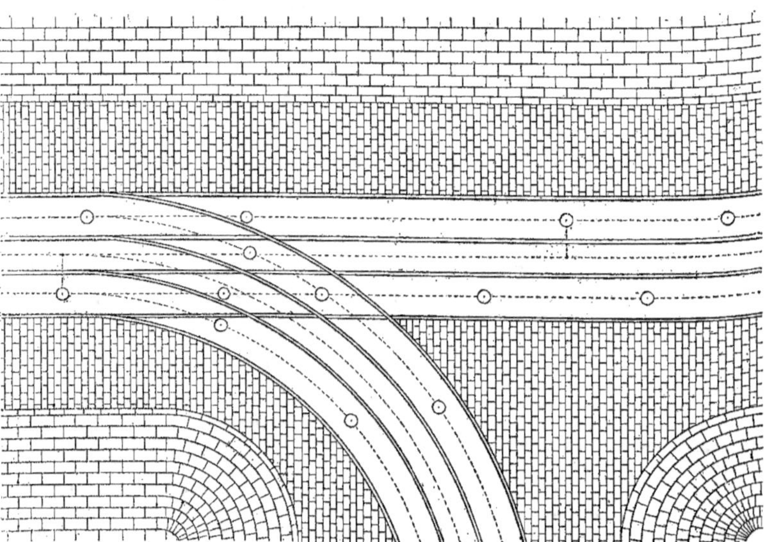

Fig. 249. — Tramway électrique système Lacroix. — Disposition des plots de contact dans un embranchement.

L'installation des voitures automotrices capables de faire fonctionner les commutateurs automatiques comporte, comme l'indique la figure schématique 251, une brosse métallique B de 5 mètres de long et 10 centimètres de largeur fixée sous la caisse de la voiture, comme le représente la figure 252, et reliée à l'électromoteur M par l'intermédiaire d'un rhéostat à touches; à chaque extrémité de cette brosse B et à une distance égale à la moitié du diamètre du couvercle des boîtes de commutation, c'est-à-dire à 10 centimètres, se trouve une petite brosse reliée à la première par une résistance fixe Rh, telle que la quantité de courant capable de passer par ces petites brosses soit juste suffisante pour, en traversant le solénoïde 1 du commutateur, maintenir le flotteur en contact avec la vis V ; enfin, aux deux extrémités sont placés deux électro-aimants, dont le noyau est formé par une brosse métallique semblable en fer ; ces électro-aimants sont appelés extincteurs électro-magnétiques, et nous indiquerons plus loin leur rôle.

Lorsque la voiture est arrêtée, tous les commutateurs automatiques sont au repos et il ne passe aucun courant sur la voie, ce qui constitue un avantage de ce système. Il faut donc pour le démarrage produire d'abord une attraction du flotteur qui se trouve au-dessous de la grande brosse B ; pour cela, lors de la manœuvre du rhéostat ou contrôleur, le passage du curseur sur la première touche a pour mission d'envoyer un courant, provenant d'une petite batterie d'accumulateurs placée sur la voiture, dans la brosse B, et de là dans le solénoïde 2 du commutateur, dont le circuit est fermé par la coupe Co', par la fourche FF' et par la coupe Co qui est elle-même réunie aux rails auxquels aboutit également le deuxième pôle de la batterie.

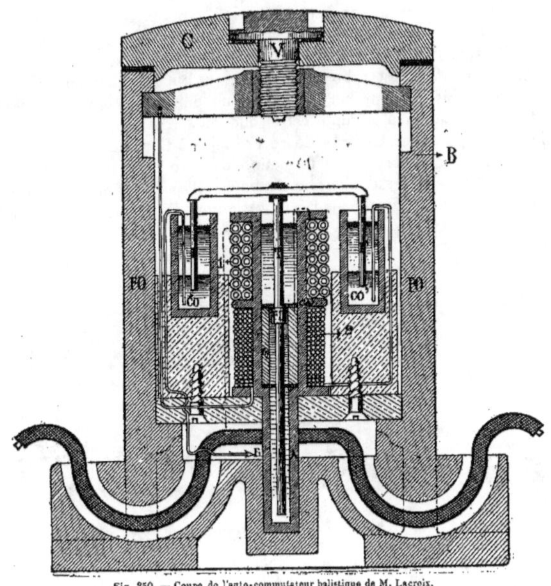

Fig. 250. — Coupe de l'auto-commutateur balistique de M. Lacroix.

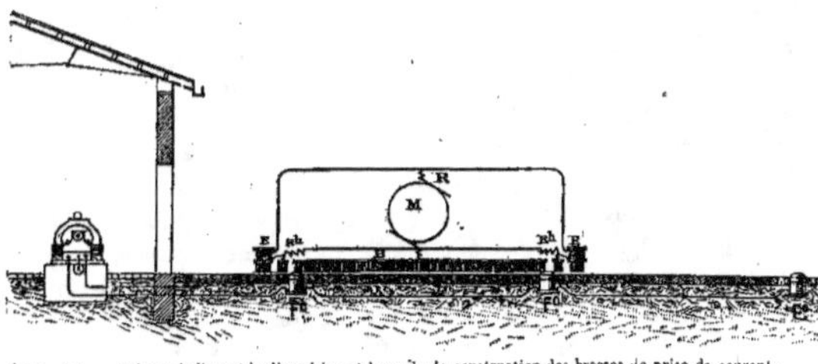

Fig. 251. — Schéma indiquant la disposition et le mode de construction des brosses de prise de courant.

Sous l'influence du passage du courant, le flotteur FL est projeté sur la vis V ; c'est de là que vient le nom d'auto-commutateur balistique donné à l'appareil. Dès que le flotteur a touché la vis V, le courant de la ligne arrive au moteur après avoir traversé le solénoïde 1, le mercure et le flotteur. L'influence magnétisante du courant traversant le solénoïde 1 est telle que le flotteur reste appliqué sur la vis V tant que le courant passe.

Le moteur étant en action, la voiture poursuit sa marche, et, lorsque l'extrémité de la brosse B est arrivée au milieu du couvercle du commutateur, il survient, pour frotter sur ce couvercle, une des petites brosses qui a pour but de diminuer graduellement l'intensité du courant en le laissant juste suffisant pour qu'il puisse maintenir le flotteur FL au contact de la vis V et empêcher ainsi la rupture brusque du circuit ; cette manière de faire évite les étincelles qui ne manqueraient pas de se produire à la rupture du contact. En outre, pour supprimer, d'une façon absolue, la formation de l'arc entre la vis V et le flotteur au moment où le courant, après été graduellement diminué, est enfin rompu, il se présente, sur le couvercle du commutateur, l'électro-aimant E ou extincteur électro-magnétique, qui a pour but de souffler l'arc produit.

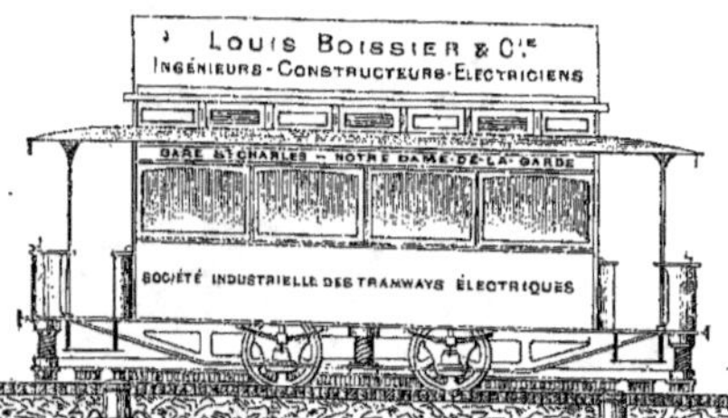

Fig. 252. — Voiture automotrice de tramway électrique, système Lacroix, munie des brosses de prise de courant.

Lorsque la voiture est en marche normale, l'excitation du solénoïde 2 du commutateur se fait par l'intermédiaire de la petite brosse de l'avant, à laquelle arrive le courant principal après avoir traversé la résistance Rh.

On comprend donc la simplicité du mécanisme : un courant approprié, provenant soit du circuit souterrain, soit de quelques éléments d'accumulateurs logés sur la voiture, est envoyé dans un solénoïde qui projette un flotteur, relié au circuit d'alimentation, sur la vis de contact du couvercle sur lequel vient frotter la brosse qui alimente le moteur.

TRAMWAYS ÉLECTRIQUES A ACCUMULATEURS. — Comme nous l'avons vu plus haut, les tramways électriques à accumulateurs présentent certains avantages et certains inconvénients relativement aux autres systèmes de traction électrique.

Les tramways à accumulateurs peuvent circuler sur toutes les voies déjà installées sans nécessiter aucun changement ni dans la voie elle-même qui, n'étant pas employée comme conducteur, ne doit pas posséder des éclissages électriques spéciaux entre chacun de ses rails, ni pour l'établissement de canalisations quelconques aériennes, souterraines en caniveau ou à prise de courant sur contacts séparés au niveau du sol ; ils portent, en effet, en eux-mêmes leur source d'électricité et n'ont nullement besoin de se trouver à tout moment en relation avec l'usine génératrice par des conducteurs appropriés ; de ce fait, un accident de machine ou la rupture d'une canalisation ne risque pas d'arrêter brusquement toutes les voitures automotrices.

D'un autre côté, l'usine génératrice de charge des accumulateurs peut fonctionner dans de bien meilleures conditions que celle alimentant un réseau de tramways à conducteurs quelconques; en effet, dans ce dernier cas, les arrêts et les démarrages successifs des différentes voitures automotrices procurent des décharges et des surcharges continues, qui sont, naturellement, nuisibles au bon fonctionnement des machines motrices primaires et des dynamos génératrices qu'elles actionnent; au contraire, la charge des accumulateurs présente un débit absolument constant et une régularité parfaite, ce qui permet de faire toujours fonctionner à pleine charge et sans à-coups les différentes unités motrices de l'usine de charge et de produire ainsi l'électricité avec le maximum d'économie et le minimum d'usure des appareils générateurs.

Enfin, il est très facile avec les tramways à accumulateurs de récupérer dans les descentes une partie de l'énergie dépensée; il suffit pour cela de faire fonctionner les moteurs comme dynamos génératrices et d'utiliser le courant produit à recharger en partie la batterie d'accumulateurs. Avec les autres systèmes de traction électrique, cette récupération n'est évidemment pas impossible, mais moins commode, car, pour pouvoir utiliser le courant produit par les électromoteurs fonctionnant comme dynamos et le lancer dans la canalisation, il est indispensable qu'il soit d'un voltage au moins égal au courant d'alimentation engendré par les dynamos de l'usine génératrice et il faut pour cela que la vitesse du véhicule soit assez considérable, à moins cependant que l'on ne couple en tension les moteurs quand la voiture en possède deux; avec les voitures à accumulateurs, au contraire, on peut employer le courant à la charge des accumulateurs, quels que soient son voltage et par suite la vitesse du véhicule, et il suffit pour cela de grouper d'une manière convenable les différents éléments de la batterie.

Si le système de traction par voitures automotrices à accumulateurs ne possédait pas des inconvénients qui viennent compenser ces avantages incontestables, il est certain que ce serait le mode de traction de beaucoup le plus parfait pour les tramways; malheureusement, de très sérieux inconvénients, que nous avons déjà indiqués plus haut, rendent ce système beaucoup moins pratique qu'il ne paraît au premier abord, ce qui explique le peu d'applications qu'il a reçues jusqu'ici. On a, en effet, vu par notre statistique qu'il n'y avait que 12 lignes de tramways à accumulateurs sur 150 lignes de tramways électriques fonctionnant en Europe au 1er janvier 1897; Paris possède quatre de ces lignes; en Amérique, les tramways à accumulateurs sont presque entièrement inemployés, sauf quelques petites lignes de peu d'importance qui ont été mises dernièrement en exploitation.

Ces inconvénients des tramways à accumulateurs résident dans le poids mort considérable de la batterie nécessaire, qui dépasse parfois 50 o/o du poids du véhicule; dans le rendement médiocre des accumulateurs qui consomment une importante quantité de l'énergie utilisée pour la double transformation de l'énergie électrique en énergie chimique, puis de cette énergie chimique en énergie électrique; dans l'usure relativement rapide des plaques des accumulateurs, principalement des plaques positives sous l'action des à-coups dus aux fréquents démarrages et des chocs inévitables d'un véhicule en marche; enfin, dans les précautions à prendre pour le rechargement de la batterie. Comme on le voit, les inconvénients des tramways à accumulateurs résident uniquement dans les accumulateurs actuellement utilisés et disparaîtraient presque tous si l'on arrivait à résoudre cette grosse et si importante question d'un accumulateur relativement léger et durable.

Les voitures automotrices de tramways à accumulateurs ne présentent rien de particulier dans l'aspect extérieur ; les accumulateurs sont ordinairement placés sous les banquettes ou entre les essieux ; mais, dans ce dernier cas et afin de permettre la facile inscription des véhicules dans les courbes, il est avantageux de disposer la caisse de la voiture sur deux bogies indépendants, comme l'indique la figure 253 représentant une voiture à accumulateurs Siemens et Halske ; cette dernière disposition donne un espace suffisamment grand au centre de la voiture pour recevoir la caisse contenant les accumulateurs, tout en laissant au véhicule une grande souplesse.

La charge de la batterie d'accumulateurs peut s'effectuer de deux manières différentes : soit en remplaçant la batterie épuisée par une batterie rechargée, soit en rechargeant directement la batterie sur la voiture même. Le premier moyen présente l'avantage de la rapidité, le changement de batteries pouvant s'effectuer en quelques minutes ; mais il a l'inconvénient d'exiger la manutention d'appareils très lourds et que les chocs contribuent à détériorer. La seconde solution est beaucoup plus avantageuse, puisqu'elle dispense de tout déplacement des éléments et ramène les manipulations à la réunion par un câble souple des prises de courant placées d'une part sur les voitures et d'autre part sur la canalisation de charge ; toutefois, elle a l'inconvénient

Fig. 253. — Voiture automotrice à bogies et accumulateurs, système Siemens et Halske.

d'immobiliser les véhicules pendant tout le temps que dure la charge ; cette dernière objection est pourtant fortement atténuée par l'emploi d'accumulateurs à charge très rapide et l'utilisation des périodes de stationnements forcés aux têtes de ligne pour le rechargement.

La Compagnie des Tramways de Paris et du Département de la Seine, qui exploite les différentes lignes de tramways à accumulateurs de Paris et qui employait d'abord le premier procédé de rechargement, vient de se rallier au second système, qui est utilisé dans la nouvelle ligne de tramways de Paris-Madeleine à Courbevoie ; cette installation, réalisée par la Société Industrielle de Moteurs électriques et à vapeur, est donc particulièrement intéressante et nous allons la rapidement décrire, tout en regrettant de ne pouvoir accompagner cette description de quelques gravures, les photographies s'y rapportant nous étant parvenues trop tard pour que nous ayons pu en faire exécuter les gravures typographiques ; nous comptons d'ailleurs revenir sur cette très intéressante installation dans l'année 1898 de notre ouvrage lorsqu'un fonctionnement régulier aura expérimentalement démontré ses qualités.

Tramways à accumulateurs de Paris à Courbevoie. — L'installation de cette intéressante ligne de tramways a été réalisée, comme nous venons de le dire, par la Société Industrielle de Moteurs électriques et à vapeur, et les accumulateurs employés sont du type Tudor. L'usine de charge est située à Puteaux, sur les bords de la Seine ; elle comprend trois moteurs à vapeur du type Willans à triple expansion de 200 chevaux chacun, directement accouplés à trois dynamos Brown à quatre pôles donnant 200 ampères sous 600 à 660 volts à la vitesse normale de 460 tours par minute. Des feeders formés de câbles placés en terre et constitués d'une âme de cuivre isolée au moyen de jutes et d'un ruban isolant, entourée d'une double gaine de plomb et protégée par une armature de feuillard, relient l'usine génératrice aux trois têtes de ligne où s'effectue le rechargement des batteries des voitures automotrices.

L'appareil de prise de courant placé en ces endroits ressemble extérieurement à un avertisseur d'incendie et est formé d'une colonne ornementée de fonte supportant une boîte contenant la prise de courant et l'indicateur de fin de charge; un câble souple permet de relier la voiture contenant la batterie à recharger à la prise de courant; afin de rendre matériellement impossible toute erreur de pôles, les broches de prise de courant ont une forme spéciale en croix pour le pôle positif et simplement plate pour le pôle négatif, et ne peuvent ainsi pénétrer que dans l'encoche de même forme qui leur est destinée.

Afin de pouvoir employer un personnel inexpérimenté et formé des anciens cochers de la Compagnie, on a muni les postes de rechargement d'un appareil automatique indiquant le moment où, la charge étant terminée, on peut retirer les connexions. Cet appareil est constitué par deux solénoïdes agissant en sens inverse sur une même armature; l'un d'eux à gros fil est traversé par le courant de charge et l'autre à fil fin par une dérivation branchée sur la batterie; tant que le courant de charge est assez puissant, l'action du solénoïde à gros fil l'emporte; mais, dès que la force contre-électromotrice des accumulateurs atteint une certaine valeur, le courant de charge diminue suffisamment pour laisser la prédominance à l'action attractive du solénoïde à fil fin, qui attire l'armature et ferme le circuit d'une sonnette qui annonce la fin de la charge.

Chaque voiture reçoit une batterie de 200 accumulateurs Tudor de 8 centimètres d'épaisseur sur 23 de longueur et 34 de hauteur, pesant 18 kilogrammes, soit en tout 3,600 kilogrammes; chaque élément contient 5 plaques, dont 3 négatives et 2 positives, contenues dans un vase d'ébonite; les accumulateurs sont placés à poste fixe sous les banquettes en quatre rangées de 50 éléments. Ces accumulateurs sont à charge rapide et, après chaque voyage, aller et retour, il suffit de relier la voiture à la borne de charge pour recharger la batterie d'accumulateurs et remettre la voiture en état de faire un nouveau voyage; le temps de charge n'étant que de 10 à 12 minutes, on voit que la période de stationnement des voitures n'est pas exagérée et non supérieure à celle de bien des tramways où elle n'est pas rendue obligatoire par le mode de traction et simplement nécessité pour la régularité du service.

Afin d'éviter toute erreur et de rendre impossible la mise en marche de la voiture lorsqu'elle est en charge, les conducteurs partant de la batterie aboutissent à un commutateur qui peut établir la connexion soit avec le contrôleur de mise en marche, soit avec la prise de courant pour la charge, de telle sorte que, lorsque la batterie est en charge, le courant ne peut avoir accès au contrôleur et par suite aux moteurs; la manœuvre de ce commutateur pour la mise en charge provoque en même temps la mise en circuit de deux petits moteurs actionnant des ventilateurs qui produisent un énergique courant d'air dans les caisses contenant les éléments, de manière à éviter toute accumulation dangereuse de gaz détonants produite surtout à la fin de la charge par l'électrolyse du liquide acide contenu dans les vases.

Les éléments d'accumulateurs sont constamment, pour la charge comme pour la décharge, groupés en tension et le contrôleur règle la marche des moteurs absolument comme dans les tramways alimentés par une prise de courant effectuée sur un conducteur quelconque. Dans l'une de ses positions extrêmes, la manette du contrôleur agit sur 4 freins à corde par l'intermédiaire d'une chaîne s'enroulant sur son axe; en tournant cette manette en sens inverse, on desserre d'abord les freins et l'on amène les contacts au point de repos; puis, on lance le courant dans les deux moteurs couplés en série au travers d'un rhéostat liquide constitué par une électrode de plomb se déplaçant dans un bain de carbonate de soude; la résistance de ce rhéostat diminue de plus en plus à mesure que l'on continue le mouvement de la manette, puis il se trouve bientôt remplacé par un rhéostat métallique qui est ensuite lui-même supprimé, ce qui procure la marche normale; en continuant encore le mouvement de la manette, on diminue le courant traversant les inducteurs et par suite la force contre-électromotrice des moteurs, ce qui a pour résultat d'augmenter l'intensité du courant traversant l'induit et conséquemment la vitesse des moteurs et de la voiture. En tournant la manette en sens inverse, on repasse naturellement par les mêmes phases pour l'arrêt du véhicule; un coupleur spécial permet d'obtenir la marche avant ou arrière et de grouper les moteurs en parallèle pour l'obtention d'une grande vitesse; on peut également renverser, en cas de besoin, le courant dans les moteurs ou mettre ceux-ci en court circuit pour obtenir un arrêt brusque.

Les moteurs, au nombre de deux, sont à quatre pôles et d'une puissance de 25 chevaux chacun; la carcasse est en fonte enveloppant hermétiquement l'appareil et les balais de charbon peuvent être visités par un couvercle mobile; chaque moteur attaque l'un des essieux au moyen d'un seul train d'engrenages baignant dans l'huile. En plus des quatre freins à corde, dont nous avons indiqué plus haut la manœuvre par la manette du contrôleur, il existe une série de freins à sabot agissant sur la jante des roues et pouvant être serrés par une vis actionnée à l'avant ou à l'arrière. Enfin, l'éclairage des voitures est obtenu par une série de 6 lampes montées en tension et branchées sur la batterie; la manœuvre du commutateur de charge, dont nous avons déjà parlé, produit également la mise en circuit de deux nouvelles lampes dont le but est d'éviter qu'une tension trop élevée ne brûle les lampes à ce moment. Si le filament de l'une quelconque des lampes venait à se rompre, il est évident qu'il en résulterait une extinction totale; mais un petit commutateur spécial permet, dans ce cas, de brancher les lampes des fanaux avant et arrière sur 40 éléments et de continuer ainsi la marche sans danger. Un commutateur double spécial permet également de n'utiliser que les accumulateurs placés sous l'une des banquettes en cas d'avarie à l'autre demi-batterie.

Comme on le voit, cette installation a été étudiée dans ses moindres détails pour donner un fonctionnement parfait et à l'abri de toute chance d'arrêt; elle supprime entièrement une des principales objections que l'on pouvait faire aux tramways à accumulateurs, c'est-à-dire la difficulté de manutention des batteries ou l'immobilisation du matériel pendant une importante période lorsque le rechargement se faisait sur la voiture même; aussi est-ce bien là, à notre avis, dans l'emploi d'accumulateurs à charge rapide se faisant pendant les périodes d'arrêt forcé aux têtes de ligne, que se trouve la plus rationnelle solution du problème de la traction électrique des tramways par les accumulateurs.

La nouvelle ligne constitue donc, sans aucun doute, la plus parfaite des installations de ce genre fonctionnant actuellement au point de vue de l'économie de marche et de la facilité de conduite, et il sera des plus intéressants de suivre son exploitation, qui donnera les meilleures indications au sujet de la traction par accumulateurs.

TRAMWAYS ÉLECTRIQUES MIXTES. — Dans de nombreux cas, il est particulièrement avantageux d'avoir recours pour l'établissement d'une ligne de tramways électriques à un système mixte permettant de surmonter, le plus économiquement possible, toutes les difficultés qui peuvent se présenter. C'est ainsi que, dans de nombreuses villes, on ne veut entendre parler à tout prix de l'établissement d'un conducteur aérien qui, au dire des habitants, détruirait les beautés souvent absentes de leur chère ville, et ce fil de Damoclès suspendu au-dessus des têtes des piétons et qui, d'après certains intéressés, menace à chaque pas de les foudroyer est encore une cause de terreur pour beaucoup; au dehors des villes, au contraire, on ne voit en général aucun inconvénient dans l'emploi de la canalisation aérienne; or, comme cette dernière constitue incontestablement le système le plus pratique, il y a avantage à l'employer où l'on peut.

On pourra donc ordinairement établir le conducteur aérien dans les faubourgs et la banlieue, et continuer la ligne de pénétration dans les villes par un autre système, à canalisation souterraine en caniveau ou à contacts séparés au niveau du sol; comme nous le verrons plus loin, cette solution a été appliquée, par la maison Siemens et Halske, à Berlin où une ligne est établie extra-muros par conducteurs aériens et intra-muros par conducteurs souterrains en caniveau.

On pourra également, comme l'a essayé la Société des Tramways de Hanovre, utiliser dans les parties de la voie munie d'une canalisation aérienne le courant non seulement à la traction directe des voitures automotrices, mais encore et en même temps à la charge d'une légère batterie d'accumulateurs qui fournira le courant nécessaire à l'alimentation des électromoteurs dans des portions de la ligne totalement dépourvues de canalisation. Cette dernière solution nous paraît excellente et susceptible de donner, dans de nombreux cas, des résultats parfaits; en effet, les accumulateurs employés de cette façon n'ont plus tous les inconvénients que nous avons indiqués plus haut; ils peuvent être d'un poids relativement faible en rapport avec la longueur du parcours durant lequel ils doivent alimenter les moteurs; ils ne nécessitent plus le retour à l'usine pour leur rechargement et l'immobilisation du véhicule pendant le temps que durent la charge ou les manœuvres de remplacement de la batterie épuisée par une batterie rechargée; de plus, la charge des accumulateurs disposés sur les voitures permet de régulariser la dépense de courant et par suite la régularité de marche des appareils générateurs, qui sont en partie soulagés des surcharges et décharges dues aux démarrages et arrêts successifs des différents véhicules automoteurs; on peut, en effet, employer en même temps les accumulateurs comme volants régulateurs absorbant ou fournissant de l'énergie électrique, suivant les cas.

Dans l'établissement d'une ligne de tramways à canalisation aérienne, on pourra également, en employant un système mixte de traction par l'une ou l'autre des deux solutions que nous venons d'indiquer, supprimer le conducteur aérien là où il est particulièrement disgracieux, c'est-à-dire pour le passage des courbes et des places; mais il est évident que cela amène fatalement certaines complications qu'il serait pratiquement préférable d'éviter.

Comme exemple de tramways électriques mixtes, nous allons décrire, pour finir, la très intéressante installation réalisée depuis peu, à Berlin, par la maison Siemens et Halske.

Tramways électriques mixtes Siemens et Halske, de Berlin. — Pendant l'année 1896, la maison Siemens et Halske a construit à Berlin une ligne de tramways électriques mixtes allant de la Behrenstrasse à Treptow et comportant dans l'intérieur de la ville, de la Behrenstrasse à la Hollmannstrasse, un tronçon à canalisation souterraine en caniveau établi à peu près sur le même système que le réseau de Budapest, mais comprenant

Fig. 204. — Tramways électriques mixtes Siemens et Halske, de Berlin. — Vue de la ligne aérienne prise sur la route de Kopenicker.

Fig. 255. — Tramways électriques mixtes Siemens et Halske, de Berlin. — Construction de la ligne à canalisation souterraine dans l'intérieur de la ville. — Vue prise en mai 1896 au coin de la Schützenstrasse et de la Mauerstrasse.

quelques notables modifications et perfectionnements; à l'extérieur de la ville, la ligne est, au contraire, établie à conducteur aérien et prise de courant par archet.

La section à conducteurs aériens, dont la figure 254 représente une vue prise sur la route de Kopenicker, a une longueur de 7^{km},2; le conducteur aérien est constitué par un fil de cuivre de 8 millimètres de diamètre suspendu à 5^m,50 au-dessus de la voie et soutenu suivant les endroits par des fils transversaux d'acier ou des poteaux à consoles. Aux points où les conducteurs télégraphiques ou téléphoniques croisent la canalisation aérienne du tramway, on a établi un réseau de fils protecteurs empêchant tout contact accidentel en cas de rupture du conducteur supérieur.

La section à conducteurs souterrains en caniveau a une longueur de 2^{km},1; le caniveau, établi de la même façon que celui utilisé à Budapest, est un peu plus grand et présente une hauteur de 44 centimètres et une largeur de 34 centimètres; tous les 1^m,25, sont disposées des chaises de fonte de 16 centimètres de large et 60 centimètres de haut qui supportent le rail double formant rainure de 30 millimètres d'ouverture par où passe la prise de courant supportée par les voitures automotrices; les parties intermédiaires entre les chaises de fonte sont construites en béton qui forme une assise commençant à 76 centimètres du bord supérieur des rails. Des réservoirs latéraux sont construits de distance en distance pour permettre l'écoulement dans les égouts de l'eau et de la boue qui ont pu pénétrer par la rainure. Les conducteurs souterrains, dont l'un sert à l'arrivée et l'autre au retour du courant, sont constitués par des fers en T fixés aux deux parois du canal par des isolateurs spéciaux placés toutes les deux bornes et par suite espacés de 2^m,50; les conducteurs ne peuvent être ni vus ni touchés par la fente et sont établis de telle sorte que l'eau y pénétrant peut s'écouler dans le fond du caniveau sans les mouiller; tous les 2^m,50, sont ménagées des ouvertures formées de caisses de fonte permettant l'examen et la réparation des conducteurs et de leurs isolateurs; tous ces détails sont d'ailleurs parfaitement visibles sur notre figure 255 représentant une partie de la ligne souterraine en construction au mois de mai 1896, au coin de la Schützenstrasse et de la Mauerstrasse.

Lorsque les voitures automotrices passent de la section de la ligne à canalisation souterraine en caniveau à la section pourvue de conducteurs aériens, l'appareil de prise de courant sur le conducteur souterrain sort automatiquement du caniveau en glissant sur un rail spécial incliné terminant le caniveau, tandis que l'archet se redresse et vient s'appliquer sur le conducteur aérien; les mêmes manœuvres se reproduisent inversement lors du passage des véhicules automoteurs de la ligne aérienne à la ligne souterraine; on ne perd ainsi aucun temps à la jonction des deux lignes pour la mise en fonction de l'une ou l'autre prise de courant.

Comme on le voit par cet exemple, ce mode mixte de traction peut convenir à de nombreux cas et il permet de contenter tout le monde en profitant, en dehors des villes, sur la plus grande longueur des parcours, des avantages que présente la traction par canalisation aérienne et en ne retirant pas tout l'air, la lumière et la beauté des villes par la suspension au-dessus des rues d'un simple fil de quelques millimètres de diamètre!

CHAPITRE TROISIÈME

TRACTION MÉCANIQUE DES VOITURES. — Avant d'être employées à la traction sur voie ferrée, les machines motrices furent appliquées, sans grands résultats pratiques il est vrai, à la traction des véhicules terrestres sur route ordinaire; on sait, en effet, que la première voiture automobile qui fut construite et fonctionna réellement est le fardier à vapeur de Cugnot, qui figure encore aujourd'hui au Conservatoire des Arts et Métiers, à Paris. Toutefois, l'extension considérable que prit la traction mécanique sur voie ferrée laissa pendant bien longtemps loin derrière elle la traction mécanique des voitures ordinaires qui, jusqu'en ces tout derniers temps, ne donna guère lieu qu'à quelques essais isolés; mais, depuis quelques années et grâce surtout aux moteurs à pétrole, les voitures automobiles prennent un très notable et très rapide développement.

Sans aucun doute cet heureux développement ira sans cesse en s'accélérant, quoi que peuvent en dire certains routiniers qui regardent encore d'un air dédaigneux les voitures automobiles qui, à leurs yeux, sont laides et disgracieuses, et ne présentent pas l'esthétique de nos vieux fiacres remorqués à grand'peine par un maigre cheval. C'est ainsi que certains cerveaux humains, possédant une antique conformation héréditairement transmise d'un ancêtre reculé et quasi simiesque, sont encore à tel point encroûtés par un stupide esprit de routine qu'ils ne peuvent s'acclimater à toute nouveauté; pour eux, tout ce qui est nouveau les choque, les blesse et les froisse par ce simple fait que c'est nouveau et qu'ils sont inaptes à s'y brusquement accoutumer; puis, lorsque la chose, une fois admise et partout employée, s'est enfin gravée dans leur lent cerveau, ils s'y rallient forcément, sans toutefois être corrigés par l'expérience de leur esprit routinier qui n'attend que la prochaine invention pour se manifester à nouveau; toujours, en un mot, ils se prononcent pour un stupide *statu quo* et n'admettent que ce qui, malgré leurs efforts réactionnaires, devient une chose établie. Cet épouvantable esprit de routine est une des plus puissantes barrières opposées au progrès et conduit parfois à la mise en vigueur de règlements aussi monstrueusement ridicules que cette loi anglaise abolie seulement depuis quelques mois et qui obligeait toute voiture automobile à se faire précéder d'un homme marchant au pas et portant un drapeau rouge pour annoncer le passage de la terrible machine et permettre à chacun de se garer!!!

Le principal reproche fait aux voitures automobiles, reproche que l'on entend rabâcher de toutes parts, est la laideur et le manque d'esthétique des nouveaux véhicules à qui il semble, paraît-il, manquer quelque chose; on a toujours tendance, suivant certains, à y chercher le cheval absent. Ce reproche puéril est, à notre avis, sans aucune importance; pour nous, la vue d'une automobile nous produit toujours une impression agréable et, si nous y cherchons quelque chose, c'est une chose réelle et présentant le plus grand intérêt : le moteur utilisé; lorsque nous pensons au cheval, c'est pour nous féliciter de ne le pas voir. Ce reproche de laideur est, d'ailleurs, assez peu justifié et l'on pourra voir, par les nombreuses gravures reproduites plus loin, que l'on construit déjà de très élégantes et gracieuses automobiles et, comme naturellement il est toujours préférable d'allier, lorsque la chose est possible, le beau au pratique, personne ne s'en plaindra; mais fussent-elles horribles, les automobiles étant plus pratiques seraient encore infiniment supérieures au plus gracieux des attelages et il n'y aurait pour nous aucune hésitation à leur donner la palme.

Quant à l'absence du cheval qui semble choquer tant de personnes, rien n'est plus naturel que des cerveaux dans lesquels s'est profondément gravée l'image du cheval remorquant nos véhicules ne puissent s'acclimater immédiatement à cette suppression du tracteur animé; mais ce n'est là qu'une impression passagère, accentuée par la mauvaise tendance des constructeurs à adopter les anciennes formes de voitures au lieu de se laisser uniquement guider par des considérations pratiques; il est donc évident que nous ne tarderons pas à ne plus entendre cette rasante question de « Où est le cheval? » qui sera remplacée par celle-ci plus intelligente : « Où est le moteur et quel est-il? » C'est à cette dernière que nous répondrons dans cette partie de notre ouvrage.

Quoi qu'il en soit, nous croyons pouvoir dire sans peur de nous tromper que la rapidité de transformation des voitures attelées en voitures automobiles nous paraît devoir être si rapide qu'en moins de vingt ans la proportion de ces deux genres de véhicules sera renversée et que les automobiles seront majorité dans les pays civilisés, pour ne pas tarder à devenir totalité; et ce sera alors avec la curiosité que l'on met aujourd'hui à regarder les automobiles, encore relativement rares, que l'on verra circuler les derniers spécimens de l'antique et barbare traction animale. Ce temps n'est pas loin où, pour bien caractériser l'état de barbarie et de sauvagerie d'un peuple, on dira : « Il emploie encore des animaux pour la traction de ses véhicules. »

On pouvait, en effet, comprendre la domestication des chevaux et leur asservissement à traîner nos voitures lorsque nous ne connaissions pas d'autres moyens de traction; mais maintenant que la vapeur, le pétrole et l'électricité se disputent l'honneur de remplacer très avantageusement les chevaux, cette antique et barbare coutume devient tout à fait hors de saison et ne peut tarder à disparaître complètement.

Les chevaux, ce moteur si sale, si encombrant, si délicat, si capricieux, d'une conduite si difficile et si incertaine, ne tarderont donc plus à ne trouver aucun débouché pour l'utilisation de leur force de travail et ces pauvres bêtes élevées par l'homme pour le servir seront émancipées de leurs travaux séculaires par la machine; émancipation naturellement plus que fictive et qui n'aura pour eux d'autre issue que la boucherie.

Mais n'est-ce pas la loi naturelle que l'animal disparaisse devant l'homme et lui cède la place? Cette loi de la survivance du plus apte, qui a guidé les débuts du développement de la vie animale sur notre globe, s'y répercutera jusqu'au moment où tous les animaux n'ayant plus pour l'homme aucune utilité ni aucun attrait, la synthèse chimique des matières alimentaires rendant leur viande inutile et les machines motrices ne laissant plus aucun débouché à leur force musculaire, tous disparaîtront du globe, sauf peut-être quelques spécimens de chaque espèce que l'homme gardera dans ses muséums pour satisfaire sa curiosité, éclairer sa science et lui montrer les échelons de l'échelle animale que ses ascendants ont lentement gravis pour le créer de toutes pièces; ces descendants dégénérés d'espèces disparues, plus heureux que leurs ancêtres, seront ainsi choyés et soignés avec sollicitude jusqu'au jour où le scapel du vivisecteur viendra leur rappeler leur origine inférieure!

*
*

Aussitôt après la découverte de la machine à vapeur, il vint à l'idée de plusieurs inventeurs d'employer la nouvelle force motrice à actionner des véhicules terrestres et, dès 1759, le D' Robison en formait le projet resté irréalisé; comme nous l'avons vu plus haut, ce n'est guère que Cugnot, en 1770, qui réalisa pratiquement la première voiture à vapeur; en 1800, une voiture semblable, construite par Olivier Evans, circula dans les rues de Philadelphie; en l'année 1803, Richard Trevithick réalisa une voiture à moteur à vapeur qui fonctionna d'une façon assez satisfaisante, comme l'amusante anecdote suivante, que nous extrayons de l'intéressant ouvrage *Les Chemins de Fer*, de M. Gossin, semble le prouver : « En se rendant de Camborne à Plymouth dans sa voiture, Trevithick arriva devant une barrière où l'on percevait un péage ; il s'arrête et demande au gardien le prix du passage ; mais celui-ci, effrayé à la vue d'une semblable machine marchant seule en vomissant des tourbillons de vapeur et ne sachant quelle puissance surnaturelle se trouvait devant lui, s'écria : « Rien, rien pour vous, monsieur le diable, passez vite ! » Il n'existe plus guère aujourd'hui de barrières à péage et les automobiles ne produisent plus une telle frayeur dans nos pays à demi civilisés ; mais combien de gens ne se montrent guère plus intelligents que ce pauvre gardien en combattant tous les progrès et toutes les nouveautés ; les législateurs anglais, et nous n'avons rien à envier aux Anglais à ce sujet, qui firent la merveilleuse loi du drapeau rouge citée plus haut et qui mirent si longtemps à l'abolir, l'emportent certainement et de beaucoup en stupidité sur le gardien du pont de la route de Plymouth ; lui, au moins, ouvrait gratuitement la route aux automobiles ; eux, au contraire, apportèrent des entraves rendant matériellement impossible leur développement.

En 1804, Richard Trevithick construisit une nouvelle machine destinée à marcher sur rails et, depuis cette époque, tous les efforts des inventeurs se portèrent vers la solution de la traction mécanique sur voie ferrée qui, malgré des progrès assez rapides, mit de longues années à s'implanter et ne prit un véritable développement que vers la moitié de notre siècle.

Toutefois, plusieurs locomotives routières furent successivement construites et il serait encore bien long d'en faire une énumération complète ; mais ce n'est que depuis quelques années qu'un développement réellement pratique des automobiles a pu s'effectuer.

C'est surtout en France que ce développement a été rapide, grâce d'une part aux différentes courses d'automobiles qui provoquèrent chez les constructeurs une grande émulation et d'autre part à l'absence d'entraves apportées par des lois et des règlements ridicules, comme, par exemple, la loi anglaise du drapeau rouge qui formait, naturellement, une barrière infranchissable au développement de la locomotion automobile et n'est abolie que depuis le 14 novembre 1896 ; l'Angleterre, qui, par ce fait, était restée très en retard au sujet de l'automobilisme, est en passe de regagner le temps perdu et vient ajouter ses importantes forces aux autres nations pour la rapide extension de cette importante question.

Actuellement, les machines motrices pratiquement utilisées à la traction des voitures sur route ordinaire ne sont guère qu'au nombre de trois : les moteurs à vapeur, à pétrole et électriques ; d'autres ont été évidemment proposés et même essayés, comme les moteurs à air comprimé, à acide carbonique liquéfié, à acétylène, à gaz hydrogène et oxygène provenant de l'électrolyse de l'eau, etc. ; mais aucun de ces derniers n'a donné de résultats suffisamment satisfaisants pour que nous en parlions ici. Nous n'examinerons donc successivement que les voitures à vapeur, à pétrole et électriques.

Comme nous l'avons déjà dit plus haut, ce sont incontestablement jusqu'ici les moteurs à pétrole qui ont donné pour la locomotion sur route ordinaire les meilleurs résultats et c'est grâce à eux qu'ont été réalisés les nombreux progrès que nous avons à enregistrer ; nous dirons même que c'est le développement des voitures à pétrole qui a donné

Fig. 256. — Cylindre compresseur automobile à vapeur à moteur compound. — Système Burrell.

un regain d'actualité aux voitures à vapeur et avancé le développement des voitures électriques; c'est donc bien le pétrole qui jusqu'ici est le triomphateur de l'automobilisme.

AUTOMOBILES A VAPEUR. — Si la vapeur ne peut lutter avec le pétrole pour la traction des petites voitures, elle regagne certains avantages lorsque la grandeur et le poids des véhicules deviennent plus considérables; pour la traction des grands omnibus, elle présente même une réelle supériorité.

Le poids des moteurs à vapeur, de leur chaudière et surtout de l'approvisionnement d'eau et de combustible nécessaires à une marche d'une longueur suffisante est, en effet, le principal inconvénient des moteurs à vapeur, et, lorsque le grand poids du véhicule rend indifférente ou du moins peu importante l'augmentation du poids du moteur, il est évident que cet inconvénient s'atténue, tandis que subsistent les avantages des moteurs à vapeur, c'est-à-dire une grande régularité et douceur de marche et une vitesse très variable, facilement réglable.

Ces considérations expliquent pourquoi les premiers véhicules automobiles à vapeur qui purent être pratiquement utilisés et remplirent parfaitement leur service sont les cylindres compresseurs chargés de tasser l'empierrement des routes et qui doivent justement pour l'emploi qu'ils remplissent être très lourds; il est évident que c'est la vapeur qui convient le mieux à leur propulsion et est, dans ce cas, de beaucoup supérieure au pétrole. La figure 256 représente un de ces cylindres compresseurs système Burrell, de construction anglaise, introduit en France par M. Ludt et présentant un certain nombre d'intéressants perfectionnements; son moteur est compound, ce qui, tout en économisant l'eau et le charbon, atténue le bruit d'échappement que produit la vapeur rejetée à haute pression dans l'atmosphère; la commande des roues motrices s'effectue par une transmission à chaîne et la direction est obtenue, comme l'indique clairement notre gravure, par un volant agissant par une vis sans fin sur une roue dentée hélicoïdale, calée sur un arbre sur lequel peuvent s'enrouler en sens inverse deux chaînes reliées aux deux extrémités du cylindre directeur d'avant.

Mais ces cylindres compresseurs constituent naturellement un cas extrême et il est évident que, à mesure que le véhicule à entraîner est plus léger, la vapeur perd de ses avantages et cède le pas au pétrole; aussi, toutes les voitures à vapeur qui ont été créées ont successivement disparu et seules les voitures contenant un grand nombre de places, comme les grands breaks et les omnibus, restent actuellement employées; nous ne décrirons donc ici que les automobiles à vapeur Le Blant et Weidknecht qui rentrent dans cette catégorie.

Voitures à vapeur Le Blant. — Ces voitures, construites par la Société Anonyme Franco-Belge, sont toutes destinées à faire de gros transports, soit de marchandises, soit de voyageurs en commun avec bagages ; elles se divisent en deux catégories : les voitures automobiles proprement dites pouvant au besoin remorquer une autre voiture ordinaire, et les tracteurs, sorte de locomotive routière, destinés aux longs parcours et traînant un ou plusieurs véhicules indépendants contenant soit les voyageurs, soit les marchandises, soit les deux, suivant leur aménagement. Notre figure 257 montre ainsi un tracteur à vapeur Le Blant remorquant une voiture à voyageurs.

Nous laissons de côté les voitures remorquées qui ne présentent que peu d'intérêt au point de vue qui nous occupe, et passons immédiatement à la description des organes principaux contenus dans les automobiles ou les tracteurs et destinés à obtenir le mouvement de propulsion.

Ces organes sont les mêmes dans les deux genres de véhicules et ne diffèrent que par leur agencement ; dans l'automobile on a dû, par suite du manque de place, les concentrer les uns près des autres, tandis que dans le tracteur, disposant de toute la place nécessaire, on a surtout visé la commodité de visite, de nettoyage, de graissage, etc., des organes, de façon à réduire autant que possible la fatigue de l'homme employé à la conduite du train.

Les organes principaux sont au nombre de deux : un générateur à vapeur sèche et un moteur à vapeur à deux cylindres à vitesse très lente. Le tout est accompagné de soutes à charbon, bâches à eau, appareil de mise en marche, boîtes à outils, etc.

La caractéristique de la chaudière Le Blant est d'être à vaporisation rapide et de ne contenir de l'eau qu'en fonctionnement ; à l'arrêt, la chaudière est vide et par conséquent ne présente aucun danger d'explosion ; elle ne comporte par suite aucun des appareils de sûreté prescrits pour les générateurs ordinaires, ni soupapes de sûreté, ni niveau d'eau. Elle se compose de tubes

Fig. 257. — Tracteur à vapeur de M. Le Blant remorquant une voiture à voyageurs.

d'acier cylindriques de fortes épaisseurs, formant un circuit fermé partant de la bâche à eau, traversant le foyer et aboutissant au moteur ; une pompe envoie de l'eau dans ce circuit pour remplacer la quantité d'eau dépensée à chaque tour par le moteur. On règle l'admission d'eau au moyen d'une soupape que l'on ouvre plus ou moins et qui permet à l'eau refoulée par la pompe en quantité constante de se rendre en partie ou en totalité dans le circuit, le surplus retournant à la bâche ; la pompe est actionnée par le moteur. Une pompe à main permet la mise en marche. La vapeur ainsi produite est considérablement surchauffée ; sèche et invisible, elle permet la circulation dans les lieux habités sans panache de vapeur, même par les temps les plus froids ; aussi ces voitures sont-elles autorisées à circuler dans Paris. L'économie de charbon réalisée par le surchauffage de la vapeur est trop connue pour que nous insistions sur ce point.

Le moteur est d'un type unique, donnant 60 chevaux-vapeur à 200 tours et à 10 kilogrammes de pression. Cette puissance considérable permet d'admettre très peu, et par conséquent de détendre énormément ; on marche en effet, grâce à cette puissance, à 12 o/o d'admission, le moteur conservant encore une force suffisante pour maintenir le train à la vitesse désirée. La distribution Walschaert employée permet de faibles admissions, tout en conservant les diagrammes réguliers, et a par conséquent dispensé des appareils nombreux, et par suite difficiles à entretenir, des machines compound, tout en permettant de détendre autant qu'avec ce dernier genre de machines.

De cet ordre de marche et des propriétés de la chaudière résultent les effets suivants : lorsque, par suite d'une rampe ou d'un empierrement, le train ralentit sa marche à cause du surcroît de travail moteur demandé à la machine, il est indispensable de reprendre immédiatement la vitesse réglementaire. Les moyens utilisés pour cela sont au nombre de deux :

Le premier est automatique ; la machine ralentissant, la vapeur et l'eau envoyées par la pompe séjournent plus longtemps dans la chaudière et par suite augmentent de température en se rapprochant de celle du circuit métallique ; il en résulte une augmentation de pression extrêmement rapide, accusée d'ailleurs par les bonds de l'aiguille du manomètre, et l'équilibre tend à se faire entre le travail résistant et le travail moteur, c'est-à-dire que la voiture tend à reprendre sa vitesse normale. Mais ce moyen est forcément limité ; car, une fois que la vapeur sèche aura pris la température du circuit, sa pression n'augmentera plus, si l'on n'envoie pas d'eau en plus grande quantité, et il se peut alors que le train marche encore trop lentement.

Fig. 258. — Break à vapeur à 12 places de M. Maurice Le Blant.

On usera alors du deuxième moyen : le mécanicien, en bougeant son levier de changement de marche, augmentera son admission et par suite le travail moteur. La voiture reprendra donc sa vitesse et la violence de l'échappement, envoyant une plus grande quantité de vapeur et à une plus grande pression, puisqu'il y a moins de détente, dans la cheminée, permettra une combustion plus active dans le foyer, ce qui rétablira l'état de régime.

En dehors de ces deux organes principaux, il y a à citer le mécanisme différentiel permettant une vitesse de rotation différente aux roues motrices pour le passage dans les courbes, et enfin l'appareil de direction Le Blant, composé d'une roue dentée fixée à l'avant-train et commandée par un pignon mû à la main à l'aide d'un volant par le mécanicien. Cette direction absolument symétrique permet de suivre une ligne mathématiquement sans embardées, et est de plus excessivement solide.

La figure 258 représente un break à vapeur à 12 places, système Maurice Le Blant, qui a été primé au premier concours de voitures automobiles organisé par le *Petit Journal* en juillet 1894 ; comme on le voit par notre gravure, la chaudière et le moteur sont parfaitement dissimulés sous la voiture et très peu visibles.

Omnibus à vapeur Weidknecht. — Cet omnibus, principalement destiné à desservir les petites localités ne possédant encore ni chemin de fer ni tramways et qui pourra

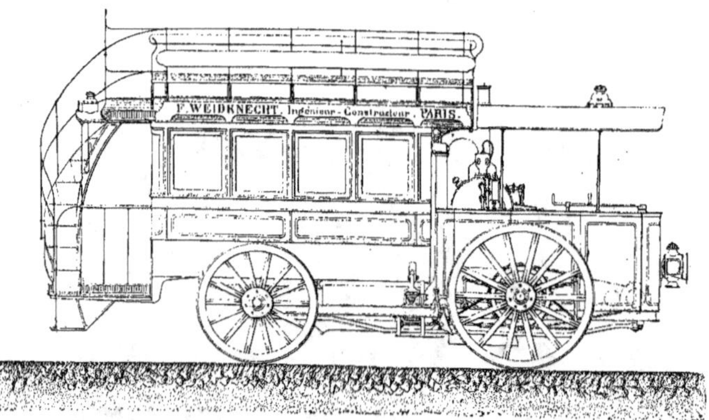

Fig. 259. — Omnibus à vapeur F. Weidknecht. — Élévation.

dans ce cas rendre les plus grands services, est représenté en élévation et en plan par nos figures 259 et 260, tandis que la figure 261 montre une reproduction phototypographique du dernier modèle construit à impériale couverte.

Comme on le voit par ces gravures, l'ensemble de la voiture ressemble beaucoup à un des omnibus circulant à Paris dans lequel l'avant-train aurait été enlevé et remplacé par le tracteur contenant toute la partie mécanique ; toutefois, contrairement à ce qu'on a l'habitude de voir, les plus

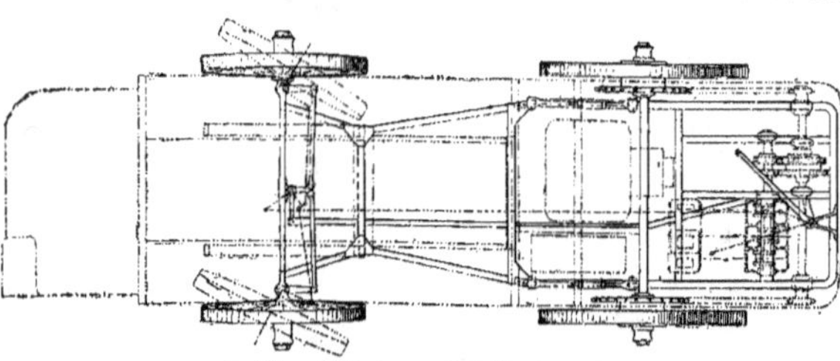

Fig. 260. — Omnibus à vapeur F. Weidknecht. — Plan.

grandes roues, d'un diamètre de 1^m,60, qui sont motrices, sont placées à l'avant et supportent tout le poids de la machine, ce qui augmente l'adhérence, tandis que les plus petites, qui sont directrices, sont placées à l'arrière ; ces roues sont construites suivant le type adopté pour l'artillerie de campagne, avec jante et rais en bois et moyeu métallique.

La chaudière, placée à l'arrière de la plate-forme d'avant, est verticale du type multi-tubulaire à foyer intérieur et feu continu ; elle est munie d'un surchauffeur de vapeur lui permettant de fournir à volonté la vapeur à l'état de saturation ou de surchauffe ; elle peut, malgré son faible volume, vaporiser 350 kilogrammes de vapeur par heure. Afin d'éviter le dégagement de fumée, la chaudière est chauffée au coke et le tirage est activé par l'échappement de la vapeur dans la cheminée.

Fig. 261. — Nouvel omnibus à vapeur F. Weidknecht à impériale couverte.

La chaudière est alimentée par une pompe à débit constant actionnée par le moteur et dont le refoulement dans la chaudière est réglé par une soupape automatique, qui renvoie le surplus de l'eau dans la bâche d'alimentation ; dans les périodes d'arrêt du moteur l'alimentation peut être effectuée par un injecteur Sellers placé à la portée du conducteur.

Le moteur compound à trois cylindres, du système Bourdon, est situé, comme l'indique la figure 260, sous la plate-forme d'avant, à droite et un peu en avant de la chaudière ; il occupe un emplacement très restreint de 75 centimètres de longueur, 60 centimètres de largeur et 35 centimètres de hauteur, et peut développer une puissance de 34 chevaux effectifs sur l'arbre moteur à la vitesse de 300 tours par minute ; ce moteur est à trois cylindres : deux admettent directement la vapeur et ont leurs manivelles calées à 90 degrés, et le troisième, dans lequel se termine la détente de la vapeur après son passage dans les deux autres, est de plus grand volume, et sa manivelle fait un angle de 135 degrés avec chacune des précédentes ; grâce à cette disposition et à la grande période d'admission des petits cylindres, le démarrage peut être obtenu facilement dans toutes les positions, sans que l'on soit obligé d'envoyer directement de la vapeur de la chaudière dans le cylindre détendeur, comme cela se fait fréquemment au démarrage des machines compound à deux ou plusieurs cylindres dont un seul reçoit directement la vapeur en marche normale ; la marche compound peut également être maintenue dans la période de grand travail, ce qui assure un fonctionnement toujours économique.

La transmission du mouvement aux essieux est effectuée par des chaînes au moyen d'un arbre intermédiaire, commandé lui-même par l'arbre moteur au moyen d'une double paire de roues dentées formant changement de vitesse ; ce changement de vitesse permet de faire toujours fonctionner le moteur dans les meilleures conditions voulues pour obtenir une marche économique à grande détente et lui faire donner son maximum de puissance pour la montée des fortes rampes.

Le conducteur a sous la main tous les appareils de commande du moteur et de direction de la voiture, il peut agir sur des freins à corde par une pédale spéciale ; la direction très sensible permet le virage à une vitesse relativement grande et dans un très faible rayon. La vitesse de l'omnibus est d'environ 15 kilomètres à l'heure, et sa consommation par kilomètre, de 4 kilogrammes de coke au maximum et de 20 à 25 litres d'eau ; en bonne route, elle peut même descendre à 18 ou 20 litres d'eau et à 2,5 ou 3 kilogrammes de coke ; dans ces conditions la puissance développée sur l'arbre moteur est d'environ 20 chevaux.

Cet omnibus, très bien étudié et construit, pourra certainement rendre de grands services dans l'exploitation du service d'omnibus reliant les gares de chemins de fer aux localités voisines, pour lesquelles l'importance du trafic ne permet pas l'installation d'une voie ferrée de chemin de fer ou de tramways ; il remplacera très avantageusement les horribles, lentes et incommodes diligences qui se sont perpétuées et existent encore dans de nombreux coins reculés des pays civilisés.

VOITURES AUTOMOBILES A PÉTROLE. — La grande supériorité des moteurs à pétrole pour la traction des voitures légères réside dans le faible poids non seulement du moteur lui-même, mais encore du combustible qui l'alimente et qui sous un poids et un volume très réduits permet d'engendrer une puissance considérable.

C'est ainsi que pour produire une puissance de 1 cheval durant une heure, il suffit de brûler 4 à 500 grammes d'essence de pétrole dans un moteur à explosion, tandis qu'il faut avec un moteur à vapeur utiliser environ 3 kilogrammes de charbon et 18 kilogrammes d'eau, et qu'enfin pour obtenir la même puissance pendant le même temps il faudrait emporter avec un moteur électrique une batterie d'accumulateurs d'au moins 100 kilogrammes ; ces chiffres sont éloquents et démontrent mieux que les plus longs raisonnements la supériorité des moteurs à pétrole pour la propulsion des voitures légères.

On comprend facilement que plus le véhicule à actionner sera léger et plus la route à parcourir sans ravitaillement sera longue, plus les moteurs à pétrole deviendront avantageux : ce qui explique leurs succès dans toutes les courses d'automobiles qui ont été organisées jusqu'ici et dans lesquelles la vitesse et l'endurance étaient les seules conditions à remplir ; avec de telles conditions le pétrole est pour le moment et sera encore, nous le croyons, longtemps indétrônable. Nous verrons au contraire, plus loin, que pour un service journalier, régulier, ne comprenant pas de longs parcours et dans lequel la facilité de conduite du véhicule entrerait en ligne de compte, le pétrole trouvera dans l'électricité un redoutable concurrent ; de même nous avons déjà vu que, pour la traction à courte distance de véhicules très lourds, la vapeur pouvait présenter une certaine supériorité sur le pétrole.

Il est bon de bien faire remarquer que jusqu'à maintenant on n'a guère employé pour la traction des voitures que des moteurs à essence de pétrole ou gazoline, et non des moteurs à pétrole lampant ; nous avons indiqué, dans notre partie sur les machines motrices, les différences existant entre ces deux sortes de moteurs et nous y renvoyons le lecteur ; nous nous contenterons de dire ici que cet emploi exclusif de l'essence légère de pétrole est dû à la plus grande facilité de mise en marche des moteurs qu'elle alimente, à l'odeur moins prononcée et désagréable des gaz de l'échappement, à l'encrassement moins redoutable des organes du moteur, et enfin à la conduite plus facile de ces moteurs ; néanmoins, grâce aux grands progrès qu'ont faits durant ces derniers temps les moteurs à pétrole lampant, et aux avantages qu'ils présentent et qui compensent largement leurs inconvénients : emploi d'un liquide combustible moins inflammable et par suite moins dangereux et économie de fonctionnement, il n'est pas douteux que leur emploi à la traction des automobiles ne présente un certain avenir.

En plus du moteur employé, les principales différences qui existent entre les diverses voitures à pétrole résident dans le mode de transmission du mouvement aux roues motrices et dans le système de changement de vitesse et de marche.

Dans presque toutes les automobiles, les roues motrices sont actionnées par une transmission à chaîne semblable à celles utilisées dans les vélocipèdes, mais naturellement de plus grande dimension ; ce mode de transmission a l'avantage de permettre sans inconvénient une légère oscillation de la caisse de la voiture supportant le moteur et réunie à l'essieu des roues motrices par des ressorts de suspension flexibles ; ces mouvements, qui sont insuffisants pour tendre ou détendre d'une valeur gênante la chaîne, produiraient un engrènement variable et très mauvais des roues dentées, si la transmission était effectuée par un train d'engrenages ; toutefois, les engrenages sont employés dans certaines voitures, par exemple les automobiles Gautier-Wehrlé, dans lesquelles la difficulté qui vient d'être indiquée est ingénieusement tournée par un mode de suspension spécial.

L'arbre intermédiaire portant les pignons de commande des chaînes actionnant les roues motrices reçoit lui-même son mouvement de l'arbre moteur au moyen d'une transmission spéciale formant changement de vitesse et changement de marche ; cette transmission peut en général rentrer dans l'une ou l'autre des trois catégories suivantes : transmission à engrenages, transmission à courroie et transmission à disque et galet de friction.

La transmission à engrenages est ordinairement simplement réalisée, comme dans les voitures Panhard et Levassor et Peugeot, par un certain nombre de roues dentées de différentes grandeurs placées sur deux arbres parallèles et pouvant engrener séparément deux à deux ; cet engrènement est réalisé par un levier que le conducteur a sous la main ; on comprend facilement que, la grandeur des roues de ces trains d'engrenages se trouvant dans des rapports différents, leur changement produit des vitesses de marche différentes ; c'est, en somme, simplement l'adaptation aux automobiles du harnais des tours parallèles à plusieurs vitesses que tout le monde connaît.

Lorsque les différents arbres se trouvent disposés parallèlement aux essieux, on peut placer directement les engrenages de changement de vitesse d'une part sur l'arbre moteur et d'autre part sur l'arbre intermédiaire commandant par chaînes les roues motrices; dans ce cas, le changement de marche peut être obtenu par une roue dentée calée sur un petit arbre secondaire et engrenant pour la marche arrière avec deux roues dentées placées l'une sur l'arbre moteur, l'autre sur l'arbre intermédiaire; ce moyen est employé dans les nouvelles automobiles Peugeot.

Lorsque, au contraire, l'arbre moteur et le premier arbre intermédiaire sont placés dans le sens longitudinal de la voiture, comme dans les automobiles Panhard et Levassor et les premières automobiles Peugeot, il est nécessaire de disposer un second arbre intermédiaire parallèlement aux essieux et par suite perpendiculairement au premier et commandé par lui au moyen d'un train d'engrenages d'angle; on obtient alors le changement de marche en employant deux roues dentées d'angle pouvant se déplacer sur le second arbre intermédiaire, de manière à permettre au conducteur de provoquer à volonté l'engrènement de l'une ou l'autre d'entre elles avec le pignon d'angle fixé sur le premier arbre intermédiaire et d'obtenir ainsi la marche avant ou arrière. Cette seconde disposition permet, mais c'est là un maigre avantage, de faire marche arrière avec l'une ou l'autre des différentes vitesses dont on dispose pour la marche avant, tandis que la première ne donne qu'une seule vitesse pour la marche arrière, le changement de vitesse ne pouvant être utilisé que pour la marche avant comme on le comprendra facilement.

Dans certaines voitures, les automobiles Rossel par exemple, les engrenages sont disposés de tout autre manière; ils sont situés dans une boîte hermétiquement fermée et remplie d'huile sur une série de petits axes portant chacun deux roues dentées et placés entre deux plateaux formant paliers; ces plateaux peuvent recevoir, d'une poignée placée à portée de la main du conducteur, un mouvement de rotation plus ou moins prononcé qui amène l'engrènement de l'une des roues de l'un des petits axes avec une roue fixée sur l'arbre moteur et de l'autre roue du même axe avec une quatrième roue calée sur l'arbre; les rapports des roues des petits axes étant différents, l'engrènement de l'une provoque naturellement un changement de vitesse.

Lorsqu'on emploie une transmission à engrenages, il est indispensable de disposer un embrayage spécial pour la mise en marche, l'arrêt et le changement de vitesse, car il est évident que l'on casserait à coup sûr les dents de ses engrenages si l'on embrayait une roue tournant à grande vitesse avec une autre roue immobile et devant vaincre toute la force d'inertie du véhicule pour se mettre à la même vitesse que la première. Cet embrayage à friction d'un modèle quelconque et différent plus ou moins pour chaque système est ordinairement disposé sur l'arbre moteur, divisé, à cet effet, en deux parties disposées dans le prolongement l'une de l'autre et réunies chacune à l'une des parties de l'embrayage.

La transmission à courroie est ordinairement simplement réalisée, comme dans les voitures Roger, Mors, Trioulcyre, Fisson, etc., par deux tambours de diamètres différents calés sur l'arbre moteur et commandant par courroie deux paires de poulies, dont l'une est folle et l'autre fixe, placées sur l'arbre intermédiaire actionnant les roues motrices par chaînes. Le changement de marche, quand il existe, est ici très simplement réalisé par un troisième tambour commandant une troisième paire de poulies, folle et fixe, par une courroie croisée. Avec ce genre de transmission à courroie, il n'est plus utile d'employer un embrayage supplémentaire quelconque, l'embrayage se faisant très simplement en faisant passer la courroie correspondant à la plus petite vitesse de la poulie folle sur la poulie fixe, le glissement de la courroie rendant très doux le démarrage. On peut encore réaliser une transmission à courroie et changement de vitesse à l'aide de deux tambours coniques disposés en sens inverse sur les deux arbres et reliés par une seule courroie qui peut se déplacer suivant leur longueur et permettre le passage par toutes les vitesses intermédiaires entre la plus petite et la plus grande ; ce système peu employé a l'avantage, en plus de la variation lente et continue de la vitesse, de n'utiliser qu'une seule courroie de transmission.

Enfin, le troisième système de transmission, assez peu utilisé et que l'on trouve dans les voitures Tenting et Lepape, consiste en un large disque entraîné par le moteur et transmettant son mouvement à l'arbre intermédiaire par un galet de friction s'appuyant sur sa surface ; ce galet peut se déplacer sur la surface du disque, ce qui permet de réaliser très simplement le changement de vitesse ou de marche ; on comprend, en effet, facilement que, si le galet se rapproche du centre, il sera commandé par une roue de diamètre de plus en plus réduit et la vitesse qu'il en recevra ira en diminuant jusqu'à l'immobilité complète obtenue au moment où le galet arrivera au centre du disque ; si ce centre est dépassé, le galet se met à tourner en sens inverse avec une vitesse croissante au fur et à mesure qu'il s'éloigne du centre et se rapproche de la périphérie. Dans ce système, il n'est pas non plus nécessaire d'utiliser un mode d'embrayage spécial, la mise en route pouvant être simplement réalisée soit en agissant sur la pression du galet sur le disque d'entraînement, soit mieux en faisant partir le galet du centre vers la circonférence de manière à augmenter graduellement la vitesse.

Ces différents systèmes de transmission ont leurs partisans et leurs adversaires, et chaque constructeur prétend naturellement que le système qu'il emploie est de beaucoup préférable et incomparablement supérieur à tous les autres ; en vérité, tous présentent certains avantages compensés par certains inconvénients et rien n'est plus difficile que de se prononcer définitivement en faveur de l'un ou de l'autre.

La transmission par engrenages présente l'avantage d'être bien rigide et d'éviter tout glissement ; mais elle est bruyante et, en cas de dents cassées, le remplacement des roues dentées est assez difficile ; de plus, l'usure des dents est assez rapide et l'emploi des engrenages nécessite l'adjonction d'un système spécial pour l'embrayage.

La transmission à courroie dispense du système d'embrayage, présente une marche silencieuse et, en cas du bris des courroies, leur remplacement est très simple et vivement effectué ; mais, en revanche, les courroies présentent le grave inconvénient d'être très hygrométriques, de s'allonger sous l'influence de l'humidité et de se rétrécir sous l'action de la sécheresse, elles glissent alors sur les poulies ou absorbent trop de force dans une tension exagérée ; d'autre part, lorsqu'on remplace les courroies usées par des neuves, il est nécessaire de les raccourcir fréquemment pour remédier à leur allongement, qui se produit lentement durant un certain temps ; malgré ces inconvénients, les avantages des courroies, résidant principalement dans la simplification de la transmission et l'absence de bruit, les font fréquemment employer et l'on verra plus loin que la majorité des voitures automobiles actuelles en sont pourvues.

Quant à la transmission par disque et galet de friction, qui, théoriquement, semble le mode le plus parfait de transmission par la douceur du réglage de la vitesse et du changement de marche, elle est peu utilisée, par suite de la difficulté d'obtenir une commande à friction parfaite et sans glissement.

Quel que soit le mode de transmission, toutes les voitures automobiles comportent un mouvement différentiel placé ordinairement sur l'arbre intermédiaire de commande des roues motrices et permettant à ces dernières de tourner à des vitesses différentes, de manière à laisser la voiture s'inscrire parfaitement dans les courbes du plus faible rayon sans dérapage.

Fig. 202. — Automobile Panhard et Levassor à deux places.

Nous allons maintenant décrire les plus intéressantes voitures à pétrole pratiquement construites en examinant principalement l'adaptation des moteurs à pétrole à leur traction, le système de commande des roues motrices, la disposition de changement de vitesse et le mode de direction ; nous insisterons moins sur les moteurs proprement dits, que nous avons étudiés dans notre partie sur les machines motrices.

Automobiles à pétrole Panhard et Levassor. — Les voitures de MM. Panhard et Levassor sont bien connues de tous par les succès éclatants qu'elles ont remportés dans les différentes courses de voitures automobiles, où elles firent preuve d'une endurance remarquable ; ces voitures sont caractérisées par l'emploi d'un moteur vertical à deux cylindres placé à l'avant et actionnant les roues motrices arrière par une transmission à chaîne et engrenages comportant plusieurs vitesses de marche ; les roues directrices sont placées à l'avant.

Fig. 203. — Automobile Panhard et Levassor à deux places, forme cab.

Le moteur primitivement employé était le moteur Daimler à un seul cylindre ; mais ce moteur a été dernièrement légèrement modifié et est devenu, sous le nom « Phénix-Daimler », un moteur à deux cylindres verticaux dont les manivelles calées du même côté de l'arbre moteur donnent une impulsion à chaque tour du volant, ce qui naturellement augmente la régularité de marche et permet de réduire encore le poids de l'appareil pour une même force. La distribution du mélange explosif dans les cylindres se fait par des soupapes s'ouvrant automatiquement sous l'action de l'aspiration produite par la descente des pistons lors de la période d'admission, et l'échappement s'effectue par des soupapes de décharge actionnées par des leviers commandés par des cames calées sur un arbre intermédiaire qui reçoit son mouvement de l'arbre moteur au moyen d'une paire d'engrenages réduisant de moitié la vitesse.

Le refroidissement des cylindres est obtenu par un courant d'eau froide circulant dans une double enveloppe sous l'impulsion d'une petite pompe centrifuge actionnée par le volant au moyen d'une roue à friction appuyant sur sa jante ; l'eau de refroidissement est contenue dans un réservoir placé à l'arrière de la voiture, où elle retourne après son passage dans la double enveloppe des cylindres. Le graissage des pistons est réalisé par deux petits graisseurs permettant l'introduction dans les cylindres, à la mise en marche et à l'arrêt, d'une petite quantité d'essence de pétrole destinée à faciliter la mise en marche, à nettoyer les cylindres et à empêcher leur encrassement.

L'allumage du mélange détonant est obtenu par des tubes

Fig. 264. — Automobile Panhard et Levassor à quatre places, forme dog-cart avec parasol.

incandescents en communication constante avec les cylindres ; ces tubes sont en platine et chauffés par une lampe spéciale à essence de pétrole, alimentée par le même réservoir qui alimente le carburateur.

Ce carburateur est situé près du moteur et se trouve complètement séparé du réservoir d'alimentation contenant l'essence de pétrole et placé derrière le tablier de la voiture ; le carburateur, d'un nouveau modèle, est à niveau constant et produit une évaporation très régulière de l'essence et par suite une carburation constante de l'air qui le traverse.

Le régulateur à force centrifuge, calé sur l'arbre supplémentaire de commande des soupapes d'échappement, intervient, lorsque la vitesse dépasse la valeur voulue, en s'opposant à l'ouverture de l'une de ces soupapes d'échappe-

Fig. 265. — Automobile Panhard et Levassor à quatre places, forme mylord.

ment : ce qui a pour résultat d'empêcher l'évacuation des gaz brûlés du cylindre correspondant et par suite l'ouverture de la soupape d'admission, qui se produit automatiquement en temps ordinaire sous l'action de l'aspiration produite par la descente du piston ; un des

cylindres cesse ainsi de fonctionner et le moteur ralentit sa marche pour reprendre son
fonctionnement normal, dès que la vitesse est revenue à la valeur voulue. Le réglage de la
vitesse du moteur se fait d'une manière analogue en agissant sur une valve placée sur le conduit d'échappement et obstruant plus ou moins ce conduit : ce qui a pour effet, en empêchant
l'évacuation complète des gaz brûlés, de limiter l'aspiration et par suite l'introduction du
mélange détonant et conséquemment la vitesse du moteur.

Comme on peut le voir sur nos différentes figures, le moteur des voitures Panhard
et Levassor est placé à l'avant dans un coffre spécialement disposé et pouvant s'ouvrir sur
toutes ses faces de manière à permettre l'inspection facile et complète de tout le mécanisme.
Le poids du moteur est relativement très faible, puisque le type de 4 chevaux ne pèse que
84 kilogrammes ; ce type possède des cylindres de 80 millimètres de diamètre, une course
de pistons de 120 millimètres et une vitesse de 850 tours par minute. Son principal inconvénient réside dans sa disposition verti-
cale, qui provoque des trépidations très
désagréables pour les voyageurs. Pour
mettre ce moteur en marche, il suffit,
après avoir porté les tubes inflammateurs
à l'incandescence, ce qui demande
quelques minutes, d'imprimer quelques
tours au volant au moyen d'une manivelle
placée à l'avant et cachée en temps ordinaire par un double volet.

La transmission de l'arbre moteur aux roues motrices s'effectue au
moyen de deux arbres intermédiaires
servant au changement de vitesse et au
changement de marche avant ou arrière.
L'arbre moteur, directement actionné
au moyen des bielles et manivelles par
les pistons, transmet son mouvement, au
moyen d'un embrayage à friction, à un

Fig. 206. — Automobile Panhard et Levassor à quatre places, forme omnibus.

arbre placé dans son prolongement et situé dans le sens longitudinal de la voiture ; cet arbre
porte trois roues dentées de différents diamètres, pouvant engrener séparément avec trois
autres roues dentées calées sur le premier arbre intermédiaire disposé parallèlement au
prolongement de l'arbre moteur ; en provoquant l'engrènement de l'un ou l'autre de ces trains
d'engrenages, on peut obtenir trois vitesses qui correspondent ordinairement à des parcours
de 6, 15 et 25 kilomètres à l'heure pour la voiture. Le premier arbre intermédiaire peut
actionner un second arbre intermédiaire placé perpendiculairement à lui et par suite parallèlement aux essieux au moyen d'un pignon d'angle pouvant engrener à volonté avec l'une ou
l'autre de deux roues dentées d'angle, placées en sens inverse sur le second arbre, ce
qui permet d'obtenir à volonté la marche avant ou la marche arrière ; c'est enfin ce deuxième
arbre intermédiaire qui actionne les roues motrices au moyen de deux chaînes ; un mouvement différentiel permet aux roues motrices de tourner à des vitesses différentes dans les
courbes.

Ceci dit, on comprend facilement la conduite de la voiture : après avoir mis le moteur

en marche, il suffit de faire engrener au moyen d'un levier spécial les roues dentées corres-
pondant à la vitesse voulue, ainsi que les roues d'angle donnant la marche avant ou arrière, puis d'embrayer doucement par l'embrayage à friction qui permet un départ doux et sans secousses ; il est bon, pour éviter le bris des dents d'engrenage, de débrayer la transmission à friction chaque fois que l'on désire changer de vitesse.

La direction est obtenue par une poignée agissant par une série de leviers sur les deux roues directrices qui sont indépendantes à pivots conjugués ; cette direction est très douce. Les voitures sont munies de deux freins à sabots agissant l'un

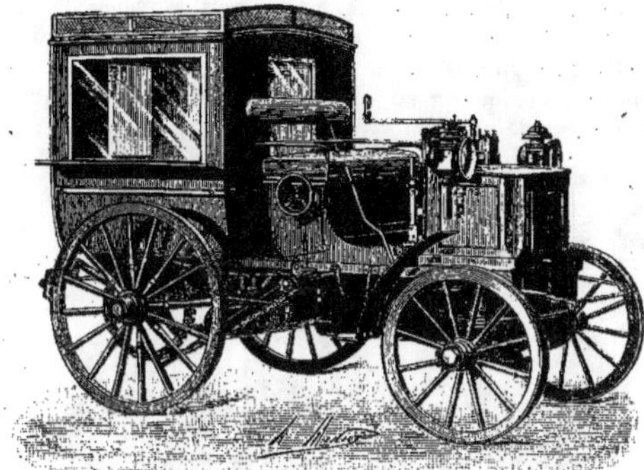

Fig. 267. — Automobile Panhard et Levassor, forme omnibus, à quatre places d'intérieur et siège séparé pour le conducteur.

à l'aide d'une pédale et l'autre avec un levier ; tous deux provoquent le débrayage de la transmission avant d'entrer en action.

Le réservoir à essence de pétrole une fois rempli, on peut parcourir 80 kilomètres sans se ravitailler, et en emportant une provision supplémentaire on peut facilement porter cette distance à 300 kilomètres ; le prix de revient par kilomètre peut être fixé d'après les constructeurs à 4 centimes pour les voitures à 2 places et à 5 centimes pour les voitures à 4 places. L'eau de refroidissement doit être renouvelée environ tous les 50 kilomètres.

La forme des voitures Panhard et Levassor est très variable, comme on pourra en juger par nos différentes gravures représentant les principaux modèles de construction courante ; comme on le voit d'après ces figures, toutes ces voitures, dont la forme rappelle celle des différentes voitures à chevaux ordinairement usitées, comportent des roues en bois, c'est même là une des caractéristiques des voitures Panhard et

Fig. 268. — Automobile Panhard et Levassor. — Voitures à deux places avec caisson à l'arrière pour marchandises.

Levassor qui n'adoptent jamais, ce qui, à notre avis, est un tort, les roues métalliques; de même les bandages les plus employés sont en fer et ce n'est que rarement qu'ils utilisent des bandages de caoutchouc, mais jamais de pneumatiques.

Notre figure 262 montre une voiture à deux places avec capote en cuir pouvant se rabattre; la figure 263, une voiture forme cab dont la disposition nous semble particulièrement heureuse et commode, les voyageurs s'y trouvant bien abrités par la glace du devant; le même modèle se fait avec capote en cuir pouvant se rabattre et devant démontable; la figure 264 est un dog-cart à quatre places avec parasol; la figure 265, une voiture forme mylord, également à quatre places; la figure 266, un petit omnibus à devant vitré; la figure 267, un omnibus à quatre places d'intérieur avec un siège séparé pour le conducteur; cette dernière forme est moins usitée, car presque tous les possesseurs d'automobiles préfèrent, avec grande raison, conduire eux-mêmes leur voiture, et trouvent là la principale saveur de l'automobilisme; enfin nos figures 268 et 269 représentent deux intéressantes formes de voitures de livraison qui sont appelées à un grand développement et qui sont déjà utilisées par de nombreux grands magasins.

Fig. 269. — Automobile Panhard et Levassor. — Voiture de livraison.

Automobiles à pétrole Peugeot. — Les principales particularités des voitures à pétrole Peugeot résident dans la construction du bâti, réalisé en tubes d'acier étiré à froid sans soudure, assemblés au moyen de pièces également en acier fondu ou forgé, et dans les roues montées sur des rayons en acier et comportant des frottements à billes et des bandages en caoutchouc. Ce mode de construction, qui constitue évidemment une très heureuse innovation en carrosserie, rappelle le mode d'établissement des vélocipèdes dont la fabrication commença à faire la réputation de la maison Peugeot. C'est ainsi que le développement de la vélocipédie a eu une si heureuse répercussion dans diverses industries et principalement dans la carrosserie, qui utilise maintenant couramment la construction légère et solide en tubes d'acier, les roues métalliques, les frottements à billes, les roues caoutchoutées et même les pneumatiques.

Les tubes d'acier constituant le bâti des voitures Peugeot servent en même temps de réservoir à très grande surface de refroidissement pour l'eau destinée à la réfrigération des cylindres du moteur, ils communiquent avec un réservoir d'eau de 25 à 40 litres, placé sous la banquette d'arrière. Quant aux roues métalliques, leurs rayons de fils d'acier, travaillant par traction, sont fixés de façon à pouvoir, en cas de rupture, être facilement remplacés en

quelques minutes et sans nécessiter le démontage de la roue. Les voitures légères ne com-
portent dans les frottements des roues qu'une simple rangée de billes, mais les véhicules plus pesants possèdent des frottements à deux ou trois rangées de billes.

Les premières voitures Peugeot étaient munies d'un moteur Daimler vertical, placé sous la banquette d'arrière, comme l'indiquent nos figures 270 et 271, la première représentant un vis-à-vis à quatre places, et la seconde un phaéton également à quatre places. Actuellement, les nouvelles voitures Peugeot reçoivent un nouveau moteur horizontal à deux cylindres placé également à l'arrière de la voiture dans un coffre spécial, dont la forme plus allongée que dans les anciennes voitures se remarque parfaitement sur la figure 272, représentant une nouvelle automobile à deux places, munie du nouveau moteur horizontal. Ce moteur est principalement caractérisé par le système très ingénieux et original employé pour provoquer l'ouverture des soupapes d'échappement tous les deux tours ; ce système se compose d'une came fixée sur l'arbre moteur et possédant une rainure à deux spires et un seul croisement en forme de 8 replié ; un coulisseau reçoit de cette rainure un mouvement oscillatoire qui le fait passer par les sommets du 8 tous les deux tours de l'arbre ; ce mouvement, transmis par un levier à l'arbre de distribution,

Fig. 270. — Automobile Peugeot. — Vis-à-vis à 4 places muni d'un moteur Daimler vertical.

Fig. 271. — Automobile Peugeot. — Phaéton à 4 places muni d'un moteur Daimler vertical.

provoque l'ouverture au moment voulu des soupapes de décharge. L'admission se fait par soupapes automatiques et le régulateur agit en empêchant l'ouverture des soupapes d'échappement.

Dans les premières voitures munies du moteur Daimler, la transmission du mouvement aux roues motrices et le mode de changement de vitesse et de marche étaient analogues aux systèmes employés dans les automobiles Panhard et Levassor et décrits plus haut; dans les nouvelles automobiles Peugeot, l'arbre moteur et les arbres intermédiaires sont placés parallèlement aux essieux, ce qui permet de supprimer le train d'engrenages d'angle; le changement de vitesse s'effectue encore par une série de quatre paires d'engrenages donnant quatre vitesses différentes; l'embrayage est réalisé par un embrayage à friction analogue et la marche arrière est obtenue en intercalant un pignon denté entre deux roues dentées calées sur chacun des arbres intermédiaires; un mouvement différentiel permet l'inscription parfaite dans les courbes et les roues motrices sont actionnées par des chaînes.

Fig. 272. — Automobile Peugeot. — Voiture à 2 places munie du nouveau moteur horizontal Peugeot.

La direction est facilement obtenue par une manivelle double agissant sur les roues d'avant; les voitures sont munies de trois freins dont l'un agit directement sur l'arbre intermédiaire et les deux autres sur les moyeux des roues motrices; ils sont assez puissants pour arrêter presque instantanément la voiture.

Le réservoir de pétrole situé à l'avant contient, suivant les types, de 15 à 30 litres et l'essence de pétrole employée doit marquer environ 700.

Suivant les constructeurs, la dépense de pétrole peut être évaluée de 4 à 5 centimes par kilomètre et l'entretien, comprenant principalement le remplacement des bandages de caoutchouc des roues qui peuvent parcourir en moyenne 8,000 kilomètres, revient à environ 4 centimes.

Automobiles à pétrole Rossel. — Cette voiture (fig. 273) est actionnée par un moteur Daimler à essence de pétrole avec carburateur à niveau constant. La carrosserie repose sur un châssis double formé de tubes d'acier assemblés entre eux à la manière des cadres de bicyclette, assurant ainsi une grande légèreté et solidité. Le moteur et tout le mécanisme de la voiture sont fixés à ce châssis, qui est utilisé en même temps comme réfrigérant de l'eau servant au refroidissement des cylindres. A cet effet, une petite pompe fait circuler cette eau du réservoir au bâti et aux cylindres du moteur. Il suffit de pourvoir au remplacement de quelques litres d'eau tous les 40 kilomètres environ.

Des ressorts de suspension très doux supportent toute la voiture. Les roues montées sur billes et garnies d'un bandage en caoutchouc plein sont à jantes métalliques avec rayons directs en fils d'acier pour les roues directrices et à rayons tangents et directs pour les roues motrices. Les parties principales du mécanisme de direction sont aussi montées sur billes. Tous les leviers de manœuvre sont groupés autour de la commande de direction, c'est-à-dire à la portée du conducteur. La voiture se dirige facilement et peut évoluer en décrivant des courbes d'un faible rayon.

Le mode de transmission du mouvement aux essieux, comportant le système de changement de vitesse et le changement de marche, est réalisé par une série d'engrenages disposés d'une manière très ingénieuse et originale ; l'arbre moteur possédant un embrayage à friction reçoit un pignon denté engrenant constamment avec quatre roues dentées de diamètres différents calées sur de petits arbres spéciaux ; ces arbres portent également des pignons dentés pouvant engrener séparément avec une roue placée sur un premier arbre intermédiaire ; la série de roues dentées est renfermée dans une boîte métallique entre deux plateaux formant palier pour les petits arbres et pouvant recevoir, par l'entremise d'une poignée placée sous la main du conducteur, un mouvement de rotation plus ou moins prononcé qui réalise l'engrènement de l'un ou l'autre des pignons avec la roue dentée de l'arbre intermédiaire et par suite le changement de vitesse ; pour le changement de marche, une roue supplémentaire, pouvant engrener d'une part avec un des pignons des petits arbres et

Fig. 273. — Voiture automobile à essence de pétrole E. Rossel. — Vis-à-vis à quatre places.

d'autre part avec la roue de l'arbre intermédiaire, commande la marche en arrière. Tout ce mécanisme, renfermé, à l'abri de la poussière, dans une boîte ronde de petit diamètre, est d'un graissage et d'un entretien très faciles. Le premier arbre intermédiaire placé dans le sens longitudinal actionne, par un train d'engrenages d'angle, un second arbre intermédiaire possédant un mouvement différentiel et actionnant les roues motrices d'arrière par deux chaînes.

Le réservoir d'essence, d'une contenance de 30 litres, suffit à un parcours de 200 à 250 kilomètres. La vitesse de la voiture peut varier de 5 à 18 kilomètres à l'heure, selon l'état des routes ; elle peut gravir des pentes de 10 o/o et marcher en arrière. La voiture est munie de deux freins de grande puissance, l'un d'eux suffisant à arrêter le véhicule très rapidement.

Automobiles à pétrole Gautier-Wehrlé. — La principale particularité de ces voitures réside dans la suppression des chaînes actionnant les roues motrices, la transmission et le changement de vitesse étant entièrement réalisés par des engrenages. Les diffé-

rents engrenages destinés au changement de vitesse sont disposés dans une boîte hermétiquement fermée et remplie d'huile assurant une lubrification parfaite ; seul se trouve au dehors
de cette boîte le pignon commandant la roue dentée calée sur l'arbre des roues motrices qui
porte également le mouvement différentiel. Le changement de marche est réalisé par un
pignon denté d'angle fixé sur l'arbre moteur et pouvant engrener avec l'une ou l'autre de
deux roues dentées d'angle calées en sens inverse sur le premier arbre intermédiaire.

Fig. 274. — Automobile à pétrole Gautier-Wehrlé. — Cab à deux places.

Si l'on emploie une transmission à chaîne dans la presque totalité des voitures automobiles, c'est, comme nous l'avons dit plus haut, parce que la caisse de la voiture contenant
les organes moteurs est reliée aux essieux moteurs non rigidement, mais par l'intermédiaire
des ressorts de suspension et que les oscillations qui en résultent et qui sont sans importance
sur la tension de la chaîne produiraient un engrènement variable et par suite très mauvais
des roues dentées si la transmission se faisait par un train d'engrenages. Dans les voitures
Gautier-Wehrlé, cette difficulté est ingénieusement tournée par la disposition de la commande des roues motrices réalisée au moyen de deux bras à rotule reliant le différentiel aux
moyeux des roues et permettant un engrènement toujours constant des roues dentées actionnant le différentiel.

Le moteur à essence est à deux cylindres horizontaux placés transversalement au centre de la voiture; l'équilibrage parfait des différents organes en mouvement du moteur et sa disposition permettent de supprimer presque entièrement les trépidations, même à l'arrêt. L'allumage est électrique et le carburateur est constitué par une soupape conique obstruant le tube d'arrivée de pétrole et qui est soulevée automatiquement lors de la période de l'aspiration par l'air arrivant dans l'appareil, qui pulvérise l'essence et se carbure instantanément à son contact.

La voiture peut recevoir trois vitesses différentes de 8, 16 et 24 kilomètres à l'heure; on peut même disposer l'appareil pour obtenir une vitesse plus grande. L'embrayage à friction de mise en marche est également d'un système nouveau et constitué par un ruban d'acier entourant une couronne, qu'il peut enserrer plus ou moins fort sous l'action d'un système de leviers mus par une pédale.

Fig. 275. — Automobile à pétrole Gautier-Wehrlé. — Vis-à-vis à quatre places.

Ces automobiles, comme on peut en juger par nos gravures 274 et 275, représentant la première un cab à deux places muni d'un moteur de 3 chevaux 1/2 et la seconde un vis-à-vis à quatre places muni d'un moteur de 3 chevaux 3/4, ne laissent voir de tous les organes moteurs que le train d'engrenages commandant l'essieu moteur et qui est même très dissimulé sous la voiture; elles sont ordinairement munies de pneumatiques Michelin qui, tout en étant d'une solidité à toute épreuve, donnent une douceur de roulement remarquable, qui rend réellement agréables les promenades en automobile; l'économie d'entretien des différents organes qui se conservent mieux compense, d'ailleurs, largement la dépense d'installation et d'entretien des bandages pneumatiques, qui ne tarderont certainement pas à être adoptés par tous les constructeurs.

Automobiles à pétrole Roger. — Ces voitures, qui, depuis le début de la période intensive de développement de l'automobilisme, se sont distinguées dans les différentes courses d'automobiles plus encore par leur endurance et par leur douceur de marche que par leur vitesse, sont munies d'un moteur horizontal à quatre temps commandant les roues motrices par l'intermédiaire d'une transmission à courroie formant changement de vitesse, d'un arbre secondaire portant le mouvement différentiel et de deux chaînes.

Fig. 276. — Automobile à pétrole Roger. — Victoria à deux places.

Le moteur utilisé était, au début, un moteur système Benz à un seul cylindre à quatre temps, qu'il ne faut pas confondre avec l'ancien moteur Benz à deux temps, très remarquable pour son ingéniosité et sa marche régulière, mais qu'une trop grande complication a fait abandonner. Les nouvelles voitures Roger sont d'ailleurs munies d'un nouveau moteur système Roger à deux cylindres horizontaux, se distinguant principalement par une grande simplicité de mécanisme et une grande solidité; ce moteur est à quatre temps et à allumage électrique; l'admission s'effectue par une soupape s'ouvrant automatiquement lors de la période d'aspiration et l'échappement par des soupapes actionnées par des cames calées sur un arbre secondaire recevant son mouvement de l'arbre moteur au moyen d'un train d'engrenages dont les roues sont dans le rapport de 1 à 2; le carburateur à niveau constant est réchauffé par une partie des gaz chauds circulant dans une chemise métallique entourant ce carburateur; l'allumage électrique, qui présente sur l'allumage par tube incandescent le grand avantage de ne présenter aucun danger d'incendie, est obtenu par l'étincelle d'une bobine d'induction alimentée soit par des accumulateurs, soit par une petite magnéto-électrique commandée par le moteur à l'aide d'une transmission à friction. Le refroidissement des cylindres est réalisé par un courant d'eau froide circulant dans une double enveloppe sous l'impulsion d'une petite pompe centrifuge actionnée par le moteur; après son passage dans l'enveloppe des cylindres, l'eau de refroidissement passe dans un refroidisseur tubulaire disposé à l'avant de la voiture, puis de là retourne au réservoir; la quantité d'eau emportée est d'environ 35 litres et suffit à un parcours de 50 kilomètres. L'essence de pétrole rectifiée à la densité de 700 est contenue dans un réservoir de dimension suffisante pour contenir la quantité nécessaire au parcours de 80 à 100 kilomètres et l'on peut encore facilement augmenter cette durée de marche sans ravitaillement en disposant un réservoir supplémentaire.

Fig. 277. — Automobile à pétrole Roger. — Vis-à-vis à quatre places.

L'arbre moteur porte deux tambours de dimensions différentes qui peuvent commander par courroies l'arbre intermédiaire, qui lui-même actionne par chaînes les roues motrices ; cet arbre intermédiaire reçoit une double paire de roues correspondant avec chaque tambour et dont l'une est folle et l'autre fixe ; les courroies de cette double transmission, qui, au repos, se trouvent sur les poulies folles, peuvent être amenées sur les poulies fixes à l'aide d'un levier qui se trouve disposé sur le guidon même de direction, de telle sorte que le conducteur peut facilement embrayer l'une ou l'autre des courroies, suivant la vitesse qu'il désire obtenir. Ordinairement, l'une des transmissions correspond à une vitesse de 8 à 10 kilomètres et l'autre à une vitesse de 18 à 25 kilomètres à l'heure. Si l'on désire munir les voitures d'un changement de marche, de manière à pouvoir faire marche arrière à volonté, comme cela est imposé par l'administration pour les fiacres automobiles de louage, on dispose sur l'arbre moteur un troisième tambour commandant l'arbre secondaire, qui reçoit dans ce but une nouvelle paire de poulies, folle et fixe, au moyen d'une courroie croisée.

Fig. 278. — Automobile à pétrole Roger. — Type coupé.

La transmission par courroie rendant tout à fait inutile, comme nous l'avons dit plus haut, l'adjonction d'un système spécial d'embrayage et de débrayage pour la mise en marche et l'arrêt, les voitures Roger n'en sont naturellement pas munies. Leur mise en marche s'opère très simplement en lançant d'abord le moteur, les courroies étant sur les poulies folles, puis en embrayant doucement la petite vitesse ; lorsque le démarrage est obtenu, on peut remplacer la petite vitesse par la grande, si l'on désire accélérer l'allure du véhicule ; grâce au glissement qui se produit lors de l'embrayage, le démarrage s'effectue avec une très grande douceur. A la descente des rampes, le moteur sert de frein à air et il suffit d'arrêter l'arrivée de l'air carburé pour que les pistons continuant à comprimer des gaz non détonants et ne donnant lieu à aucune explosion opposent une résistance suffisante à l'emballement pour qu'il soit presque toujours inutile de serrer le frein à levier agissant par un sabot sur la

Fig. 279. — Automobile à pétrole Roger. — Type landaulet.

jante des roues et dont chaque voiture est munie ; un frein à corde agissant sur le moyeu des roues peut également être adjoint pour les pays présentant de fortes rampes.

La direction s'effectue par un volant agissant sur les roues directrices d'avant qui sont indépendantes à pivots conjugués; elle est agencée de telle sorte que les roues restent toujours tangentielles au chemin parcouru et ne subissent jamais d'effort latéral; il en résulte une très grande docilité de conduite n'occasionnant aucune fatigue et aucune trépidation à la main.

La consommation de pétrole varie naturellement, selon la grandeur du véhicule et la force du moteur, ainsi que suivant l'état des routes plus ou moins bien entretenues et plus ou moins accidentées; en moyenne, elle varie entre 3 et 10 centimes par kilomètre parcouru.

Fig. 280. — Automobile à pétrole Roger. — Type cab.

Ordinairement, les roues des voitures Roger sont en bois cerclé de fer pour les roues motrices d'arrière et munies de bandages de caoutchouc pour les roues directrices d'avant; toutefois, elles peuvent être métalliques et toutes munies de bandages en caoutchouc, ce qui produit un roulement plus doux, moins bruyant et une meilleure préservation du mécanisme; la bonne suspension de la caisse et la position horizontale du moteur atténuent d'ailleurs considérablement les trépidations et permettent aux voyageurs de faire de longues courses sans fatigue.

Les automobiles du système Roger se construisent en un grand nombre de types différents dont nos gravures représentent les plus intéressants. La figure 276 montre une voiture à deux places type victoria du nouveau modèle avec réservoir à eau et essence de pétrole placé sur le devant; la figure 277 est une voiture à quatre places type vis-à-vis nouveau modèle; la figure 278 représente un coupé automobile à deux places d'intérieur et siège à deux places [pour le conducteur; la figure 279 est un landaulet également à deux places et à siège; la figure 280 représente un cab à deux places avec un siège à une place pour le conducteur placé, comme dans les cabs attelés, à l'arrière et en haut; la figure 281 est un omnibus nouveau modèle à quatre places d'intérieur et deux places de siège; la figure 282 est un autre omnibus à six places d'intérieur pouvant servir de voiture de livraison de luxe; la figure 283 représente une voiture de livraison, dont une série est en construction pour les Magasins du Louvre;

Fig. 281. — Automobile à pétrole Roger. — Type omnibus.

ces voitures, très intéressantes, pèsent 1,200 kilogrammes, possèdent un moteur à 2 cylindres de 10 chevaux et peuvent être animées d'une vitesse maxima de 25 kilomètres à l'heure;

elles possèdent une transmission par courroie à deux vitesses et marche arrière. Enfin, la gravure 284 montre un camion automobile pouvant transporter une charge maxima de 650 kilogrammes et muni d'un moteur de 5 chevaux.

Pour terminer, il est intéressant de noter le premier fiacre automobile qui circula dans Paris et fut construit par M. Roger; ce fiacre, construit pour un ancien cocher de fiacre ordinaire, intelligent et entreprenant, dont le nom mérite de passer à la postérité, M. Biquet, était exploité par son propriétaire et fit sa première sortie au commencement de novembre 1896; mais l'Administration, qui n'avait jamais pris garde à la transmission du mouvement des voitures automobiles ordinaires, se mit tout à coup, on ne sait pourquoi, à exiger que les fiacres de louage fussent pourvus d'un changement de marche permettant la marche en arrière; le fiacre,

Fig. 282. — Automobile à pétrole Roger. — Voiture de livraison de luxe.

traqué de toutes parts, dut rentrer à la remise et attend sa transformation pour pouvoir à nouveau circuler dans Paris.

Nous apprenons, du reste, que la Société Anonyme Française des Fiacres Automobiles va être définitivement constituée et que la maison Roger construit pour cette Société des voitures d'un modèle tout nouveau et tout particulier. Ces nouvelles voitures, que nous décrirons dans une de nos prochaines publications, présenteront tout le confort et toute l'élégance désirables et satisferont pleinement aux exigences de l'Administration.

La maison Roger construit également des tramways jusqu'à 50 places avec moteur équilibré à quatre cylindres accouplés, de façon à permettre, suivant le cas, l'emploi d'un seul cylindre ou des quatre formant l'ensemble.

Fig. 283. — Automobile à pétrole Roger. — Voiture de livraison.

Automobiles à pétrole Mors. — Les voitures à pétrole de M. Mors, dont la figure 285 représente un modèle à deux places, se distinguent par l'emploi d'un nouveau moteur à quatre cylindres extrêmement léger, commandant les roues motrices par une transmission à chaîne et un changement de vitesse à courroie analogue à celui employé dans les voitures Roger.

Le moteur, représenté en coupe longitudinale verticale et en plan par nos figures 286 et 287, est, comme nous l'avons dit, à quatre cylindres C disposés deux à deux sur des plans

formant entre eux un angle droit ; les pistons P qui se meuvent dans ces cylindres commandent l'arbre moteur par deux bielles calées à 180° l'une de l'autre et plongeant à chaque tour
dans l'huile contenue dans le récipient inférieur, ce qui réalise la parfaite lubrification de tous
les organes mobiles par projection d'huile ; le système est ainsi parfaitement équilibré et ne provoque presque aucune trépidation. L'admission du mélange détonant s'effectue par des soupapes automatiques S' s'ouvrant sous l'action de l'aspiration provoquée par la descente des pistons ; l'essence de pétrole est directement pulvérisée sur la soupape d'admission où se fait la carburation de l'air, ce qui a l'avantage de supprimer le carburateur et de refroidir la soupape par l'évaporation du liquide. Les soupapes d'échappement des gaz brûlés S sont commandées par des cames c' calées

Fig. 284. — Automobile à pétrole Roger. — Type camion.

sur un arbre secondaire recevant son mouvement de l'arbre moteur par les roues dentées E,
E' diminuant de moitié la vitesse de rotation et lubrifiées par l'huile contenue dans le réservoir inférieur dans laquelle plonge la roue dentée E. L'allumage est électrique, mais n'est
plus produit ici par le courant induit d'une bobine d'induction, comme cela a ordinairement
lieu, mais par l'extra-courant produit par la rupture au moment voulu d'un circuit à forte
self-induction ; le courant électrique est fourni à la mise en marche par une très petite batterie
d'accumulateurs et en marche courante par une petite dynamo d (fig. 288) actionnée par le
moteur lui-même au moyen d'une petite roue à friction actionnée par l'une des faces du
volant ; cette roue à friction peut se déplacer pour s'approcher ou s'éloigner plus ou moins
du centre du volant, de manière à pou-
voir donner à la dynamo une vitesse de
rotation constante, quelle que soit la vitesse du moteur ; cette dynamo peut
recharger elle-même les accumulateurs.

L'emploi de l'étincelle d'extra-
courant pour l'allumage nous paraît très
recommandable et nous étions surpris
de ne pas l'avoir vue employer jusqu'ici
dans les moteurs à gaz ; cette étincelle
est, en effet, très chaude et son usage
permet de supprimer la bobine d'induction, qui est remplacée par une bobine à
simple enroulement ne possédant pas

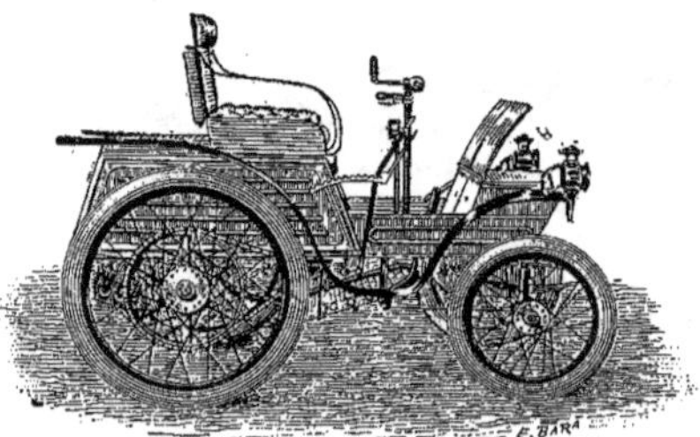

Fig. 285. — Automobile à pétrole Mors à deux places.

d'interrupteur. Cette disposition exige naturellement que la rupture du circuit se fasse dans
l'intérieur du cylindre ; pour cela, l'un des pôles communique avec une tige b traversant la
culasse des cylindres au travers d'un manchon isolant et l'autre pôle est relié à la masse de
la machine ; une lame p est appuyée en temps ordinaire sur la tige b et se trouve soulevée au

moment nécessaire pour la production de l'étincelle et l'allumage du mélange détonant par des tiges commandées par des cames c'' calées comme les cames des soupapes de décharge sur l'arbre secondaire.

Le refroidissement des cylindres est effectué d'une part par des ailettes métalliques venues de fonte avec eux et présentant une très grande surface de refroidissement et d'autre part pour la culasse où se produit l'explosion et par suite l'échauffement maximum par un courant d'eau circulant dans une double enveloppe sous l'impulsion d'une pompe centrifuge J (fig. 288).

Le poids de ces moteurs pour une puissance donnée est extrèmement réduit par suite de l'emploi de quatre cylindres moteurs et d'une très grande vitesse de rotation ; les moteurs de 6 chevaux ne pèsent, en effet, que 68 kilogrammes ; leur vitesse est très variable et peut être réglée en agissant sur l'admission d'essence de pétrole entre 150 tours et 1,500 tours par minute.

La commande des roues motrices par le moteur a lieu, comme l'indique la figure 288, par une transmission à courroie à deux vitesses actionnant un arbre intermédiaire recevant le mouvement différentiel D et commandant les deux roues motrices arrière par des chaînes. Le moteur M actionne directement l'arbre moteur portant les deux tambours de diamètres différents Pv et G'v, qui commandent par courroies les deux paires de poulies Mv et Gv ; une des poulies de chaque paire est fixée sur l'arbre intermédiaire, tandis que l'autre est folle ; lors de la mise en marche du moteur qui s'opère en entraînant l'arbre moteur par la manivelle m située à l'arrière, les courroies sont placées sur les poulies folles et il suffit pour obtenir le démarrage de la voiture d'amener, à l'aide de la poignée p, la courroie correspondant à la petite vitesse de la poulie folle sur la poulie fixe ; si l'on désire ensuite augmenter la vitesse de marche, on peut débrayer la petite vitesse et embrayer aussitôt la grande vitesse par la poignée p'.

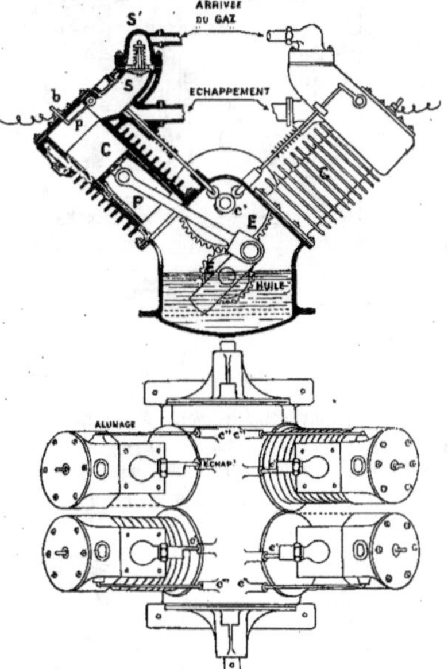

Fig. 286 et 287. — Coupe et plan du moteur à pétrole More à quatre cylindres.

L'arrêt de la voiture est obtenu par deux pédales P et P' dont l'une débraye simplement l'embrayage à friction E et dont l'autre P', entraînant avec elle la première, débraye d'abord l'embrayage E, puis actionne un frein à ruban agissant sur le différentiel D. Deux freins à ruban F, F agissant sur les moyeux des roues motrices et mus par les leviers l, l' peuvent également être utilisés en cas de besoin.

La direction est obtenue par un guidon GG agissant par une série de leviers sur les deux roues directrices d'avant, qui sont indépendantes à pivots conjugués. Les roues des

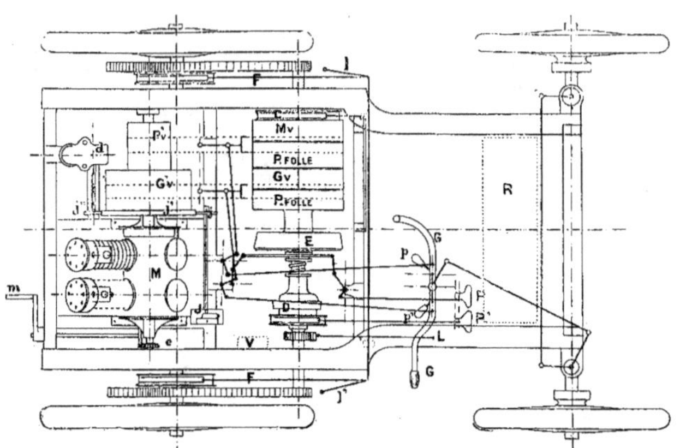

Fig. 288. — Disposition schématique des voitures automobiles à pétrole Mors.

voitures Mors sont ordinairement garnies de pneumatiques Michelin, et c'est là une précieuse qualité, non seulement pour les voyageurs, mais encore pour le mécanisme qui, recevant moins de chocs, se détériore beaucoup moins rapidement.

Automobiles à pétrole L. Triouleyre. — Ces voitures, construites par la Compagnie Générale des Automobiles, comportent un moteur à essence de pétrole à un cylindre horizontal commandant par une transmission à courroie à changement de vitesse un arbre intermédiaire actionnant lui-même les roues motrices d'arrière par chaîne et recevant le mouvement différentiel qui permet l'inscription parfaite de la voiture dans les courbes.

Le moteur est à quatre temps et à vitesse modérée, trois à quatre cents tours par minute ; sa disposition horizontale atténue

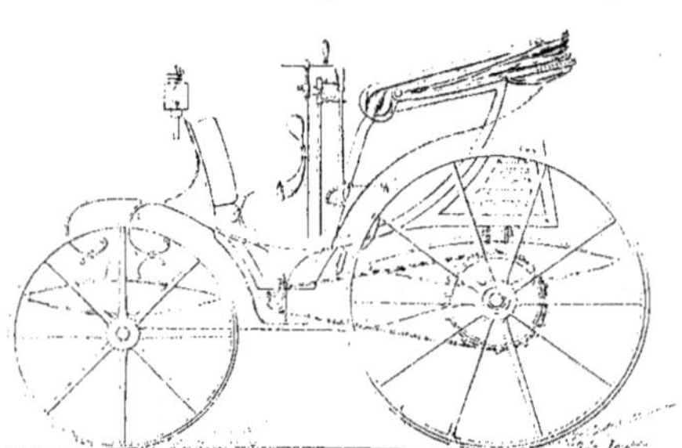

Fig. 289. — Duc à deux places de la Compagnie Générale des Automobiles.

considérablement les trépidations si désagréables avec les moteurs verticaux ; l'allumage est ordinairement obtenu par une étincelle électrique produite par le courant induit d'une bobine d'induction alimentée par des accumulateurs ; mais le moteur peut aussi être disposé pour recevoir l'allumage par tube incandescent chauffé par une lampe à essence. La mise en marche du moteur peut se faire du siège même à l'aide d'un volant qui commande l'arbre moteur au moyen d'une chaîne et d'un embrayage spécial se débrayant automatiquement sitôt le moteur parti.

L'embrayage et le débrayage des courroies de la transmission à changement de vitesse s'obtiennent au moyen d'un levier placé près du volant de direction ; cette direction est obtenue par les roues de devant, qui sont à pivots conjugués.

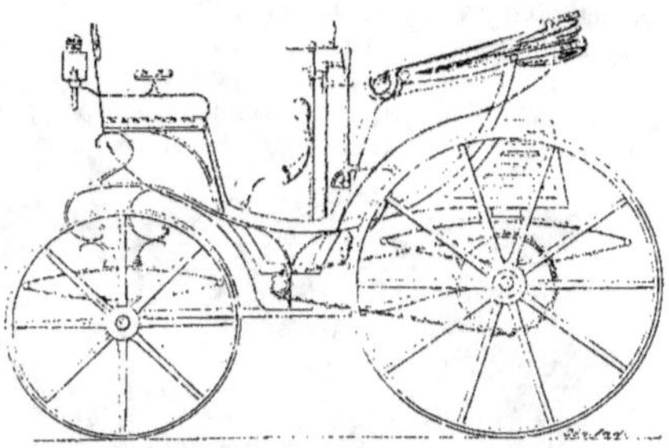

Le moteur est disposé à l'arrière de la voiture et le réservoir à essence, suffisamment grand pour recevoir la provision nécessaire au parcours de 100 à 300 kilomètres, est placé à l'avant du véhicule. Deux freins, l'un à sabot commandé par un levier, l'autre à corde commandé par une pédale, permettent l'arrêt rapide de l'automobile.

Fig. 290. — Vis-à-vis à quatre places de la Compagnie Générale des Automobiles.

Nos figures 289 et 290 représentent deux voitures de ce système d'une forme très gracieuse : l'une est une voiture à deux places forme duc et l'autre un vis-à-vis à quatre places.

La figure 291 montre une voiture de commerce munie d'une disposition mécanique analogue.

Mais la principale innovation de la Compagnie Générale des Automobiles réside dans le mode de suspension de ses nouvelles voitures ; on sait, en effet, que le principal désagrément des voyages en automobiles à pétrole réside dans la trépidation plus ou moins forte due aux mouvements du moteur ; nous avons bien vu que ces vibrations, qui atteignent leurs amplitudes maximum avec les moteurs verticaux, sont très atténuées par l'emploi des moteurs horizontaux, mais non complètement supprimées ; l'emploi des pneumatiques, qui détruisent pres-

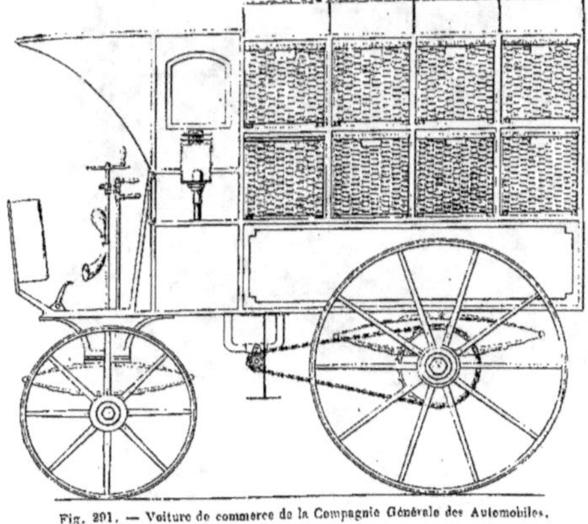

Fig. 291. — Voiture de commerce de la Compagnie Générale des Automobiles.

que entièrement les cahots dus aux inégalités de la route, est naturellement sans effet sur les vibrations du moteur ; aussi ne pouvait-on porter remède à cet état de choses qu'en séparant la caisse de la voiture du moteur par une suspension flexible. Pour arriver à ce résultat, M. L. Triouleyre a imaginé un nouveau dispositif de suspension double très ingénieux : le moteur et tout le mécanisme de transmission sont placés sur un châssis supporté par les deux essieux par l'intermédiaire d'une suspension flexible à ressort ; la caisse de la voiture, contenant les banquettes où prennent place les voyageurs, est indépendante de ce châssis et est supportée par lui au moyen de nouveaux ressorts très flexibles qui absorbent les trépidations dues au moteur ; on voit donc que la caisse possède une suspension double par rapport au sol, ce qui détruit presque entièrement les chocs dus aux inégalités de la route, et une suspension simple par rapport au moteur dont les trépidations ne sont presque plus ressenties par les voyageurs ; le moteur ne reposant pas directement sur les essieux ne subit d'ailleurs pas plus qu'à l'ordinaire des chocs qui pourraient le détériorer rapidement.

Fig. 292. — Break à six places et double suspension de la Compagnie Générale des Automobiles.

Notre figure 292 représente ainsi un break muni de cette suspension double, qui est très ingénieuse et très efficace, et vient remédier à l'un des plus grands inconvénients des voitures à pétrole.

Automobiles à pétrole Delahaye. — Ces voitures, dont la figure 730 représente le type le plus courant, se distinguent par leur forme allongée et la grande distance existant entre les deux essieux, ce qui leur procure une grande stabilité. Le moteur utilisé, d'une puissance de 5 chevaux, est d'un type nouveau créé spécialement pour la locomotion ; il comporte deux cylindres horizontaux recevant deux pistons dont les bielles actionnent l'arbre moteur par deux manivelles calées à 180°, de manière à équilibrer parfaitement les organes en mouvement ; ce moteur, dont la vitesse normale est de 450 tours par minute, fonctionne suivant le cycle à quatre temps ; l'allumage du mélange détonant se fait électriquement et le refroidissement des cylindres est obtenu par un courant d'eau froide circulant sous l'impulsion d'une petite pompe centrifuge et qui, après le passage dans la double enveloppe des cylindres, vient se refroidir dans un faisceau tubulaire placé à l'avant de la voiture.

Fig. 293. — Voiture automobile à pétrole Delahaye.

La transmission du mouvement aux roues motrices est réalisée par une transmission à courroie à deux vitesses actionnant un arbre intermédiaire qui possède le mouvement différentiel et qui porte les pignons dentés recevant les chaînes de commande des roues motrices. Les roues directrices d'avant sont à essieu brisé et pivots conjugués.

Automobiles à pétrole Lefebvre. — Le moteur « Pygmée », employé par M. Lefebvre pour actionner ses automobiles, a été décrit en détail dans notre quatrième partie sur les machines motrices (page 296), nous n'y reviendrons donc plus ici ; nous dirons toutefois que le moteur utilisé pour les automobiles, contrairement à celui employé pour les usages divers, est horizontal, afin de réduire au minimum les trépidations du véhicule ; à part cela, il est en tout semblable comme disposition à celui décrit plus haut.

Fig. 294. — Voiture automobile à pétrole E. Lefebvre.

L'arbre moteur actionne par courroie l'arbre intermédiaire contenant le différentiel et commandant par chaînes les roues motrices ; mais la transmission à courroie est ici simple et le changement de vitesse est obtenu par une série d'engrenages disposés dans une boîte hermétique remplie d'huile, d'une part sur l'arbre intermédiaire et d'autre part sur un petit arbre secondaire ; le changement de marche est réalisé en embrayant en place de ces engrenages une petite transmission à chaîne placée dans la même boîte et dont les roues sont calées sur chacun des mêmes arbres. Notre figure 294 représente un dog-cart automobile Lefebvre.

Automobiles à pétrole Fisson. — Le moteur employé dans ces voitures est à un seul cylindre horizontal fonctionnant suivant le cycle à quatre temps ; l'admission du mélange détonant est effectuée par une soupape s'ouvrant automatiquement sous l'effet de l'aspiration et l'échappement est obtenu par une soupape de décharge commandée par une paire d'engrenages réduisant de moitié la vitesse, une came et un système de leviers ; le refroidissement du cylindre est produit par un courant d'eau froide circulant dans une double enveloppe.

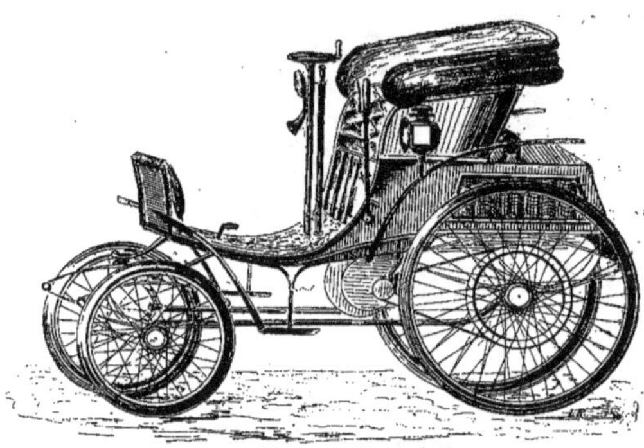

Fig. 295. — Voiture automobile à pétrole Fisson.

Le moteur est disposé dans le sens longitudinal à l'arrière de la voiture ; son arbre moteur parallèlement aux essieux actionne, par une transmission à courroie à deux vitesses, un arbre intermédiaire qui reçoit le mouvement différentiel et commande les roues motrices par une transmission à chaîne ; les deux vitesses correspondent à 8 et 20 kilomètres à l'heure pour une vitesse de l'arbre moteur de 350 tours par minute ; la vitesse du moteur pouvant varier dans d'assez grandes limites, il est possible, quoique ne possédant que deux changements de vitesse, de passer par toutes les vitesses intermédiaires. La figure 295 représente une automobile Fisson à deux places ; la direction est obtenue par un volant actionnant les roues directrices d'avant à pivots conjugués.

Automobiles à pétrole Lutzmann. — Ces voitures, construites par la Société Internationale de Voitures Automobiles, sont munies d'un moteur horizontal à essence de pétrole et allumage électrique ne possédant pas de carburateur ; l'essence de pétrole arrive directement à la soupape d'aspiration, comme dans le moteur Mors, et se vaporise dans le cylindre lui-même échauffé par les détonations précédentes. La transmission a encore lieu, comme dans les voitures ci-dessus décrites, par une transmission à courroie à deux vitesses actionnant un arbre intermédiaire muni du différentiel et qui commande les roues

Fig. 296. — Voiture automobile à pétrole Lutzmann.

motrices d'arrière par chaînes ; mais une particularité intéressante à noter, réside dans ce que les poulies de la transmission à courroie sont ordinairement en bois, de manière à augmenter l'adhérence.

Les roues directrices d'avant sont absolument indépendantes et montées sur fourches à pivots conjugués. Les quatre roues, l'arbre intermédiaire et les têtes de fourches de l'avant-train sont munis de coussinets à billes, ce qui procure une grande douceur de fonctionnement. La figure 296 montre une voiture Lutzmann à quatre places forme vis-à-vis.

Automobiles à pétrole Georges Richard. — Ces voitures, très élégantes de forme, comme le montre notre figure 297 représentant une automobile à deux places pouvant porter au besoin trois personnes, sont munies d'un moteur système Benz à gazoline de 2 chevaux ; l'allumage du mélange détonant dans le cylindre du moteur est électrique et produit par l'étincelle d'une bobine d'induction alimentée par des accumulateurs qui ne demandent à être rechargés que très rarement. L'arbre moteur commande par une transmission à courroie à changement de vitesse un arbre intermédiaire, qui porte le mouvement différentiel et actionne les roues motrices d'arrière par deux chaînes ; le changement de vitesse et l'embrayage s'obtiennent par une seule manette.

Les roues directrices d'avant à essieu brisé et pivots conjugués sont commandées par une manivelle agissant par un pignon sur une crémaillère ; la direction est très douce et permet de suivre des courbes de très petits rayons. Ces voitures sont garnies de deux freins très énergiques mis en mouvement l'un par un levier à main et l'autre par une pédale. Les roues sont soit en bois, soit métalliques à rayons tangents en fils d'acier ; elles sont garnies de bandages de caoutchouc plein ou de pneumatiques ; les moyeux sont à billes et la carrosserie très soignée.

Fig. 297. — Voiture automobile à pétrole Georges Richard.

Automobiles à pétrole Lepape. — M. Lepape a successivement créé un certain nombre de voitures automobiles et de moteurs à pétrole spéciaux pour les actionner ; après avoir essayé un moteur à trois cylindres disposés à 120°, comme dans la machine à vapeur Brotherhood, il se rallia à un moteur à un seul cylindre horizontal fonctionnant suivant le cycle à quatre temps à allumage électrique et refroidissement par l'air ; dans ce moteur, dont la vitesse est de 300 tours par minute, le poids de l'eau de refroidissement, de la pompe provoquant sa circulation, des canalisations et du réservoir d'eau est remplacé par un même poids de fonte formant volant de chaleur et disposé autour du cylindre suivant une enveloppe contenant de nombreuses chambres à air orientées dans le sens de la marche, de manière à activer la circulation de l'air qui opère le refroidissement ; cette enveloppe ajourée est venue de fonte avec l'ensemble du bâti du moteur.

La transmission du mouvement à l'arbre intermédiaire muni du différentiel et commandant par chaînes les roues motrices est réalisé par un galet de friction s'appuyant sur un plateau calé sur l'arbre moteur et formant volant ; le changement de vitesse et de marche s'effectue en déplaçant plus ou moins le galet par rapport au centre du plateau et l'embrayage et le débrayage en éloignant le galet du plateau ou en l'y appuyant. La pression du galet sur le plateau se règle automatiquement par la traction des chaînes de commande des roues motrices; en effet, plus la résistance opposée à la marche du véhicule est grande, plus la portion travaillante de ces chaînes se trouve tendue et plus énergique est la pression du galet sur son plateau d'entraînement.

Automobiles à pétrole Tenting. — Les voitures de M. Tenting sont munies d'un moteur à deux cylindres à allumage électrique et refroidissement par un courant d'eau froide circulant dans une double enveloppe; la principale particularité de ce moteur réside dans ce refroidissement, qui est réglé de manière à laisser les cylindres à une température relativement élevée, ce qui améliore le rendement.

L'arbre moteur possède un volant commandant par friction sur son pourtour conique

Fig. 298. — Voiture automobile à pétrole Tenting.

deux plateaux disposés sur un même axe de part et d'autre de l'arbre moteur et entre lesquels se trouve un disque calé sur l'arbre intermédiaire, arbre qui commande par une chaîne unique l'essieu des roues motrices portant le mouvement différentiel; les deux petits plateaux entraînés par friction par le volant entraînent également par friction le disque sur lequel ils se trouvent appuyés par deux ressorts; pour le changement de vitesse et de marche, un levier permet de déplacer le disque qui suivant la place qu'il occupe par rapport au centre des plateaux, est entraîné avec une vitesse plus ou moins grande dans un sens ou dans l'autre.

Notre figure 298 représente une voiture à quatre places équipée de cette manière; au début, la direction était effectuée, comme l'indique cette figure, par un volant donnant par l'intermédiaire d'une chaîne un mouvement de rotation à tout l'avant-train tournant autour d'une cheville ouvrière; mais actuellement M. Tenting s'est rallié, comme presque tous les autres constructeurs, à la direction à roues indépendantes et pivots conjugués. M. Tenting a également construit des voitures pouvant marcher avec du pétrole lampant en place d'essence de pétrole; c'est là une innovation intéressante à noter.

Automobiles à pétrole New et Mayne.

— Aussitôt après l'abolition de la grotesque loi anglaise dont nous avons parlé plus haut et qui était absolument prohibitive de tout développement de l'automobilisme, de nombreux constructeurs anglais se sont mis à la besogne et ont déjà créé un certain nombre de types d'automobiles très intéres-santes et originales. Nous pouvons citer parmi celles-là les voitures de MM. New et Mayne, représentées en France par M. E.-H. Cadiot.

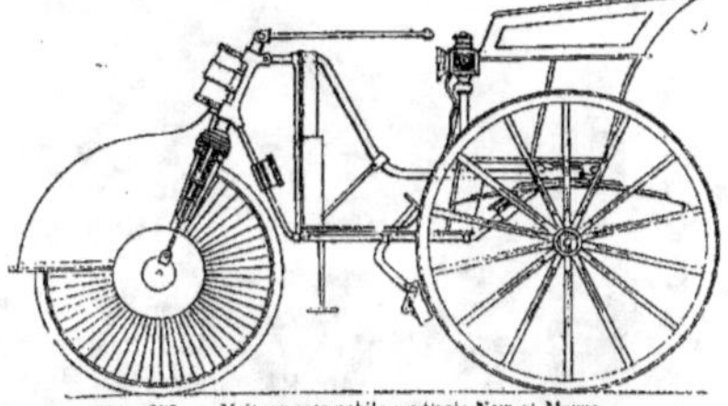

Fig. 299. — Voiture automobile à pétrole New et Mayne.

La figure 299 représente une petite voiturette à deux places d'un système très particulier et d'une simplicité qu'il serait réellement bien difficile de dépasser; comme on le voit sur notre gravure, la roue d'avant est à la fois motrice et directrice; les deux cylindres d'un moteur à essence de pétrole sont placés de part et d'autre de la fourche de cette roue et leurs pistons attaquent directement son essieu par une paire de bielles et de plateaux-manivelles; le réservoir d'essence est situé au-dessus des deux cylindres. Tout cet ensemble est mobile dans une douille à frottement à billes et peut s'incliner dans le sens voulu pour la direction à l'aide d'un levier directeur; un frein à sabot agit pour l'arrêt sur les roues arrière et est mû par une pédale.

La figure 300 montre une voiture automobile présentant également quelques particularités; le moteur à essence possède deux cylindres inclinés et tourne à grande vitesse; sa distribution se fait par soupapes et l'allumage par tube incandescent; il est supporté par un châssis spécial indépendant de la caisse de la voiture et commande les roues motrices d'avant par une transmission à engrenages; la caisse de la voiture n'est pas rigidement reliée au châssis du moteur, mais supportée par lui au moyen de ressorts de suspension flexibles qui amortissent les trépidations dues aux mouvements alternatifs

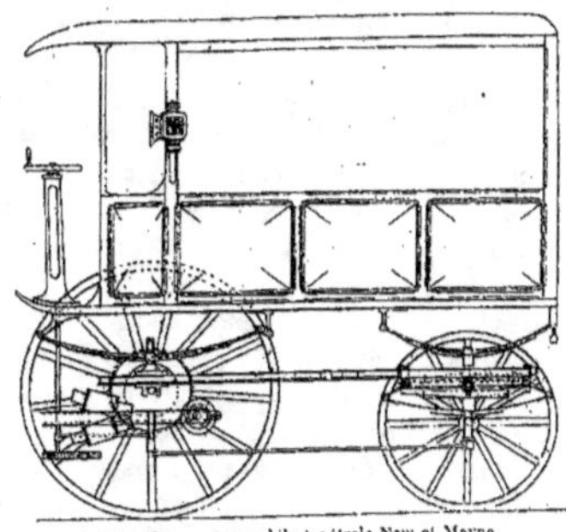

Fig. 300. — Automobile à pétrole New et Mayne.

des pistons; les roues arrière sont directrices et leur essieu peut tourner autour d'une cheville ouvrière sous l'action d'un volant de direction agissant par des tringles placées sous le véhicule.

En plus de ces intéressantes voitures, M. E.-H. Cadiot vient d'introduire en France un très intéressant moteur à pétrole lampant, d'origine anglaise, spécialement construit pour la commande des automobiles; le bon fonctionnement de ce moteur vient confirmer ce que nous écrivions au début de ce chapitre, c'est-à-dire qu'il n'est pas douteux que les nombreux progrès faits durant ces dernières années par les moteurs à pétrole lampant et les avantages d'économie et de sécurité qu'ils présentent, ne les fassent appliquer bientôt en automobilisme.

Ce nouveau moteur représenté par notre figure 301 est à deux cylindres horizontaux, fonctionnant suivant le cycle à quatre temps et dont les pistons commandent l'arbre moteur par une paire de bielles et de manivelles calées à 180°, de manière à équilibrer les organes en mouvement et par suite à réduire au minimum les trépidations ; une enveloppe de fonte en deux pièces formant paliers pour l'arbre moteur renferme les têtes de bielles et les manivelles, et empêche l'introduction des poussières et la projection de l'huile de graissage ; la partie supérieure de cette enveloppe peut facilement s'enlever en dévissant quelques boulons, de manière à permettre le nettoyage de différents organes du moteur. Le

Fig. 301. — Moteur Cadiot à pétrole lampant à deux cylindres pour automobiles.

vaporisateur qui reçoit le pétrole et le transforme en vapeur est situé contre les culasses des cylindres et est chauffé par une lampe spéciale ; l'admission du mélange tonnant se fait par des soupapes automatiques et l'échappement des gaz brûlés par des soupapes de décharge commandées mécaniquement par des cames.

L'arbre moteur porte d'un côté un volant assez lourd, régularisant la marche, et peut recevoir de l'autre les engrenages, embrayages ou poulies destinés à la commande des roues motrices. Des graisseurs situés sur les deux cylindres, au-dessus des manivelles et sur les paliers de l'arbre moteur, assurent la lubrification des parties frottantes. Ces moteurs se construisent à un seul cylindre pour des puissances de 1/2 cheval et 1 cheval et à deux cylindres pour 7/8, 2 et 3 chevaux.

Automobiles à pétrole Michelin. — La figure 302 représente la voiture Michelin qui prit part à la course Paris-Bordeaux-Paris en 1895 et qui fut la première voiture automobile qui reçut des bandages pneumatiques ; cette voiture accomplit toute la course (1 200 kilomètres) sans aucune avarie sérieuse et se classa en bonne place, démontrant ainsi d'une manière irréfutable la possibilité d'emploi des bandages pneumatiques pour les automobiles ; démonstration d'autant plus concluante que ce véhicule actionné par un moteur Daimler pesait en ordre de marche plus de 1 200 kilogrammes. Le résultat le plus net de ce succès fut que, dans la course de l'année suivante, Versailles-Marseille-Paris, un nombre relativement grand de voitures automobiles engagées étaient munies de pneumatiques Michelin et que toutes se comportèrent parfaitement durant le trajet, malgré la longueur du parcours et les vitesses obtenues.

Les voitures automobiles que fit construire M. Michelin n'avaient, en effet, d'autre but que de démontrer d'une façon indiscutable par une expérience sérieuse la possibilité de l'application des bandages pneumatiques aux véhicules très lourds et les avantages incontestables que l'on peut en retirer; ces voitures remplirent pleinement le but auquel elles étaient destinées, et, malgré l'étonnement que l'on eut d'abord de voir appliquer à ces véhicules pesants un ingénieux dispositif que l'on croyait ne pouvoir servir qu'aux légers vélocipèdes, on dut se rendre à l'évidence; cette expérience fut si concluante que la plupart des constructeurs, à part quelques très rares exceptions, emploient maintenant couramment les bandages pneumatiques ou du moins en garnissent leurs automobiles sur la demande de leurs clients.

Pour les voitures automobiles, les grands avantages retirés de l'emploi des pneumatiques résident d'abord dans la diminution de la résistance de roulement, ce qui permet d'augmenter la vitesse sans accroître la puissance du moteur et par suite le poids du véhicule, puis dans l'atténuation des chocs détériorant le mécanisme, ce qui donne à la voiture une plus grande durée ; on peut même, grâce à l'emploi des pneumatiques, diminuer le poids des automobiles qui ne demandent plus à être aussi solidement construites; nous ne parlons pas du confortable, qui se trouve naturellement énormément accru par la suppression des chaos et des chocs.

Fig. 302. — Première voiture automobile munie de bandages pneumatiques Michelin.

Nous ne nous arrêterons pas plus longtemps ici sur les bandages pneumatiques que nous étudierons en détail dans notre second volume de l'année 1897 au sujet de la vélocipédie.

Voiturette automobile à pétrole Bollée. — Avec la voiturette Bollée, nous arrivons à une classe d'automobiles tenant le milieu entre les vélocipèdes tricycles ou bicyclettes à pétrole et les voitures automobiles proprement dites. Notre figure 303 est une reproduction phototypographique de la voiturette Bollée vue du côté du moteur et la

Fig. 303. — Voiturette automobile à essence de pétrole Bollée. — Vue du côté du moteur.

figure 304 une semblable reproduction du même appareil vu du côté du réservoir à pétrole monté et en état de marche; les figures 305 et 306 sont deux coupes schématiques verticales et horizontales qui nous serviront à bien faire comprendre le mécanisme, d'ailleurs très simple et ingénieux, de cet intéressant véhicule.

Comme on le voit par ces gravures, la voiturette Bollée ne possède que trois roues dont les deux d'avant à pivots conjugués sont directrices et celle d'arrière seule motrice; le cadre de la machine est réalisé en tubes d'acier brasés comme les cadres de bicyclettes et supporte tout le mécanisme et les deux sièges placés en tandem.

Le moteur à pétrole A, d'une puissance de 2 chevaux, fonctionnant suivant le cycle à quatre temps et placé en arrière sur le côté gauche, est à un seul cylindre horizontal dont le refroidissement s'opère par des ailettes venues de fonte; l'admission de l'air carburé se fait par une soupape placée à la partie supérieure arrière du cylindre et s'ouvrant automatiquement sous l'action de l'aspiration produite par le mouvement en avant du piston lors de la période

Fig. 301. — Voiturette automobile à essence de pétrole Bollée. — Vue du côté du réservoir à pétrole.

d'admission; l'échappement des gaz brûlés est obtenu par une soupape de décharge commandée à l'aide d'une série de leviers par une came calée sur un petit arbre secondaire entraîné par l'arbre moteur au moyen d'un train d'engrenages réduisant de moitié la vitesse, comme cela a lieu dans la majorité des moteurs à explosion ; afin d'amortir le bruit de l'échappement, les gaz brûlés passent d'abord dans une boîte cylindrique où ils se détendent avant d'être expulsés au dehors.

L'allumage du mélange tonnant est réalisé par un tube de métal peu oxydable, ordinairement de platine, chauffé par une lampe spéciale *e* alimentée par de l'essence de pétrole contenue dans le petit réservoir F d'une capacité d'environ un litre ; cette lampe est constituée par un tube métallique recevant une mèche de coton qui régularise l'arrivée de l'essence ; cette essence se vaporise sous l'influence de la haute température de la lampe et s'échappe sous forme de vapeur par un petit orifice supérieur en provoquant un appel d'air qui détermine une combustion complète avec une flamme non fuligineuse et très chaude ; sur la canalisation reliant le réservoir d'essence à la lampe se trouve une petite cloche à air régularisant l'arrivée du liquide combustible et amortissant les mouvements de la colonne liquide résultant des chocs ressentis par la voiturette.

Le réservoir B, d'une capacité de 7 litres, contenant l'essence destinée à l'alimentation du moteur en quantité suffisante pour un parcours de 80 kilomètres, est situé à l'arrière du côté opposé au moteur et communique avec celui-ci par une tubulure l et un tube contournant le derrière de la voiture ; le liquide inflammable arrive ainsi au régulateur d'admission à flotteur *d* et de là au carburateur *c* dans lequel se produisent l'évaporation de l'essence, la carburation de l'air et la formation du mélange tonnant.

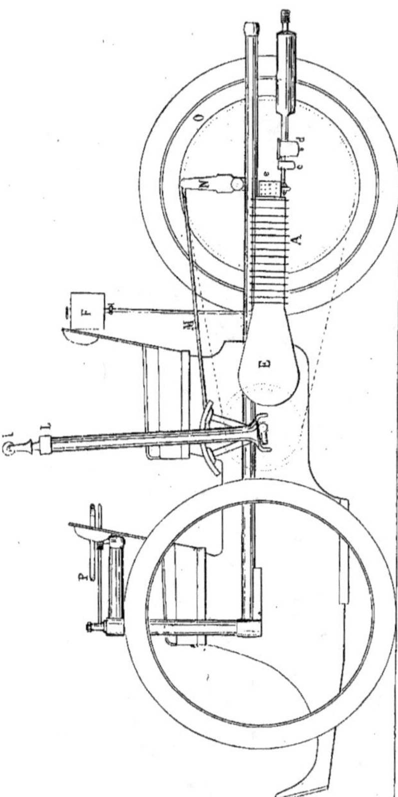

Fig. 305. — Élévation schématique de la voiturette automobile à essence de pétrole Bollée.

Le piston commande l'arbre moteur par l'intermédiaire d'une bielle et d'une manivelle venant à chaque tour plonger dans l'huile contenue dans la partie inférieure du réservoir hermétique E, ce qui assure un graissage parfait et automatique des organes en mouvement ; l'arbre moteur recevant le volant J porte trois roues dentées de diamètres différents pouvant engrener séparément avec trois autres roues dentées calées sur un arbre intermédiaire parallèle ; l'engrènement de l'un ou l'autre de ces trains d'engrenages qui constituent l'appareil de changement de vitesse peut être obtenu par le déplacement latéral de l'arbre intermédiaire au moyen d'une crémaillère et d'un petit pignon manœuvré par la poignée *l* du levier L. L'arbre intermédiaire porte, en plus des trois roues dentées, une poulie H qui, tout en étant solidaire du mouvement de rotation de l'arbre, reste à sa place lorsque celui-ci se déplace latéralement sous l'action de la crémaillère et du pignon pour le changement de vitesse ; cette poulie commande par une courroie de caoutchouc la roue motrice arrière O.

L'embrayage et le débrayage de cette courroie pour la mise en marche ou l'arrêt sont réalisés d'une manière très originale qui supprime en même temps les inconvénients dus à la variation de longueur des courroies ; l'axe de la roue O peut se déplacer légèrement dans le sens de la longueur de la voiture pour tendre ou détendre la courroie de commande, ce qui lui permet ou de glisser sur la roue H sans provoquer l'entraînement de la roue motrice ou d'être suffisam-

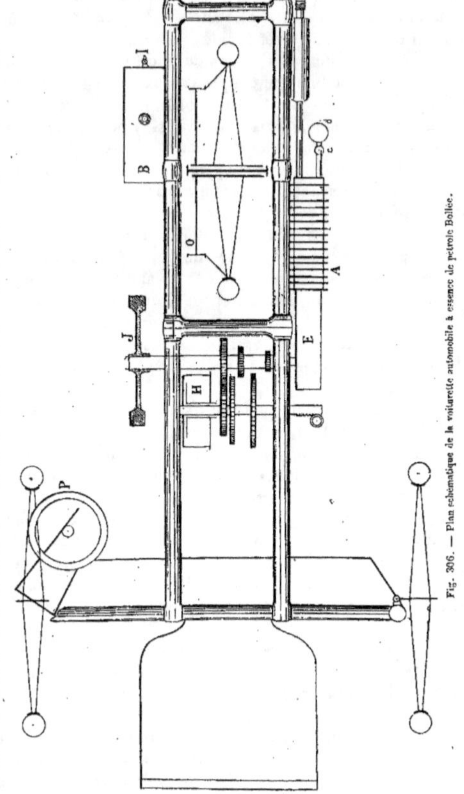

Fig. 306. — Plan schématique de la voiturette automobile à essence de pétrole Bollée.

ment tendue pour ne présenter aucune perte par glissement ; ce mouvement de l'axe de la roue arrière est obtenu par le levier L, qui peut recevoir un mouvement de va-et-vient en se déplaçant autour d'un axe sur un secteur denté qui permet de le fixer dans une position quelconque ; ce levier agit par la tringle M, sur la bielle N, qui, elle-même, provoque le déplacement de l'axe de la roue O.

Lorsqu'on pousse en avant le levier L, la roue motrice est déplacée en arrière, tend la courroie et détermine le démarrage ; si, au contraire, on tire ce levier L en arrière, l'axe de la roue motrice se déplace en avant, la courroie se desserre et glisse sans entraîner la roue motrice, qui vient elle-même s'appliquer contre un patin en caoutchouc fixe formant frein et déterminant l'arrêt rapide.

On voit donc que la conduite de la voiturette Bollée est très simple : il suffit pour démarrer, le moteur ayant été préalablement mis en marche à l'aide d'une manivelle se fixant sur l'arbre moteur du côté du volant et se détachant automatiquement aussitôt le départ obtenu, d'engrener la plus petite vitesse, puis de provoquer l'embrayage en agissant sur la tension de la courroie par le levier L, qui se fixe sur son secteur denté au point correspondant à la tension voulue pour une bonne marche ; on peut ensuite augmenter la vitesse de marche en embrayant par la rotation de la poignée I le train d'engrenages correspondant à la vitesse que l'on désire obtenir.

L'arrêt est simplement obtenu en tirant à soi le levier L qui débraye la courroie et applique la roue motrice contre son frein ; dans les descentes, un frein supplémentaire formé d'une courroie en cuir enserrant le volant du moteur sous l'action d'une pédale peut également ment être utilisé ; on peut aussi, dans ce cas, supprimer l'admission du moteur et employer celui-ci fonctionnant à blanc comme frein à air.

Les différentes vitesses données normalement par les trois paires d'engrenages sont de 8, 15 et 25 kilomètres à l'heure ; la plus petite vitesse permet de monter sans peine des côtes de 10 à 12 o/o.

La direction du véhicule est très commodément obtenue en agissant sur les roues directrices d'avant au moyen du volant P, qui, par l'intermédiaire d'un pignon et d'une crémaillère, agit directement sur la roue de droite et par une série de leviers sur la roue de gauche ; cette direction est très sensible et permet des tournants de très faibles rayons à une vitesse relativement grande.

Sur le volant J du moteur se trouve fixé un régulateur à force centrifuge agissant lorsque la vitesse du moteur dépasse la limite voulue sur la commande de la soupape d'échappement qui reste fermée et ne permet pas le départ des gaz brûlés et par suite l'admission de nouveaux mélanges détonants ; le moteur ralentit donc sa marche jusqu'au moment où, la vitesse étant revenue à la limite voulue, les différents organes reprennent leur fonctionnement normal.

La caisse de la voiturette supportant les sièges est en tôlerie ; elle couvre et protège les organes de changement de vitesse et forme à l'avant un coffre pouvant contenir les accessoires et l'outillage pour les petites réparations ; les sièges recouverts de dossiers et coussins élastiques sont très confortables.

La lubrification du piston est assurée par un graisseur réglable à gouttes visibles ; l'huile servant à son graissage s'écoule ensuite dans la boîte de la manivelle, d'où elle peut être extraite de temps à autre. Cinq graisseurs à graisse consistante genre Stauffer servent à lubrifier toutes les autres parties frottantes.

Les roues, dont les paliers sont à simple rangée de billes pour les roues d'avant et double rangée pour la roue motrice d'arrière sont métalliques à rayons d'acier tangents renforcés et munies de pneumatiques Michelin. L'emploi de pneumatiques était ici indispensable, parce que, la caisse étant directement fixée au châssis sans suspension élastique, les chocs auraient été sans cela insupportables pour les voyageurs et désastreux pour le mécanisme; avec les pneumatiques, au contraire, le roulement est d'une douceur remarquable, dépassant même certainement la douceur de marche de certaines voitures automobiles suspendues, mais non munies de pneumatiques.

Tricycle à pétrole Gladiator. — Le tricycle Gladiator, représenté par notre figure 307, ressemble assez comme aspect extérieur à un tricycle ordinaire; seulement, contrairement à ce que l'on est habitué de voir, les deux roues situées sur le même axe sont directrices et placées à l'avant et la roue unique située à l'arrière est seule motrice. Cette disposition, identique à celle de la voiture Bollée, présente certains avantages appréciables : d'abord, la roue motrice étant unique, il n'est naturellement plus nécessaire d'employer un mouvement différentiel, ce qui constitue une importante simplification; de plus, le poids total est bien réparti entre les trois roues et l'usure des bandages pneumatiques est bien uniforme; les deux roues d'avant supportent, en effet, l'appareil moteur placé dans un triangle indéformable formé par les tubes d'acier du bâti, tandis que la roue d'arrière supporte le poids du cavalier;

Fig. 307. — Tricycle automobile à essence de pétrole « Gladiator ».

enfin, le conducteur a sans cesse devant lui tout l'appareil moteur, qu'il peut ainsi surveiller sans dérangement.

Les pédales ont été conservées et servent au départ pour donner les premiers tours nécessaires à la mise en marche du moteur, qui se fait ainsi avec une grande facilité; de plus, les pédales sont d'un secours précieux pour les passages difficiles et en cas d'avaries survenues au moteur. Le moteur mis en marche, on peut d'ailleurs déclencher les pédales qui restent inertes; le conducteur peut alors mettre ses pieds sur des repose-pieds spéciaux et s'asseoir commodément sur sa selle, comme le représente la figure 308.

Le moteur employé, tournant à 600 tours par minute, peut développer une puissance effective de 60 kilogrammètres, puissance suffisante pour donner au tricycle une vitesse de 30 kilomètres à l'heure, vitesse qu'il ne serait pas prudent de dépasser en aucun cas. Ce moteur est à un seul cylindre vertical à refroidissement par des ailettes venues de fonte; il fonctionne suivant le cycle à quatre temps. Tous les organes moteurs et distributeurs sont renfermés à l'abri de la poussière et de la pluie dans une boîte hermétique, contenant l'huile nécessaire à la lubrification des parties frottantes. Un réservoir rectangulaire suspendu à la traverse supérieure du bâti contient la provision d'essence de pétrole suffisante pour une marche d'une journée; l'air arrive directement dans ce réservoir, qui sert en même temps de carburateur; une seule manette permet de régler les proportions du mélange tonnant. L'allumage est électrique et produit par l'étincelle d'une bobine d'induction dont le circuit primaire est alimenté par deux piles électriques système Lencauchez. Les gaz brûlés sortant du moteur se détendent dans un cylindre spécial rempli de paille de fer avant d'être rejetés dans l'atmosphère de manière à ne produire aucun bruit.

Un frein à corde agissant sur le pignon de l'arbre moteur et mû par une pédale permet l'arrêt rapide du tricycle.

La Société Gladiator construit également un quadricycle à deux places en tandem se distinguant peu du tricycle que nous venons de décrire, sauf dans le moteur d'une puissance effective de 2 chevaux qui est à deux cylindres horizontaux.

Tricycle à pétrole de Dion et Bouton. — Cet appareil, représenté par les figures 309 et 310, a la forme d'un tricycle ordinaire dans lequel, contrairement au tricycle Gladiator, les deux roues d'arrière sont motrices et la roue d'avant directrice. Par suite du poids relativement important, 75 kilogrammes environ, le bâti établi en tubes d'acier est très renforcé; la fourche de la roue directrice, qui doit présenter une grande résistance, est formée de quatre tubes arc-boutés, formant un ensemble extrêmement solide; les grandes dimensions du triangle d'appui donnent au véhicule une forte stabilité. Les roues à rayons tangents renforcés et à jante en acier ou en bois et acier sont munies de bandages pneumatiques Michelin, qui assurent une grande douceur de roulement.

Fig. 308. — Tricycle automobile à pétrole « Gladiator » en ordre de marche.

Ce tricycle peut être mis en mouvement par les jambes du cavalier agissant sur des pédales ou par un moteur à essence de pétrole, ou encore simultanément par ces deux moyens pour franchir des passages difficiles. Les pédales entraînent la roue dentée et la chaîne semblables à celles de tous les vélocipèdes au moyen de trois cliquets agissant sur une couronne à encoches intérieures faisant l'office de roue à rochets; ces pédales n'agissent donc que dans le mouvement en avant, et, dès que le moteur tourne plus vite que les jambes, elles se débrayent automatiquement; la chaîne peut être convenablement tendue par la rotation d'une pièce excentrée tournant dans un collier et fixée par un boulon a (fig. 311).

Le moteur représenté par la figure 312 et qui est situé à l'arrière du tricycle, comme l'indiquent les figures 309 et 310, fonctionne suivant le cycle à quatre temps et ne possède

Fig. 309. — Tricycle automobile à essence de pétrole de Dion et Bouton.

qu'un seul cylindre vertical refroidi par des ailettes venues de fonte; le piston actionne l'arbre moteur par une bielle et une manivelle renfermée, ainsi que deux volants placés de part et d'autre de la manivelle, dans un réservoir ou carter contenant une certaine quantité d'huile assurant par projection la lubrification de toutes les parties frottantes et particulièrement du piston; cette huile, qui doit être renouvelée de temps en temps, peut être extraite par l'ouverture z munie d'un bouchon à vis et remplacée par de l'huile introduite par l'ouverture supérieure *c* également fermée par un bouchon à vis. Un robinet de faible ouverture E, placé sur le fond du cylindre et pouvant être manœuvré par une tringle, permet pour la mise en route de supprimer la compression du mélange tonnant qui serait difficile à vaincre et facilite ainsi con-

Fig. 310. — Tricycle automobile à essence de pétrole de Dion et Bouton.

sidérablement le départ; la mise en train une fois obtenue, on referme naturellement le robinet. Ce moteur, de la force de 1 cheval environ, tourne à très grande vitesse : 1400 tours par minute lorsque le tricycle parcourt 20 kilomètres à l'heure.

Les soupapes d'échappement et d'admission (fig. 313) sont placées dans une petite

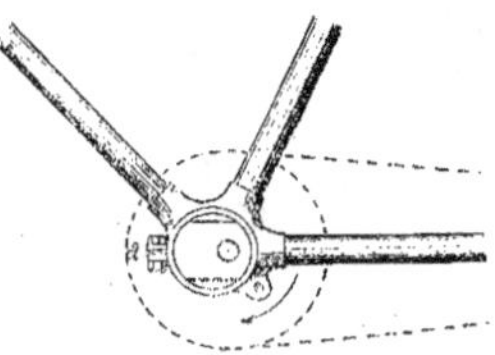

Fig. 311. — Mécanisme de tension de la chaîne.

boîte fixée sur le côté du fond du cylindre et faisant corps avec sa culasse; au-dessus de chacune d'elles se trouve un bouchon à vis A avec joint d'amiante qui se dévisse aisément à l'aide d'une clef spéciale et permet de vérifier très facilement l'état des soupapes et de les roder en cas de besoin. La soupape d'admission, maintenue fermée par un ressort, s'ouvre automatiquement sous l'effet de l'aspiration, tandis que la soupape d'échappement est mue en temps voulu par une came calée sur un petit arbre commandé par l'arbre moteur à l'aide d'un train d'engrenages réducteur de vitesse. Pour atténuer le bruit de l'échappement, les gaz brûlés se détendent avant d'être rejetés dans l'atmosphère, dans un cylindre fixé à gauche sous le tube qui supporte le moteur.

L'allumage du mélange détonant est effectué par une étincelle électrique jaillissant en temps voulu entre les deux fils de platine H, portés par la bougie d'allumage que représentent les figures 314 et 315; cette bougie d'allumage est formée d'une enveloppe métallique à vis se fixant dans une tubulure filetée à joint d'amiante et traversée par un tube de porcelaine qui reçoit et isole le conducteur communiquant d'une part avec l'un des fils H et d'autre part avec la borne à vis CD; l'autre fil H communique avec l'enveloppe métallique et par suite avec la masse du moteur. Le courant électrique nécessaire est produit par une bobine d'induction L (fig. 309) fixée sous l'essieu des roues d'arrière et alimentée par deux accumulateurs renfermés dans une boîte F (fig. 310) supportée par la traverse supérieure du bâti; la poignée gauche M du guidon (fig. 310 et 316) forme commutateur intercalé sur le circuit des accumulateurs et permet par sa rotation dans un sens ou dans l'autre de donner ou de supprimer l'allumage, ce qui est une précieuse ressource lorsqu'on veut arrêter brusquement le tricycle. Le trembleur automatique de la bobine d'induction est supprimé

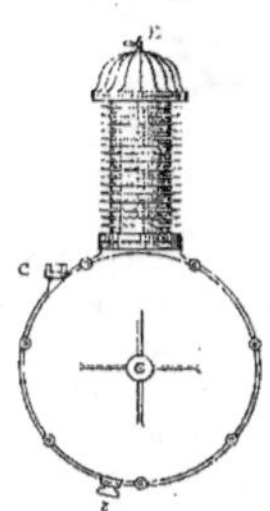

Fig. 312. — Moteur de Dion et Bouton.

et remplacé par un interrupteur commandé mécaniquement par une petite came calée sur l'arbre secondaire qui actionne la soupape d'échappement; cet interrupteur est formé, comme l'indiquent les figures 318 et 319, d'une lame vibrante G maintenue à l'une de ses extrémités par une vis et portant à l'autre

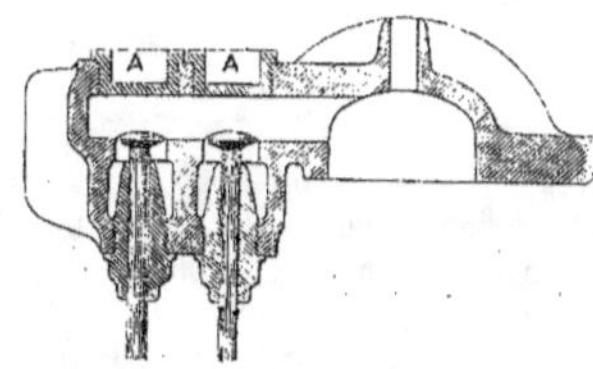

Fig. 313. — Soupapes d'admission et d'échappement.

extrémité une petite masse B qui reçoit l'action de la came; à peu près au milieu de la lame vibrante se trouve une vis réglable à tête de platine N qui peut être immobilisée à hauteur voulue par une vis latérale spéciale; le tout est recouvert et protégé par une enveloppe légère d'aluminium (fig. 320) fixée par deux petits écrous molletés; on comprend facilement le

Fig. 311. — Bougie d'allumage électrique.

fonctionnement de cet interrupteur : chaque fois que la petite masse B tombe dans le cran de la came, la lame vibrante G prend un mouvement vibratoire qui lui fait frapper et quitter successivement la tête de platine N où se produit une série d'interruptions du courant qui produisent les pulsations électriques nécessaires à la formation du courant induit à haute tension dans le circuit secondaire de la bobine, courant qui vient jaillir sous forme d'une série d'étincelles entre les deux

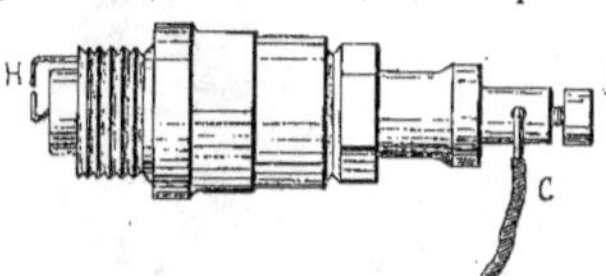

Fig. 315. — Bougie d'allumage électrique.

fils de platine H de la bougie d'allumage et qui détermine l'explosion du mélange tonnant. Un des principaux avantages de ce dispositif réside dans la facilité de régler exactement le moment d'allumage, de manière à obtenir le maximum d'effet moteur aux différentes vitesses de marche; pour cela, la came peut

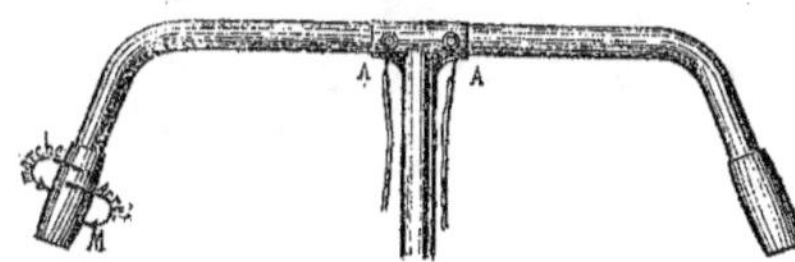

Fig. 316. — Guidon-interrupteur du tricycle de Dion et Bouton.

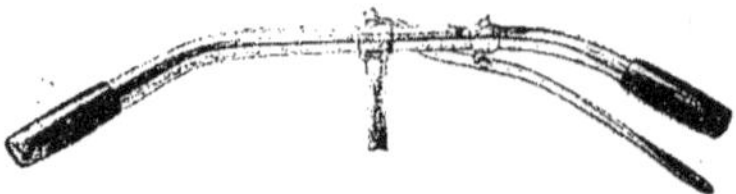

Fig. 317. — Guidon du tricycle de Dion et Bouton.

être déplacée sur son axe au moyen d'une manette H (fig. 321) située sous la selle. Les accumulateurs, qui ne pèsent que 4 kilogrammes, peuvent alimenter la bobine sans être rechargés pendant environ 150 heures de marche continue, ce qui permet de parcourir 3,000 kilomètres; pour faci-

liter le rechargement des accumulateurs aux personnes peu compétentes en électricité, il a été établi une petite planchette de charge (fig. 322) pouvant recevoir les deux accumulateurs dont les électrodes viennent se placer sous des contacts à ressorts disposés sur la planchette, les bornes de celle-ci étant reliées à une petite batterie de piles; si l'on dispose du courant d'un secteur ou d'une distribution d'électricité quelconque, il y a

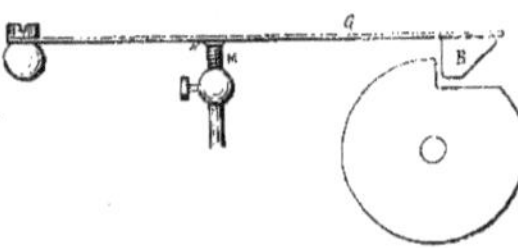

Fig. 318. — Interrupteur et came d'allumage.

commodité à l'utiliser en intercalant dans le circuit une ou plusieurs lampes formant rhéostats et limitant l'intensité du courant de charge qui ne doit pas dépasser 1 ampère; la planchette peut être alors disposée comme l'indique la figure 323. Un voltmètre permet de se rendre compte par l'indication de la force électromotrice des éléments du moment où ils doivent être rechargés et de la fin de la charge; la charge est terminée lorsque le voltage des deux éléments groupés en tension atteint 4,8 volts et il ne faut pas pousser la décharge en dessous d'une

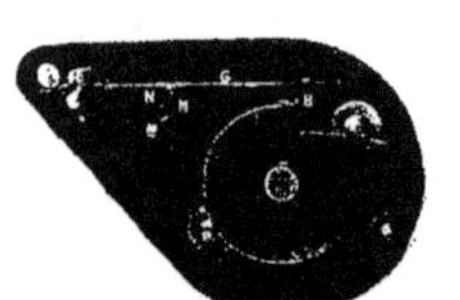

Fig. 319. — Interrupteur et came d'allumage.

tension de 3,6 volts.

Le réservoir d'essence de pétrole, formant en même temps carburateur et présentant la forme d'un losange irrégulier A, est supporté par la traverse verticale portant la selle du tricycle, comme l'indique la figure 310. Ce carburateur, représenté en vue extérieure par la figure 324 et en coupes longitudinale et latérale par les figures 325 et 326, est composé d'un réservoir pouvant recevoir par la tubulure à vis a environ 4 litres d'essence, ce qui suffit au parcours de 70 à 100 kilomètres, selon l'état et le profil de la route; un flotteur, dont la tige émerge par la tubulure I, permet de vérifier à chaque moment le niveau du liquide. L'air extérieur destiné à former avec l'essence vaporisée le mélange détonant pénètre dans le carburateur par une cheminée

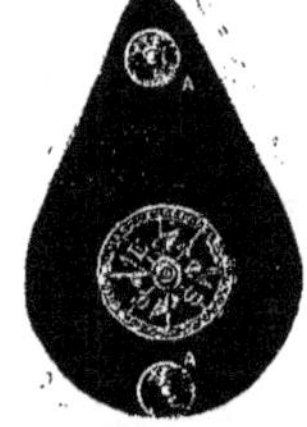

Fig. 320. — Enveloppe de la came d'allumage.

mobile I, qui peut coulisser dans un manchon et être plus ou moins élevée ou abaissée; cette cheminée se termine à sa partie inférieure par une plaque rectangulaire de laiton L, qui vient former une sorte de toit au-dessus de la surface de l'essence et force l'air à lécher le liquide pour se charger de vapeur d'essence, puis à remonter le long du récipient; à mesure que l'essence s'évapore et que le récipient se vide, on doit naturellement abaisser la cheminée et sa plaque pour

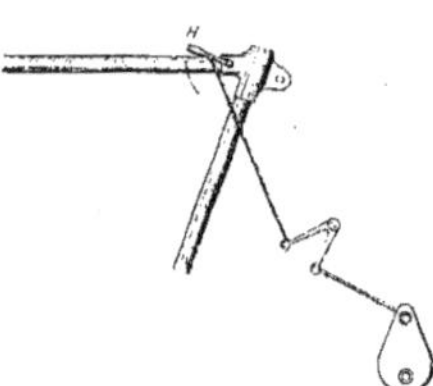

Fig. 321. — Mécanisme de réglage du moment d'allumage.

garder une bonne carburation; la tige du flotteur indique d'ailleurs constamment la position exacte à donner à la cheminée. Afin de permettre toujours une évaporation suffisante de l'essence, même par les plus grands froids, une partie des gaz de l'échappement peut être dérivée en cas de besoin et venir traverser un serpentin placé dans le carburateur.

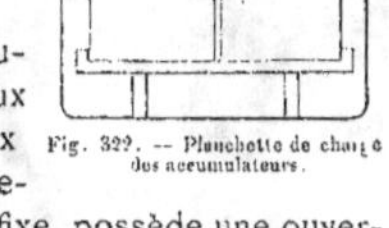

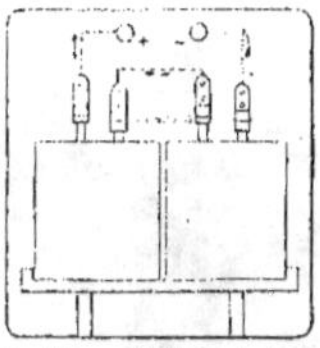

Fig. 322. — Planchette de charge des accumulateurs.

A la partie supérieure du carburateur se trouvent deux robinets cylindriques accolés et horizontaux A et B (fig. 326). Le robinet A est constitué par deux cylindres concentriques, le plus petit tournant à frottement doux dans le plus grand; le cylindre extérieur, fixe, possède une ouverture b communiquant avec l'air extérieur et une autre ouverture a communiquant avec l'intérieur du carburateur; le cylindre intérieur porte une seule ouverture en losange qui vient en regard tantôt de l'ouverture a, tantôt de l'ouverture b, tantôt des deux à la fois; on peut donc par ce robinet changer les proportions du mélange détonant constitué par l'air carburé allié à l'air extérieur, ce réglage ayant pour but de modifier la vitesse du moteur et d'obtenir un mélange présentant le maximum d'effet moteur pour la dépense minimum d'essence. Le mélange ainsi formé entre dans le robinet de gauche B par le fond des cylindres qui est ouvert et il est envoyé par une ouverture c dans un tube qui traverse le carburateur et va aboutir à la soupape d'admission du moteur. Le robinet A est manœuvré par une manette K' et le robinet B par une manette J, comme l'indiquent nos figures 327, 328 et 329; ces manettes, qui se trouvent à portée de la main du conducteur, lui permettent de régler la vitesse et la puissance de son moteur.

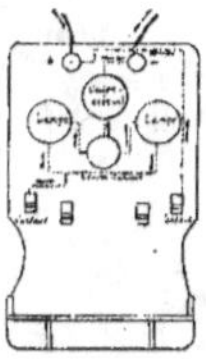

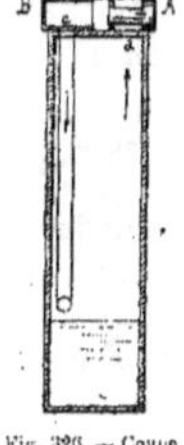

Fig. 323. — Planchette de charge des accumulateurs sur un circuit d'éclairage.

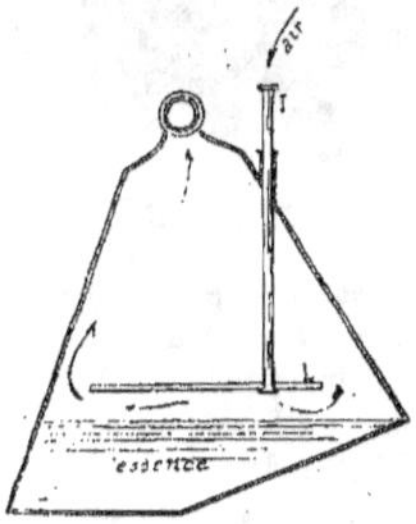

Fig. 325. — Coupe longitudinale du carburateur.

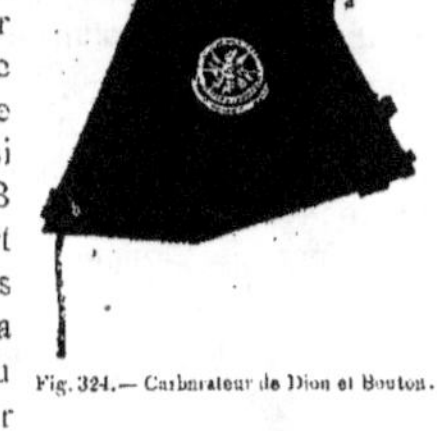

Fig. 324. — Carburateur de Dion et Bouton.

L'arbre moteur à sa sortie du réservoir où se meut sa manivelle porte un pignon denté (fig. 330) engrenant avec une roue dentée calée sur l'essieu des roues motrices d'arrière qui porte le mouvement différentiel permettant aux deux roues de tourner à des vitesses différentes aux passages des courbes. En cas d'avaries mettant le moteur hors de service et rendant nécessaire la marche par les pédales, il est utile d'isoler ce moteur, de manière à ne pas avoir à entraîner ses différents organes, ce qui procure une dépense de force bien inutile; ce résultat s'obtient très simplement en enlevant le pignon de commande après

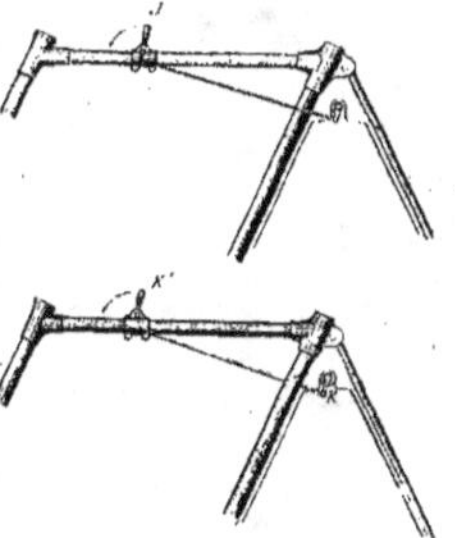

Fig. 327 et 328. — Dispositif de dosage du mélange tonnant.

Fig. 326. — Coupe latérale du carburateur.

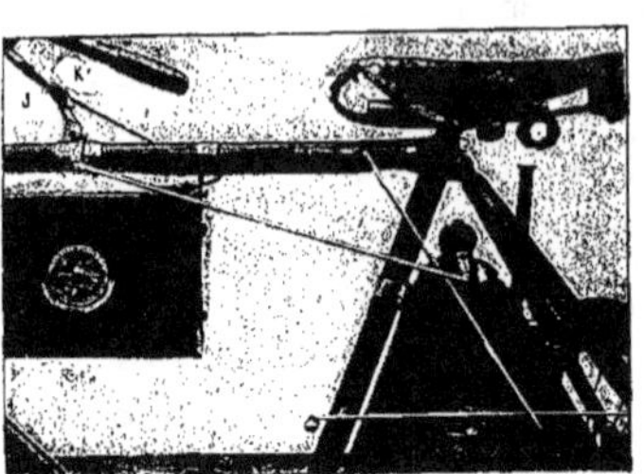

Fig. 329. — Mécanisme de dosage du mélange explosif.

avoir desserré son écrou et son contre-écrou A, A.

Pour l'arrêt, le tricycle est muni de deux freins : un frein ordinaire de vélocipède agissant sur la roue d'avant par un patin de caoutchouc et un frein à lame très puissant agissant sur un tambour calé sur l'essieu des roues d'arrière et actionné par le levier *r* (fig. 310) placé à la gauche du tube à douille de la direction ; la tige de commande A (fig. 331) de ce frein peut se visser plus ou moins dans l'écrou E, de telle sorte que, pendant la marche, la lame du frein ne soit par aucun point en contact avec la surface du tambour sur lequel elle agit pour l'arrêt.

Pour terminer, disons que les pneumatiques Michelin établis spécialement pour ce tricycle lui assurent une grande douceur de roulement et présentent toutes les garanties de solidité désirables ; avec une chambre à air de rechange ou même simplement un petit nécessaire de réparation, il est absolument impossible de rester en détresse par la faute des pneumatiques.

VOITURES AUTOMOBILES ÉLECTRIQUES. — Toute voiture électrique comprend trois organes essentiels : la source d'électricité, le moteur et les appareils de direction, de réglage et de mise en marche. Comme il est évidemment impossible ici de maintenir

Fig. 330. — Pignon de commande de l'arbre moteur.

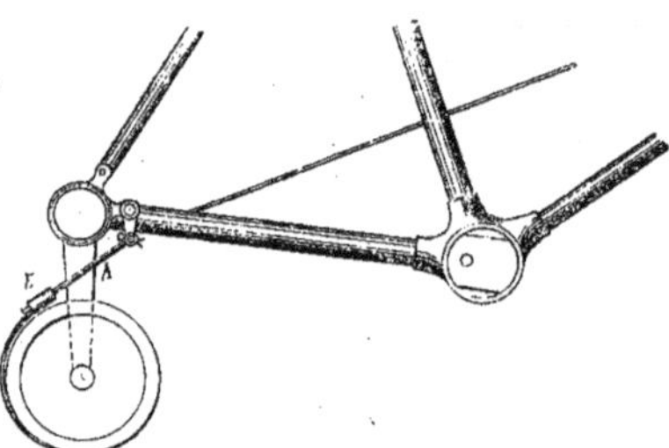

Fig. 331. — Commande et dispositif de réglage du frein à lame.

à l'aide d'une canalisation quelconque le véhicule en relation continue avec une usine génératrice, comme on le fait pour les tramways, on doit forcément employer une source d'électricité portative, c'est-à-dire des piles ou des accumulateurs. Les piles ne sont pas actuellement d'un emploi possible par suite du prix élevé de l'énergie électrique qu'elles fournissent et leur usage n'a été réalisé jusqu'ici que pour quelques voitures de luxe qui mettent la traction à un prix exorbitant ; il ne reste donc que les accumulateurs, qui peuvent être appliqués pratiquement.

Les voitures automobiles à accumulateurs, qualifiées du nom bizarre d'accumobiles par M. Hospitalier, n'ont pas non plus jusqu'ici été très employées, par suite des inconvénients des accumulateurs ; ceux-ci présentent en effet dans ce cas, et même à un plus haut degré encore, les inconvénients que nous avons signalés au sujet des tramways à accumulateurs, c'est-à-dire un poids excessif, une détérioration relativement rapide des plaques constituant les éléments, surtout des plaques positives, sous l'influence des à-coups dus au

démarrage et des chocs inévitables dans un véhicule en marche et enfin l'immobilisation de
la voiture pendant la charge des accumulateurs ou la manipulation difficile des batteries d'accumulateurs pour le remplacement des éléments déchargés par des éléments rechargés. Le
poids et la détérioration par les chocs ont certainement une importance bien plus grande
pour des véhicules roulant sur des routes quelconques que pour des tramways se déplaçant
sur des rails; en revanche, il est vrai que la difficulté de rechargement des accumulateurs est
ordinairement moins grande, car le travail ordinaire des voitures admet presque toujours des
repos suffisants pour permettre d'effectuer le rechargement des accumulateurs sur la voiture
et en tout cas la batterie, étant beaucoup moins importante que dans un tramway, est d'une
manipulation bien plus aisée.

Toutefois, les progrès réalisés depuis quelque temps dans la construction des accumulateurs permettent déjà d'atténuer leur principal défaut en abaissant considérablement le
poids des batteries pour une même capacité et un même débit; c'est ainsi qu'en 1881 il
fallait avec les accumulateurs les plus légers une batterie de 1,000 kilogrammes pour disposer d'une puissance de 1 kilowatt, et, pour emmagasiner une quantité d'énergie égale à 1 kilowatt-heure, il était nécessaire d'employer une batterie pesant 140 kilogrammes; aujourd'hui,
au contraire, il suffit, sans forcer le régime des accumulateurs actuels, de 200 kilogrammes pour
produire une puissance de 1 kilowatt et de 40 à 50 kilogrammes pour emmagasiner 1 kilowatt-heure (1).

Les moteurs ont subi des progrès semblables, et les électromoteurs de 2 à 3 kilowatts,
qui anciennement ne possédaient pas un rendement de 60 o/o et pesaient 30 à 40 kilogrammes
par kilowatt, peuvent atteindre actuellement un rendement de 85 à 90 o/o sous un poids de
15 à 20 kilogrammes par kilowatt. On voit par là combien la traction électrique des voitures
a fait indirectement de progrès par les perfectionnements apportés aux deux principaux
organes qui lui sont indispensables : les accumulateurs et les électromoteurs.

Il n'en est pas moins évident que pour les courses à longue distance et pour le tou-
risme en général, les voitures électriques sont absolument impraticables et ne pourront rivaliser avec le pétrole que le jour où l'on trouvera dans chaque ville une source d'électricité
pouvant recharger leurs accumulateurs; l'essai tenté par M. Jeantaud, dans la course
Paris-Bordeaux de 1895, avec sa voiture électrique échangeant tous les 25 kilomètres sa
batterie d'accumulateurs déchargée contre une batterie rechargée coûteusement expédiée de
Paris et qui malgré cela ne put que parcourir la moitié du parcours avec un retard considérable,
ne fit que démontrer, ce qui était évident pour tous, que les voitures électriques ne pouvaient
dans de telles conditions lutter avec le pétrole et même la vapeur.

Cela ne prouve pas qu'il faille rejeter complètement la voiture électrique, mais
simplement qu'il ne faut l'utiliser que lorsque les conditions de fonctionnement lui sont favorables et contribuent à faire ressortir ses nombreuses qualités sans trop souffrir de ses défauts.
Il est en effet certains cas où les voitures électriques sont dès maintenant supérieures à toutes
les autres et où elles trouveront incontestablement une place très importante à prendre. La
grande majorité des voitures ne sont évidemment pas destinées à parcourir des centaines de
kilomètres dans tous les sens, mais, bien au contraire, à faire un parcours relativement restreint d'au maximum 50 kilomètres avec retour ensuite à la remise, qui, dans ce cas, constitue
l'usine de rechargement des accumulateurs; avec de telles conditions, la voiture électrique ne

____

(1) Ces chiffres sont tirés d'une très intéressante conférence de M. Hospitalier publiée dans l'*Industrie Électrique* du
10 mai 1897.

possède plus que les inconvénients indiqués au début et garde tous les nombreux avantages que nous allons examiner.

Les voitures électriques possèdent sur toutes les autres au point de vue mécanique et pratique une supériorité incontestable. D'abord les moteurs électriques, ne comportant aucun mouvement de va-et-vient et simplement un mouvement rotatif, présentent une douceur de marche remarquable et suppriment d'une manière absolue les trépidations si désagréables que présentent à un degré plus ou moins considérable toutes les automobiles à pétrole ou à vapeur et qui constituent un des reproches qui leur sont le plus souvent faits; de plus, les voitures électriques ne dégagent aucune odeur ou fumée comme les autres véhicules à vapeur ou à pétrole.

Le démarrage des voitures électriques se fait avec une douceur et une facilité remarquables par une simple manette permettant également de régler la vitesse qui peut varier de zéro à la vitesse maximum en passant par toutes les valeurs possibles et cela sans nécessiter d'appareils mécaniques de changement de vitesse par courroie, engrenages ou plateau à friction qui compliquent toujours le mécanisme et augmentent les chances d'avaries. Contrairement aux autres moteurs, les moteurs électriques présentent, en effet, la précieuse qualité de posséder un couple moteur qui augmente à mesure que décroît la vitesse de rotation de l'induit et inversement; on sait que le courant traversant l'induit pour une même différence de potentiel aux bornes dépend de la force contre-électromotrice qui augmente et diminue en même temps que la vitesse; pour le démarrage ou la montée des côtes, lorsque la vitesse est relativement faible, l'intensité du courant traversant l'induit est par suite très grande et conséquemment le couple moteur qui avec la vitesse détermine la puissance de la machine est considérable; au contraire, lorsque la marche en palier ou suivant une légère inclinaison permet une grande vitesse de marche avec une faible dépense d'énergie, la consommation décroît d'elle-même ainsi que le couple moteur, qui, comme on le voit, joue le rôle de régulateur de vitesse. Dans une pente accentuée, on sait également qu'on peut se servir du moteur comme frein électrique, frein idéal qui non seulement n'est pas sujet à une usure rapide comme les freins ordinaires à frottement, mais encore permet de récupérer une partie de l'énergie, le courant électrique produit par le moteur tournant alors comme dynamo pouvant être utilisé à recharger partiellement la batterie d'accumulateurs.

Au repos, le moteur électrique est toujours immobile et sa mise en marche détermine le démarrage même de la voiture; cette mise en marche si facile et si sûre n'est pas comparable avec la mise en marche des moteurs à pétrole quelquefois si difficile, si désagréable et si aléatoire; le fonctionnement si régulier et le réglage si facile des moteurs électriques forment également un violent contraste avec la conduite des moteurs à pétrole qui demandent un réglage si soigné et si délicat pour fonctionner régulièrement et économiquement et qui présentent tant de risques d'arrêt. Aussi, tandis qu'il faut être quelque peu mécanicien pour obtenir de bons résultats avec les moteurs à pétrole, le premier venu peut conduire parfaitement une voiture électrique et lui faire rendre tout ce qu'elle peut donner, la simple manœuvre d'une manette suffisant pour la mise en marche, le changement de vitesse ou l'arrêt. Avec les moteurs électriques, pas de manipulations de liquide dangereux et inflammable, par suite aucun danger d'incendie; enfin, pour les personnes soigneuses et qui prennent tant de soins à rester indemnes de toute souillure, les voitures électriques présentent une propreté incomparable et leur conduite peut être faite par les dames en toilettes les plus claires sans faire courir à celles-ci le moindre risque de défraîchissement.

Ces avantages incontestables, ces qualités si précieuses assurent aux voitures électriques un développement certain qui sera plus ou moins rapide, suivant les progrès des accumulateurs; si, en effet, la source d'énergie électrique ne venait actuellement compenser par ses défauts la supériorité des électromoteurs, il n'y aurait aucun moteur qui pourrait entrer en lutte avec les moteurs électriques pour la traction des automobiles.

L'entreprise en grand des fiacres automobiles électriques avec une importante usine de rechargement des accumulateurs produisant à bon compte l'énergie électrique constituera sans doute une des premières et des plus intéressantes applications de la traction électrique des voitures et nous espérons en voir bientôt la réalisation pratique à Paris.

Automobile électrique Jeantaud. — La voiture électrique de M. Jeantaud, dont nous avons parlé plus haut, qui a pris part à la course des voitures automobiles entre Paris et Bordeaux et parcouru 600 kilomètres, se composait de deux sièges parallèles, à deux places chacun, et d'un siège derrière également à deux places en dos-à-dos.

La batterie d'accumulateurs était logée dans un coffre sous les places d'arrière. Elle était formée par 38 accumulateurs Tommasi d'un poids de 15 kilogrammes par élément et d'une capacité de 300 ampères-heure au régime de 30 ampères. La charge totale de la voiture était de 3,200 kilogrammes.

Le moteur pouvait fournir une puissance de 7 chevaux, avec un courant de 70 volts et 70 ampères au rendement industriel de 91 o/o. La vitesse de la voiture sur route en palier était de 24 kilomètres à l'heure.

Dans la course Paris-Bordeaux, les accumulateurs ont souvent fourni un débit bien supérieur à 70 ampères, ce qui correspond déjà presque à un régime de 5 ampères par kilogramme d'électrodes. La capacité des accumulateurs était alors de 210 ampères-heure et permettait de marcher trois heures à la vitesse de 24 kilomètres. Dans bien des cas, le débit a atteint 200 ampères au moment de quelques coups de collier.

Chaque batterie, du poids total de 850 kilogrammes, permettait d'accomplir un parcours de 40 à 70 kilomètres, suivant le profil de la route; le chargement des boîtes aux stations nécessitait un arrêt de dix minutes. Disons enfin que c'est la première fois qu'une voiture électrique a pu fournir un trajet de cette importance (600 kilomètres), même avec des relais d'accumulateurs répartis sur la route.

Automobiles électriques A. Darracq. — Ces voitures sont principalement caractérisées par l'emploi d'un châssis moteur interchangeable sur lequel peuvent être placées à volonté des caisses de voitures quelconques : coupé, cab, duc, mylord, vis-à-vis, etc. Ce châssis, représenté en coupe schématique par la figure 332, est construit entièrement en tubes d'acier sans soudure BB, ce qui lui donne une solidité et une rigidité exceptionnelles sous un poids restreint; il porte de chaque côté deux ressorts en demi-cercles C, C' où peuvent être suspendues les caisses des voitures et qui amortissent complètement, grâce à leur douceur, toutes les vibrations déjà considérablement atténuées par les roues caoutchoutées; le moteur électrique ne produit d'ailleurs aucune trépidation; ce moteur D à quatre pôles commande par un pignon I une roue dentée F, qui elle-même actionne par un pignon H un tambour denté J contenant le mouvement différentiel, dont on voit en P les pignons coniques qui engrènent avec deux roues d'angle calées sur les deux parties de l'essieu A des roues motrices; quant aux accumulateurs, ils sont placés dans la caisse de la voiture. La direction est obtenue par les roues d'avant à essieu brisé; elle s'effectue par l'intermédiaire d'un parallélogramme articulé, disposé de telle manière que, quelles que soient les oscillations de la caisse par rapport au châssis, la connexion entre le levier de direction et les roues soit toujours parfaite, ce qui assure une transmission indéréglable et une marche absolument sûre. Aux descentes, le moteur peut être utilisé comme dynamo-frein et récupérer en partie l'énergie qui, avec les freins ordinaires, n'est employée qu'à user et dégrader les surfaces frottantes; un frein électrique et un frein mécanique de sûreté sont de plus à la disposition du conducteur. Le couplage des accumulateurs restant constant, un commutateur et un levier servent à toute la manœuvre; ce levier permet d'obtenir, suivant sa position, la marche avant, le freinage ou la marche arrière.

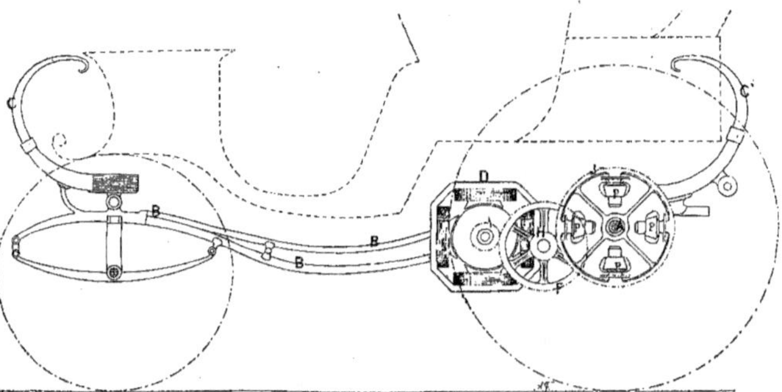

Fig. 332. — Schéma du châssis interchangeable des voitures automobiles électriques A. Darracq.

Notre figure 333 représente l'élégant coupé exposé par M. Darracq au dernier Salon du Cycle et qui se distingue par la disposition du siège du conducteur, qui est placé à l'arrière comme dans les cabs; cette disposition nous paraît extrêmement recommandable et nous voudrions la voir adopter dans toutes les automobiles munies d'un siège séparé pour le conducteur; en effet, non seulement la conduite de l'automobile est d'autant plus facile que le conducteur haut perché domine mieux la route et peut mieux diriger sa voiture, mais encore quel confortable plus grand pour les voyageurs qui, n'ayant plus leur horizon borné par un derrière de cheval ou de cocher, chose en soi peu agréable, peuvent à leur aise contempler le paysage! Pour les voitures publiques surtout, cette disposition présenterait un grand intérêt, car il ne faut pas négliger une des choses qui, peut-être plus que toute autre, plairait au public et contribuerait dans une large mesure au succès de l'entreprise; M. Darracq l'a parfaitement compris et nous espérons voir réussir les fiacres électriques qu'il propose et qui, comme confortable et facilité de conduite, sont parfaits.

Dans ces voitures, en plus de la traction, l'électricité est utilisée à l'éclairage réalisé par quatre lampes de 16 bougies : une lampe intérieure, deux lampes latérales et une forte lanterne projectrice à l'avant pour éclairer le sol; cet éclairage est naturellement de beaucoup supérieur à ce que l'on est habitué de voir et vient encore accroître le confortable des voitures électriques.

Dans le coupé représenté par notre figure 333, l'énergie électrique est fournie par une batterie d'accumulateurs Fulmen (système Tommasi) disposés dans deux caisses placées l'une à l'avant, l'autre à l'arrière de la voiture. Ces accumulateurs ont une capacité de

125 ampères-heure et ont un débit normal de 25 ampères. Le poids de la batterie est de 400 kilogrammes environ.

L'énergie emmagasinée est suffisante pour parcourir 75 kilomètres sur une route ordinaire. Il en résulte que pour un service de ville, où la distance moyenne parcourue sans changement de cheval par les voitures ne dépasse guère 45 kilomètres, on pourrait réduire le poids d'accumulateurs dans la même proportion, c'est-à-dire les ramener à 250 kilogrammes.

On peut obtenir, sans aucune fatigue pour aucun des éléments mécaniques ou électriques, une vitesse de 15 à 20 kilomètres à l'heure, plus que suffisante en raison de l'encombrement des rues des villes où le fiacre électrique est appelé à circuler.

La charge de la batterie exigeant un potentiel de 100 volts, on peut, dans tous les secteurs de Paris à courant continu ou de toute autre ville possédant une usine centrale d'éclairage électrique, charger la batterie avec le minimum de pertes, car le potentiel de distribution est presque invariablement de 110 volts.

Fig. 333. — Coupé automobile électrique A. Darracq.

De plus, la plupart des dynamos d'éclairage isolées que l'on peut rencontrer fonctionnent également à 110 volts.

Ajoutons que la voiture électrique exposée au Salon du Cycle avait déjà fait ses preuves pratiques et fourni une traite de 60 kilomètres en quatre heures, soit 15 kilomètres à l'heure, sans recharger ses accumulateurs.

Faisons remarquer, enfin, que la voiture avec trois personnes ne pèse que 1 200 kilogrammes et que l'accumulateur Fulmen (système Tommasi) pouvait seul donner cet heureux résultat.

Automobiles électriques New et Mayne. — MM. New et Mayne, représentés en France par M. Cadiot, construisent depuis peu des voitures électriques se distinguant par quelques particularités très intéressantes. Comme l'indique la figure 334 représentant un break électrique, la caisse des véhicules supportée par des ressorts est tout à fait indépendante des moteurs et des accumulateurs qui sont suspendus à un châssis séparé formé de traverses d'acier réunissant les deux essieux ; les roues motrices de grand diamètre sont placées à l'avant et les roues directrices de moindre diamètre à l'arrière ; la direction est obtenue par un volant agissant par un pignon, une grande roue dentée et un système de tringles sur l'essieu d'arrière qui peut tourner autour d'une cheville ouvrière.

Le moteur électrique, d'un modèle spécial, complètement entouré d'une enveloppe qui le met à l'abri de la boue, de la poussière et de l'humidité, est suspendu de la même manière que les électromoteurs de tramways, c'est-à-dire qu'il repose sur l'essieu moteur, qu'il commande par engrenages, par un palier et qu'il est supporté de l'autre côté par une suspension flexible à ressorts à boudins se rattachant aux traverses de la voiture ; de cette manière, l'engrènement des roues dentées reste constant et le moteur peut osciller librement sous l'effet des cahots. Ce moteur excité en série tourne à 900 tours par minute et possède une armature bobinée en tambour ; afin de réduire son poids au minimum possible, toutes les parties qu'il n'est pas nécessaire, au point de vue électrique, de garder en fer ou en cuivre sont faites en un alliage d'aluminium très léger et très résistant. Le collecteur et les balais du moteur peuvent être facilement inspectés par un couvercle spécial sans avoir à démonter l'enveloppe du moteur ; les balais sont en charbon, ils peuvent être très facilement renouvelés et présentent un contact parfait avec les porte-balais. En palier, la vitesse normale de la voiture est d'environ 20 kilomètres à l'heure et les rampes importantes peuvent être franchies à une vitesse d'environ 8 kilomètres à l'heure.

Malgré l'emploi d'un moteur électrique, un appareil de changement de vitesse à engrenages est interposé entre le moteur et les roues motrices, de manière à utiliser complètement la pleine puissance du moteur tournant à sa vitesse normale pour gravir les pentes à marche réduite ; les engrenages de ce changement de vitesse sont soigneusement taillés à la machine. Le graissage de toutes les parties frottantes est automatique.

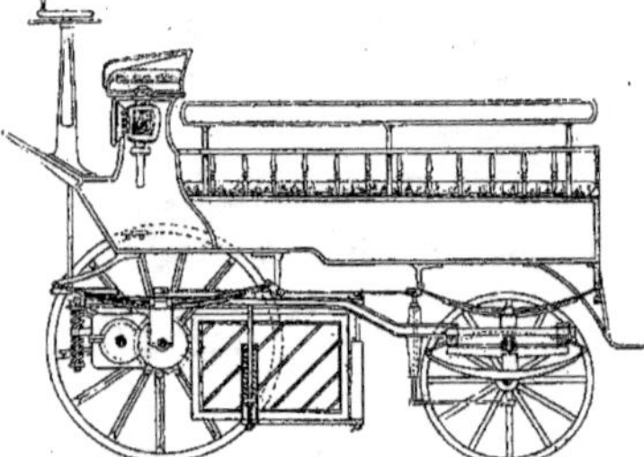

Fig. 334. — Break automobile électrique New et Mayne.

Le commutateur de commande du moteur est actionné par un volant placé devant le conducteur en dessous du volant de direction ; la disposition du commutateur est telle que les étincelles de rupture aux contacts sont très atténuées et que d'ailleurs les parties susceptibles de s'user rapidement peuvent facilement être remplacées. Un inverseur de courant permet la marche arrière.

Les accumulateurs sont contenus dans une caisse suspendue au châssis de la voiture par une suspension flexible à ressorts à boudins, comme l'indique la figure 334 ; cette disposition est très avantageuse, car elle abaisse le centre de gravité de la voiture et augmente par suite sa stabilité et de plus permet de remplacer facilement et très rapidement la caisse contenant la batterie épuisée par une autre caisse contenant une batterie rechargée ; cette manipulation est bien plus commode et rapide que le transport des éléments dans la caisse de la voiture même ; les éléments peuvent naturellement être également rechargés en place. Les accumulateurs sont du genre Tommasi, c'est-à-dire que la grille de plomb présente seulement la surface nécessaire au passage du courant et que la matière active est maintenue en place par des enveloppes en celluloïd perforées ; les vases contenant l'eau acidulée sont en ébonite.

Il se construit également un modèle de petites voitures à trois roues dans lesquelles la roue unique d'avant est directrice et les roues d'arrière motrices.

La figure 335 représente également une élégante voiture électrique qui nous a été communiquée par M. E.-H. Cadiot ; cette voiture est munie d'un moteur électrique de 3 chevaux commandant par engrenages un arbre intermédiaire qui reçoit le mouvement différentiel et actionne les roues motrices arrière par une double transmission à chaîne ; un appareil de renversement de marche permet la marche arrière. La source d'énergie électrique est constituée par une batterie de 32 accumulateurs placés sous les banquettes. La direction est effectuée par une manivelle agissant par un pignon sur l'avant-train tournant autour d'une cheville ouvrière. Une pédale agit pour l'arrêt sur les freins à sabot venant s'appuyer sur les roues arrière ; le moteur peut être utilisé comme frein électrique dans les descentes et il peut récupérer ainsi une partie de l'énergie. Sur route plane, cette voiture fonctionne sans bruit à une vitesse d'environ 15 kilomètres à l'heure.

Automobiles électriques Kriéger. — La principale particularité de ces voitures réside dans le mode de direction, qui peut être effectué par l'avant-train moteur à l'aide d'un procédé purement électrique.

Les deux roues de cet avant-train sont indépendantes et commandées chacune à l'aide d'un train d'engrenages réducteur de vitesse par un moteur électrique différent ;

Fig. 335. — Voiture automobile électrique de M. Cadiot.

les inducteurs des deux moteurs sont groupés en tension, tandis que les induits sont réunis en quantité ; on comprend facilement dans ces conditions que, si l'on introduit des résistances dans le circuit de l'induit d'un des moteurs, la roue qu'il commande tournera moins rapidement, tandis que l'autre roue gardera sa vitesse, ce qui provoquera naturellement la rotation plus ou moins rapide du véhicule dans le sens correspondant à la roue tournant le plus lentement ; la direction pourra donc se faire très facilement et avec une grande souplesse à l'aide d'un simple commutateur à plusieurs plots dont la rotation, dans un sens ou dans l'autre, intercalera des résistances de plus en plus fortes dans le circuit de l'induit de l'un ou l'autre des moteurs.

Ce dispositif, qui nous paraît d'autant plus recommandable que nous avions nous-même imaginé il y a quelques années un mode analogue de direction sans toutefois pouvoir lui donner une suite expérimentale, est certainement appelé à prendre un certain développement et nous espérons que les fiacres que se propose de construire M. Kriéger ne tarderont pas à faire leur apparition sur la voie publique.

CHAPITRE QUATRIÈME

PROPULSION ET TRACTION DES BATEAUX. — Les transports par eau peuvent se diviser en deux classes nettement différentes : la première comprenant la navigation sur les cours d'eau de faible largeur, canaux et rivières ; la seconde, la navigation maritime.

Sur les cours d'eau, la grande majorité des transports se fait par des bateaux ou péniches ne possédant aucun moyen propre de propulsion et dont la traction est opérée par des moyens divers; sur mer, au contraire, chaque navire possède son mode de translation spécial et une indépendance complète.

A part quelques exceptions d'embarcations de plaisance de faible tonnage, de bateaux à vapeur affectés au transport des voyageurs dans les villes traversées par de grands fleuves comme Paris et quelques bateaux-transports munis d'un moteur à vapeur actionnant une hélice ou des roues, la presque totalité de l'important trafic qui s'opère sur les cours d'eau s'effectue par des péniches ne possédant aucun moyen propre de locomotion; le halage de ces lourds bateaux est encore souvent réalisé par l'antique et barbare traction animale; des animaux, chevaux ou bœufs, traînent lentement les lourds véhicules; parfois même, le batelier lui-même et sa famille s'attellent à leur habitation flottante. Mais on tend de plus en plus à remplacer partout ces modes sauvages par la traction mécanique et bien des systèmes différents, dont nous allons citer les principaux, ont été employés.

Les bateaux-transports sont fréquemment remorqués par des remorqueurs à vapeur, à roues ou à hélices, ou encore par des toueurs à vapeur prenant leur point d'appui sur une chaîne noyée au fond du fleuve et passant sur un treuil actionné par un moteur à vapeur; parfois le halage est effectué par une locomotive à vapeur roulant sur des rails disposés le long du chemin de halage.

Il y a quelques années, en 1888, fut essayé, à la jonction des canaux de Saint-Maur et de Saint-Maurice, près du confluent de la Marne et de la Seine, aux portes de Paris, un système de halage funiculaire dû à MM. Maurice Lévy et Pavie. Ce système consistait dans l'établissement, le long des deux rives, d'un câble métallique sans fin roulant sur des poulies entraîné par une puissante machine à vapeur et sur lequel venaient se rattacher les différents bateaux à remorquer; des encoches pratiquées dans les gorges des poulies-supports permettaient aux attaches de les traverser sans encombre. Ce système, quoique très ingénieux, n'eut qu'un succès passager et l'on peut toujours le voir près des rives de la Marne si fréquentées des Parisiens, mais complètement immobilisé depuis bien longtemps et ne servant plus que de trapèze à quelques promeneurs voulant montrer ou essayer leurs talents gymnastiques; le grave inconvénient de ce système était de dépenser une force considérable pour la simple traction d'un câble aussi lourd et long et pour vaincre les multiples frottements des poulies qui le supportaient; à vide, le système dépensait presque autant de force qu'en charge de plusieurs péniches.

Un système qui nous paraît bien supérieur et ne peut tarder à se répandre est celui consistant à munir chaque bateau d'une hélice actionnée par un moteur électrique recevant le courant d'un trolley roulant sur un conducteur aérien tendu le long des rives; en utilisant pour la production de l'énergie électrique les chutes d'eau dont on dispose presque toujours le long des cours d'eau, par exemple celles produites par les écluses, on réaliserait certainement le système le plus ingénieux et de beaucoup le plus pratique.

Plusieurs essais de ce genre sont actuellement tentés, mais nous n'avons pu nous procurer en temps voulu les renseignements complets nécessaires à leur description que nous remettons à notre édition de l'année prochaine.

Un autre essai que nous ne pouvons non plus passer sous silence est celui de munir les chalands d'un moteur à explosion à pétrole ou à gaz; dans ce dernier cas, le moteur est alimenté par des réservoirs de gaz comprimé; en somme, on remarque une tendance très marquée à rendre tous les bateaux indépendants et munis d'un moyen de propulsion.

Quant aux navires de long cours, les voiles et la vapeur se disputent seules leur propulsion et il faut remonter loin pour retrouver employée à leur traction la force animale représentée par les galères et certains projets de manèges moteurs actionnés par des chevaux ou des bœufs.

Enfin, pour les petites embarcations de plaisance, les moteurs à pétrole ont presque complètement remplacé les machines à vapeur et l'électricité semble vouloir, dans certains cas, leur faire concurrence.

Nous n'avons nullement l'intention de nous étendre longuement sur cette question de la propulsion ou traction des bateaux, qui est trop complexe pour être traitée en quelques pages et qui demanderait un gros volume pour pouvoir être clairement exposée. Nous nous contenterons donc pour cette année de dire quelques mots de la propulsion électrique des petites embarcations de plaisance qui tend à prendre une certaine extension et de l'emploi des moteurs à explosion de grande puissance à la propulsion de navires de tonnages relativement importants; nous décrirons ensuite la principale innovation qui ait été faite depuis longtemps dans la construction des navires, nous voulons parler du très intéressant bateau rouleur de M. Bazin qui, quoique n'ayant pas encore fait complètement ses preuves pratiques, constitue un essai très original, très ingénieux et très hardi.

BATEAUX A PÉTROLE. — Les moteurs à explosion étaient naturellement tout indiqués pour la propulsion des petites embarcations par suite de leur légèreté, de leur absence de chaudière et de la commodité d'emmagasinement du combustible qu'ils emploient; aussi, dès le début de leur invention, furent-ils appliqués aux bateaux de plaisance de faible tonnage.

On utilisa naturellement d'abord des moteurs à essence de pétrole de construction et de conduite plus faciles; nous avons décrit dans notre chapitre sur les moteurs à explosion les moteurs de M. Forest spécialement destinés à la navigation; MM. Panhard et Levassor

Fig. 336. — Bateau à pétrole à moteur Daimler de M. Panhard et Levassor.

appliquent également aux petites embarcations leur moteur à essence de pétrole Daimler qui fit le succès de leurs voitures automobiles et la figure 336 représente un bateau muni de cet appareil.

Les avantages des moteurs à pétrole lampant les font toutefois préférer maintenant dans de nombreux cas aux moteurs à essence et nous avons également indiqué plus haut quelques moteurs spécialement construits pour la navigation, entre autres les moteurs Capitaine, Grob, Lacroix, etc.; nous nous contenterons donc ici d'indiquer deux moteurs à pétrole lampant d'origine anglaise, spécialement construits pour la propulsion des petites embarcations. La figure 337 représente ainsi un moteur, « Le Triomphe » de M. Ludt, à quatre cylindres disposés sur deux plans formant entre eux un angle droit; la commande de l'arbre de transmission est effectuée, comme l'indique la gravure, par un système de roues de friction coniques, permettant l'embrayage, le débrayage et le renversement de marche, le moteur tournant toujours dans le même sens. La figure 338 représente le moteur « Le Maurice » vertical de M. Cadiot à deux cylindres, fontionnant suivant le cycle à quatre temps; la principale particularité de ce moteur réside dans la commande des soupapes d'échappement effectuée directement par l'arbre moteur au moyen d'une vis sans fin agissant sur une sorte de croix de Malte à quatre branches placée dans un étrier terminant

Fig. 337 — Moteur à pétrole « Le Triomphe » pour bateau.

les tiges de commande des soupapes; lors de la période d'échappement, le filet de la vis sans fin rencontre une des branches de la croix de Malte et sa partie excentrée la soulève et provoque la levée de la soupape d'échappement; mais, au tour suivant, la vis ne rencontre plus que la partie creuse comprise entre deux branches et ne soulève plus la soupape; c'est ainsi que, sur notre gravure, la partie droite montre la soupape de l'un des cylindres soulevée et la partie gauche la soupape de décharge de l'autre cylindre fermée; on comprend que, la croix de Malte se déplaçant d'un huitième de circonférence à chaque tour de l'arbre moteur, les soupapes ne soient soulevées que tous les deux tours.

On a également essayé dernièrement d'employer pour la propulsion des bateaux des moteurs à gaz de grande puissance alimentés par des réservoirs de gaz comprimé; des applications de ce genre ont été faites avec succès sur des péniches de transport et nous espérons avoir à y revenir dans un prochain volume.

Mais la principale innovation dans cette voie, durant ces dernières années, a été certainement l'application de moteurs à pétrole Priestman de grande puissance à des bateaux de tonnages relativement importants et qui laisse prévoir dès maintenant l'emploi de moteurs à explosion à pétrole à de grands navires; nous allons donc décrire les nouveaux moteurs à pétrole lampant Priestman et leur application à la propulsion des bateaux.

Fig. 338. — Moteur à pétrole « Le Maurice » pour bateau.

Moteurs et bateaux à pétrole Priestman. — Dès le début de leur construction, les moteurs à pétrole Priestman que nous avons décrits plus haut et que M. de Faramond de Lafajole a fait connaître en France, ont été appliqués à la propulsion des bateaux; notre figure 339 représente le type couramment appliqué aux canots et dont la figure 340 montre l'installation sur une embarcation légère. Ces moteurs, alimentés par du

Fig. 220. — Moteur à pétrole lampant Priestman, type pilon à deux cylindres pour bateau actionnant une hélice réversible.

pétrole lampant contenu dans leur socle et montant au vaporisateur chauffé par les gaz de l'échappement sous l'action de la pression de l'air comprimé par une pompe spéciale, sont du type pilon à deux cylindres verticaux; les pistons actionnent l'arbre moteur au moyen de bielles et manivelles calées du même côté de l'arbre moteur qui reçoit ainsi une impulsion à chaque tour du volant. Afin de permettre au moteur de tourner toujours dans le même sens et de supprimer la marche arrière difficile à réaliser dans les moteurs à explosion, l'hélice est réversible du type Mac Glasson, c'est-à-dire que ses deux branches peuvent, au moyen d'un volant de manœuvre visible sur la figure 339, recevoir des inclinaisons différentes qui procurent à volonté la marche avant ou arrière.

Des moteurs de 3 à 15 chevaux, d'un type semblable, furent ainsi installés sur diverses embarcations avec un plein succès; mais, pour obtenir des puissances dépassant 20 chevaux, la question devenait plus délicate à résoudre pour réduire autant que possible le poids et l'encombrement des machines tout en ne dépassant pas des vitesses de rotation raisonnables. Pour arriver à ce résultat, augmenter la puissance sans augmenter le poids et l'encombrement, MM. Priestman, au lieu d'accroître le diamètre ou le nombre des cylindres, employèrent des cylindres à double effet; cette disposition est bien connue, mais, appliquée aux moteurs à explosion, elle n'en constitue pas moins une réelle nouveauté ou plutôt une véritable rénovation; car, si le premier moteur à gaz Lenoir était à double effet, cette disposition avait été presque totalement abandonnée depuis par tous les constructeurs de moteurs à explosion, par suite des difficultés de construction et de bonne marche qu'elle présentait; MM. Priestman purent surmonter ces difficultés et leur moteur à double effet, dont la figure 341 représente le modèle de 100 chevaux, fonctionne d'une manière parfaite.

On a vu que, dans tous les moteurs à explosion que nous avons décrits plus haut, l'action motrice produite par l'explosion du mélange tonnant ne s'effectuait que sur l'une des faces du piston et que l'autre face correspondait à une partie du cylindre librement ouverte à l'atmosphère; au contraire, dans les nouveaux moteurs Priestman, le mélange détonant est introduit et explose des deux côtés du piston, comme la vapeur agit tour à tour des deux côtés du piston dans la grande majorité des machines à vapeur; dans ce cas, la bielle ne peut être naturellement directement ajustée sur le piston et doit être articulée sur

Fig. 340. — Embarcation de plaisance munie d'un moteur à pétrole lampant Priestman, type pilon à deux cylindres.

une tige rigide terminant ce piston et traversant une boîte à étoupe formant joint hermétique. Le fonctionnement du moteur a toujours lieu suivant le cycle à quatre temps et les deux pistons commandent l'arbre moteur par deux bielles calées à 180°, de manière à équilibrer parfaitement les organes mobiles ; l'arbre moteur reçoit donc deux impulsions à chaque tour et l'ensemble fonctionne absolument comme un moteur à explosion possédant quatre cylindres à simple effet; on comprend donc facilement que pour un même poids et un même encombrement la puissance de ce nouveau moteur est à peu près double de celle de l'ancien modèle.

Le mécanisme de ce moteur est presque identique à celui du moteur horizontal décrit plus haut ; le pétrole contenu dans le socle de l'appareil est pulvérisé sous l'action de l'air comprimé par une pompe spéciale dans le vaporisateur maintenu à la température voulue par les gaz de l'échappement circulant dans une double enveloppe; l'inflammation du mélange tonnant peut à volonté être électrique ou par brûleur à pétrole; les cylindres se trouvent parfaitement bien graissés par le pétrole lui-même, ce qui remédie d'une façon aussi simple que pratique à l'in-

Fig. 341. — Moteur à pétrole lampant Priestman a deux cylindres à double effet de 100 chevaux.

convénient rencontré dans la lubrification des pistons des moteurs à gaz à double effet, inconvénient qui contribua dans une large mesure à l'abandon de ce genre de moteur et à leur remplacement par les moteurs à simple effet. La mise en marche de ces moteurs, toutes manœuvres comprises, peut s'effectuer en 30 minutes et s'opère sans avoir à entraîner le volant

Fig. 342. — Hélice réversible pour embarcation munie d'un moteur à pétrole Priestman de 100 chevaux.

Fig. 342. — Yacht « Fleur-de-France » de M. de Farancourt de Lafajole actionné par un moteur Priestman à double effet de 40 chevaux.

à l'aide d'un appareil spécial de mise en marche qui provoque simultanément une double
explosion au bas d'un des cylindres et au haut de l'autre et supprime la compression pendant
le premier tour.

Ces moteurs ne comportent pas de renversement de marche, parce que la marche
arrière est obtenue dans les bateaux qu'ils actionnent par une hélice réversible à pas variable
dont les ailes peuvent prendre une inclinaison quelconque à l'aide de l'appareil de commande
représenté par la figure 342 qui montre une hélice pour navire, munie d'un moteur de
100 chevaux.

En plus de la facilité de changement de marche, l'hélice réversible présente ce grand
avantage de pouvoir être disposé lors de la marche à la voile, de manière à opposer le minimum de résistance et plaçant ses ailes dans le plan de l'axe du bateau.

Une des plus intéressantes installations réalisées par M. de Faramond de Lafajole,
avec le nouveau moteur à double effet que nous venons de décrire, est la commande de son
Yacht *Fleur-de-France* représenté par la figure 343 ; ce yacht, d'une construction très
remarquable, est muni d'un moteur à pétrole du type que nous venons de décrire, d'une
puissance de 40 chevaux indiqués, qui peut lui donner une vitesse de 16 kilomètres à l'heure ;
deux réservoirs d'alimentation d'une capacité de 1000 litres environ chacun, peuvent ren-
fermer une quantité de pétrole suffisante pour un fonctionnement continu à pleine marche de
100 heures, ce qui permet de parcourir sans ravitaillement environ 1600 kilomètres ; pour
un bateau de cette taille (16 tonneaux) ce résultat est très satisfaisant et fait pleinement ressortir les avantages considérables des moteurs à pétrole pour la propulsion des navires.

En plus du moteur et de l'hélice réversible, ce yacht comporte quelques appareils
intéressants et nouveaux, installés à titre de démonstration, entre autres un servo-moteur à
pétrole pour la manœuvre de la barre, un guindeau à frein commandé mécaniquement, des
pompes de cales et d'incendie et enfin le sifflet et la sirène à air comprimé.

Nous reviendrons dans nos prochaines publications sur diverses autres applications du
nouveau moteur Priestman à pétrole à double effet sur des bateaux de pêche ou de transport
qui ont été réalisées à la suite des heureux résultats obtenus par M. de Faramond de Lafajole, avec l'intéressant yacht que nous venons de citer.

PROPULSION ÉLECTRIQUE DES BATEAUX. — A part les essais cités
plus haut de propulsion des chalands par prise de courant à trolley sur un conducteur aérien
établi le long des canaux et alimenté par des usines génératrices actionnées par les chutes
d'eau des écluses, la propulsion électrique n'a guère été appliquée qu'aux petites embarcations de plaisance et à quelques types de navires sous-marins pour lesquels l'avantage de ne
dégager aucun gaz et de ne pas vicier le peu d'air dont dispose l'équipage présente une
importance considérable. Pour ces applications, les piles et les accumulateurs ont été con-
curremment employés.

Pour les bateaux électriques qui doivent emporter avec eux leur source d'électricité,
les avantages de la propulsion électrique, qui résident principalement dans la facilité de conduite des électromoteurs, sont compensés par le coût très élevé de la force motrice lorsque
l'on utilise des piles et par la limitation du rayon d'action lorsque l'on emploie des accumulateurs qui nécessitent le retour fréquent à l'usine de rechargement; c'est ce qui explique le
peu de développement qu'a pris jusqu'ici la propulsion électrique et le peu d'avenir qu'elle
semble présenter.

Le système mixte que M. J.-J. Heilmann a si ingénieusement appliqué à ses locomotives électriques et qu'il se propose d'essayer prochainement pour la propulsion des navires ne présente plus les mêmes inconvénients, et, si les résultats pratiques donnent raison aux prévisions de son inventeur, il n'y a aucune raison pour qu'il ne prenne pas rapidement une très grande extension. Nous espérons que les intéressantes expériences qui doivent avoir prochainement lieu nous donneront l'occasion de revenir sur ce système dans un prochain volume et nous nous contenterons de dire ici que ce mode de propulsion, qui consiste à employer la ou les machines motrices primaires à engendrer un courant électrique qui est utilisé à alimenter une série d'électromoteurs actionnant directement des hélices réparties en divers points de la coque du navire, possède à première vue les avantages suivants : suppression de l'arbre de couche dont les dimensions énormes dans les grands navires rendent très difficiles les réparations en cas d'avaries ; possibilité d'employer des machines à grande vitesse parfaitement équilibrées qui peuvent être disposées en nombre plus ou moins grand en différents points du navire, de manière qu'un accident survenu à une machine soit sans aucune action sur les autres couples moteurs-dynamos, ce qui constituerait une précieuse qualité pour les navires de guerre dont les dispositions actuelles permettent à un simple obus de mettre toute la machinerie hors de service ; de même les hélices pourront être multipliées autant qu'on le jugera utile et tourner à grande vitesse pour l'amélioration du rendement ; enfin, la coque des navires pourra être modifiée et étudiée en vue d'une disposition essentiellement rationnelle, puisque l'on ne sera plus tenu à réserver un énorme emplacement central pour la machinerie.

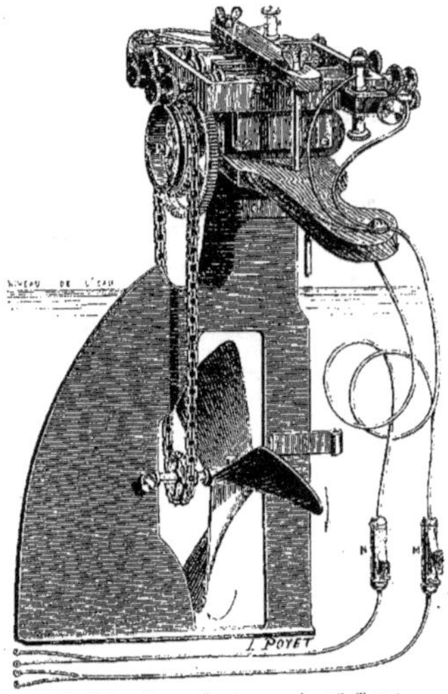

Pour les petites embarcations de plaisance, nous devons, avant de décrire deux nouveaux propulseurs de création récente, rappeler les premiers essais de navigation électrique faits par M. G. Trouvé à l'aide de son gouvernail-moteur-propulseur représenté par la figure 344 et dont la figure 345 montre l'application à une petite embarcation

Fig. 344. — Gouvernail-moteur-propulseur G. Trouvé.

et la disposition des batteries de piles au bichromate à un seul liquide qui l'alimentaient. Ces intéressantes expériences sont tellement connues et ont été si souvent décrites que nous ne nous y arrêterons pas longuement ; nous nous contenterons de faire remarquer que cette ingénieuse disposition imaginée par M. G. Trouvé de disposer le moteur électrique directement sur le gouvernail qui reçoit également l'hélice a été imitée depuis dans presque tous les systèmes proposés ; ce dispositif présente, en effet, de grands avantages : il permet la transformation immédiate de n'importe quelle embarcation en bateau électrique et, de plus, grâce au changement d'orientation de l'hélice qui tourne avec le gouvernail, il procure une grande facilité de conduite et donne la faculté d'opérer des virages dans un très petit espace.

M. G. Trouvé a établi également des types de bateaux électriques beaucoup plus importants, comme l'indique la figure 346; dans ces embarcations, l'hélice est disposée à la façon ordinaire et l'électromoteur, d'une puissance de 30 chevaux, est alimenté par une puissante batterie d'accumulateurs.

Fig. 345. — Embarcation munie du gouvernail-moteur-propulseur G. Trouvé.

La figure 347 représente en élévation et la figure 348 en coupe un nouveau gouvernail-moteur-propulseur d'origine anglaise qui nous a été présenté par M. E.-H. Cadiot et présente certaines particularités réellement originales et ingénieuses.

Cet appareil se compose d'un moteur électrique de forme allongée renfermé dans une enveloppe hermétique en forme de torpille et actionnant directement une petite hélice fixée

Fig. 346. — Bateau électrique à accumulateurs de M. G.-Trouvé muni d'un moteur de 30 chevaux.

sur son arbre en dehors de l'enveloppe; ce moteur est du genre Ayrton et Perry, c'est-à-dire que l'induit est fixe et formé d'un anneau allongé du genre Pacinotti à l'intérieur duquel se trouve l'inducteur mobile en forme de bobine Siemens simple en double T; ce moteur tourne à très grande vitesse et l'hélice pouvant se détacher et être remplacée par une poulie ordinaire, il peut servir en hiver, lorsque le bateau est inoccupé, à actionner une machine-outil ; pour être utilisé à la propulsion des bateaux, il est fixé à un châssis ajustable qui permet de l'installer très facilement et très rapidement à l'arrière d'une embarcation quelconque, de telle sorte que l'hélice soit tournée intérieurement du côté de la quille ; l'enveloppe du moteur est munie d'une sorte de nageoire métallique lui permettant de faire l'office de gouvernail ordinaire pour la marche à voile ou à rame ; lorsque le moteur est en mouvement, l'hélice tournant avec le gouvernail, la direction est extrêmement sensible et permet des virages presque sur place.

Le courant électrique, produit ordinairement par une batterie d'accumulateurs, est amené au moteur par l'intermédiaire de deux câbles conducteurs servant en même temps à manœuvrer le gouvernail. Un commutateur spécial permet la commande du moteur, mise en marche, arrêt et réglage de la vitesse. La batterie d'accumulateurs employée peut, en général, alimenter le moteur à pleine vitesse pendant 5 à 6 heures.

Fig. 317. — Nouveau gouvernail-moteur-propulseur de M. Cadiot.

Ce propulseur se construit en plusieurs grandeurs, depuis 1/2 cheval jusqu'à 4 chevaux ; la plus petite dimension est destinée aux petits canots, la seconde aux embarcations de plaisance de moyenne grandeur et la plus grande aux yachts et aux péniches ; il est évident que ce propulseur pourrait parfaitement être appliqué aux péniches à trolley dont nous avons parlé au début et qui nous semble devoir prendre une grande extension.

M. E.-H. Cadiot a également importé d'Amérique un propulseur d'une plus grande simplicité encore et que représentent nos figures 349 et 350 ; cette godille électrique, ainsi appelée par suite de sa forme, est constituée par un moteur électrique d'une puissance d'environ 1/3 de cheval commandant par une transmission flexible une hélice fixée à l'extrémité d'une sorte de godille qui forme gouvernail et procure une facilité de direction remarquable ; ce propulseur, qui ne pèse que 17 à 18 kilogrammes, peut imprimer à un léger canot une vitesse de 5 à 8 kilomètres à l'heure avec une batterie d'accumulateurs ou de piles donnant un courant de 10 à 12 ampères sous environ 25 volts. La figure 349 montre comment cet appareil se fixe à l'arrière de l'embarcation au moyen d'une plaque métallique portant le tourillon et simplement vissée sur le rebord du bateau.

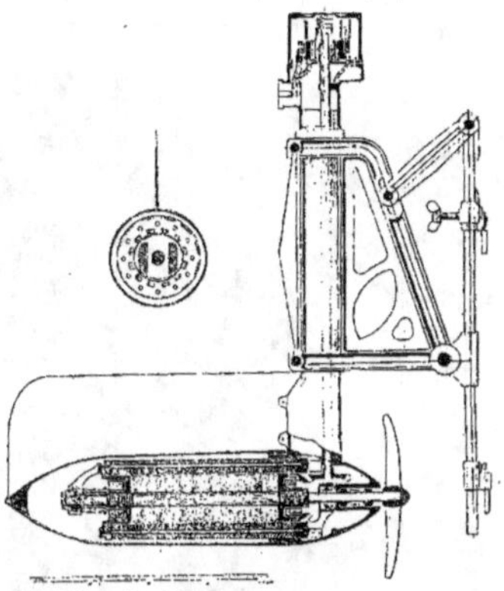

NAVIRE ROULEUR E. BAZIN. —

La très originale et ingénieuse invention de M. Bazin constitue, sans aucun doute, la plus importante innovation faite depuis bien longtemps aux constructions navales; depuis le remplacement des voiles par les machines à vapeur, rien d'aussi remarquable n'avait certainement été imaginé, et, si la pratique confirme les prévisions de l'inventeur sur les nouveaux bateaux, ils marqueront incontestablement une révolution complète dans la construction des navires.

Fig. 348. — Coupe du nouveau gouvernail-moteur-propulseur.

Depuis longtemps on cherche à augmenter autant que possible la vitesse des navires, et, malgré les efforts faits dans cette direction, on n'a pu obtenir que de bien lents progrès et ces résultats si péniblement acquis ne semblent guère pouvoir être de beaucoup dépassés; c'est que la résistance considérable que l'eau oppose à la marche des navires croît d'une énorme façon à

Fig. 349 et 350. — Godille électrique pour petites embarcations.

mesure qu'augmente la vitesse de déplacement; on sait, en effet, que cette résistance augmente proportionnellement au carré de sa vitesse; on comprend donc que pour gagner en vitesse, il faut augmenter considérablement la puissance de la machine motrice et que l'on arrive rapidement à une limite que l'on ne peut plus pratiquement dépasser. C'est ainsi que les torpilleurs qui détiennent actuellement le record de la vitesse et dont certains peuvent filer parfois à près de 30 nœuds à l'heure possèdent une énorme partie de l'emplacement disponible occupée par la machinerie.

M. E. Bazin a cherché à gagner en vitesse sans accroître la puissance développée pour la propulsion, mais en réduisant la résistance apportée par l'élément liquide à la marche des véhicules nautiques; contrairement à l'ingénieur Girard qui, pour réduire la résistance apportée à la marche des trains, remplaça dans son chemin de fer glissant les frottements de roulement par un frottement de glissement sur une légère couche d'eau, M. Bazin, également pour réduire la résistance opposée à la marche des navires, remplaça le frottement de glissement par un frottement de roulement. Ces deux inventions, qu'il est très intéressant de mettre en parallèle, semblent à première vue contradictoires; mais leur examen fait rapidement voir que toutes deux sont logiques et que, si le glissement sur une légère couche d'eau sans pénétration peut, dans certains cas, atténuer les frottements de roulement, la marche par glissement d'un navire sur l'eau avec déplacement et refoulement d'une grande masse de liquide peut, en revanche, être considérablement améliorée au point de vue des frottements par un roulement sur de vastes flotteurs.

Fig. 351. — Navire rouleur E. Bazin à quatre paires de flotteurs.

Au lieu donc d'employer simplement un flotteur glissant sur l'eau, comme cela s'est fait jusqu'ici, M. Bazin imagina de construire ses navires comme le représentent les figures 351 et 352; comme on le voit, ces nouveaux véhicules nautiques se composent d'une série d'énormes flotteurs lenticulaires

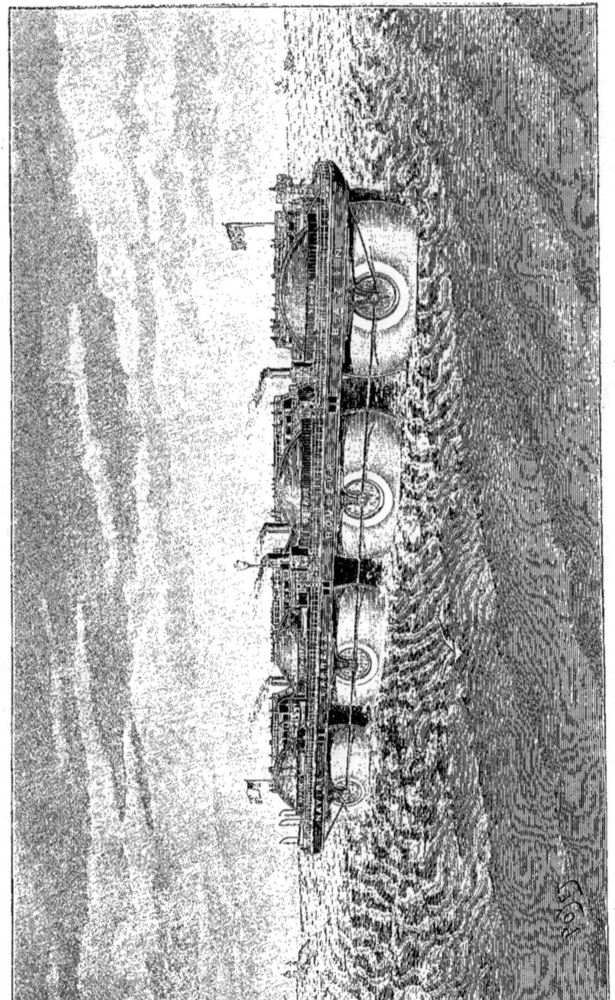

Fig. 352. — Navire rouleur E. Bazin à quatre paires de flotteurs.

en tôle réunis deux à deux par des essieux supportant une plate-forme métallique formant la carcasse du navire et recevant la machinerie et les cabines; suivant la grandeur du bateau, ces flotteurs, qui, pour le bon fonctionnement, ne doivent pas pénétrer profondément dans l'eau, sont en nombre divers, 8 sur nos gravures, 6 dans le premier modèle construit et actuellement à l'essai. A l'arrière, entre les deux derniers flotteurs, se trouve l'hélice destinée à la propulsion de l'ensemble et actionnée par un arbre incliné qui la relie à la chambre des machines placée à l'avant. Les flotteurs peuvent également recevoir de machines spéciales un mouvement de rotation calculé de manière qu'ils fassent un tour complet durant le temps que le navire rouleur avance d'une longueur égale au développement de leur circonférence moyenne.

On comprend parfaitement que dans ces conditions la résistance opposée par l'eau à la progression du navire est considérablement moindre que dans les bateaux ordinaires, puisque, au lieu de fendre et refouler l'eau, chaque point des flotteurs se dérobe au fur et à mesure de l'avancement de l'ensemble et que les frottements de glissement sont bien réellement remplacés par un frottement de roulement.

M. E. Bazin, pour compléter son appareil, a imaginé un gouvernail à réaction basé sur le principe bien connu du tourniquet hydraulique et composé d'un simple tube vertical pouvant être orienté de différentes manières et possédant une ouverture par où s'échappe un violent jet d'eau envoyé dans le tube par une pompe actionnée par un moteur spécial; suivant la direction de l'ouverture, on comprend facilement que la force de réaction s'opérant dans un sens ou dans l'autre oblige le navire à tourner dans ce sens; les principaux avantages de ce gouvernail sont de pouvoir fonctionner en tout temps, même lorsque le navire est immobile, avec une égale puissance et de donner un effet moteur utile qui vient s'adjoindre aux autres modes de propulsion, au lieu d'agir comme le gouvernail actuel en apportant une résistance supplémentaire à la marche du navire; cet effet utile vient compenser la force motrice dépensée à actionner la pompe projetant l'eau par l'ouverture du gouvernail tubulaire.

Comme résultats, M. Bazin espère pouvoir augmenter considérablement la vitesse des navires en dépensant moins d'énergie mécanique et par suite en faisant une importante économie de combustible; quant à la stabilité, elle semble, d'après les personnes les plus compétentes, être satisfaisante et ne pas devoir compromettre le succès de l'invention.

Un navire rouleur, l'*Ernest-Bazin*, d'une certaine importance a été construit dernièrement et lancé dans la Seine, à Saint-Denis, le 19 août 1896; ce navire de 280 tonneaux possède une plate-forme rectangulaire de $32^m,50$ de long sur $12^m,18$ de large, supportée par trois paires de flotteurs d'un diamètre de 10 mètres et d'une épaisseur maxima de $3^m,06$; la machinerie est composée d'une machine à vapeur de 550 chevaux actionnant l'hélice et de trois machines de 50 chevaux commandant les trois paires de flotteurs, soit donc en tout une puissance de 700 chevaux. Ce premier navire-rouleur est, au moment où nous écrivons, à l'essai au Havre; il y a déjà subi quelques expériences qui font espérer qu'il donnera pleine satisfaction à son inventeur; nous croyons donc avoir à revenir encore de nombreuses fois dans nos futures publications sur cette innovation réellement originale et qui fait, quels que soient les résultats finaux, le plus grand honneur à son inventeur.

CHAPITRE CINQUIÈME

PROPULSION DES VÉHICULES AÉRIENS. — Parmi les nombreux problèmes que la nature donna à résoudre à la science humaine, la navigation aérienne est certainement un de ceux qui passionnèrent le plus les chercheurs; elle fit l'objet de très nombreuses études et pourtant elle semble encore bien loin de sa solution; partout nous voyons des oiseaux voler avec une légèreté, une facilité et une rapidité qui nous donnent grande envie de les imiter et nous ne pouvons encore que nous enlever dans les airs à l'aide d'énormes ballons, simples épaves flottantes qui nous conduisent, malgré nos efforts, où le veut un vent capricieux et changeant.

La fameuse expédition de M. Andrée au pôle Nord est encore venue prouver, pendant l'année 1896, combien nous sommes impuissants dans la direction des ballons et comment les caprices du vent peuvent venir détruire les calculs et les prévisions arrêtés depuis longtemps; on sait que M. Andrée, accompagné de MM. Ekholm et Strindberg, avait projeté d'atteindre le pôle Nord en ballon; l'expédition fut préparée de longue main, un superbe ballon fut construit et tout marcha à souhait jusqu'au moment où, le ballon gonflé, il fallut attendre le bon vouloir du vent qui, avec une rare obstination, souffla du côté opposé au pôle; après une longue attente, il fallut donc, coûte que coûte, abandonner la partie et remettre à l'année suivante l'expédition manquée. Au moment de l'impression de notre ouvrage, une nouvelle expédition se prépare et nous souhaitons une meilleure chance aux hardis explorateurs.

M. Andrée et ses compagnons voulaient d'ailleurs simplement se servir des courants atmosphériques favorables pour se rapprocher le plus possible du pôle et rechercher ces courants en s'élevant plus ou moins à l'aide du lest et surtout du guide-rope, longue corde qui déleste plus ou moins le ballon en traînant sur le sol et qui, étant relevée, fait par son poids descendre le ballon sans qu'il soit nécessaire d'ouvrir la soupape et de perdre une quantité quelconque de son précieux gaz. On peut de cette façon, et avec une grande habitude et habileté professionnelles, modifier quelque peu la direction d'un ballon, comme l'ont parfaitement indiqué les intéressantes courses de ballons faites, en octobre 1888, à Paris; ces courses ont démontré qu'un aéronaute habile pouvait dans une certaine mais bien faible mesure, en maintenant son ballon à des altitudes différentes, le faire plus ou moins dévier; mais ce résultat est bien insignifiant et une déviation de quelques degrés obtenue par des prodiges d'habileté, favorisée par le hasard, ne peut avoir aucun rapport avec ce que l'on entend par direction des ballons.

Les véhicules aériens présents ou futurs peuvent se diviser en deux classes différenciées par le mode de suspension dans l'atmosphère : les ballons plus légers que l'air qui s'y élèvent parce que leur poids total est plus faible que le poids du volume d'air qu'ils déplacent et les appareils plus lourds que l'air qui ne peuvent se maintenir dans l'atmosphère que par l'action d'un mécanisme quelconque.

On connaît les nombreux essais qui ont été tentés pour la direction et la propulsion des ballons, et qui, d'ailleurs, se ressemblent tous et ne diffèrent que par quelques points de détail. Dans toutes ces expériences ou ces projets, on retrouve : la forme plus ou moins allongée, en cigare, du ballon dont le but est de diminuer, autant que possible, la résistance que l'air oppose à la marche de l'appareil; une hélice de grande dimension, placée à l'avant ou à l'arrière, mue par un moteur quelconque et destinée à mouvoir le ballon en prenant un point d'appui sur l'air, et enfin un gouvernail qui sert à la direction. La nature seule du moteur varie; dans les expériences de Dupuy de Lôme, l'hélice était actionnée par la puissance musculaire des hommes de l'équipage; dans celles de Giffard, en France, et de Wœlfert, en Allemagne, le moteur est une machine à vapeur; dans les projets inexécutés de Gabriel Yon, le moteur est à vapeur, mais la chaudière est chauffée au pétrole; enfin, dans les plus récents essais de MM. Tissandier et de M. Renard, un moteur électrique alimenté par des piles légères procure la force motrice nécessaire à la mise en marche de l'hélice; M. Russel Jhayer, de Philadelphie, essaya sans grand succès de remplacer l'hélice et le moteur par un jet de gaz comprimé agissant par réaction. Les résultats les plus marquants furent obtenus par MM. Tissandier et M. Renard qui purent, par des temps tout à fait calmes, revenir à leur point de départ et communiquer à leurs ballons des vitesses propres de 6 à 7 mètres par seconde; mais ces résultats sont bien médiocres et bien éloignés d'une solution pratique, la vitesse moyenne du vent étant bien supérieure et venant complètement annuler et surpasser la vitesse de ces ballons qui par suite, dans la plupart des cas, ne peuvent marcher qu'à reculons et se diriger du côté opposé à celui qu'ils désireraient prendre.

La principale difficulté réside dans la grande résistance que l'air oppose à l'énorme volume des ballons, volume qui augmente nécessairement avec le poids à soulever; de telle sorte que, lorsque l'on veut augmenter la puissance de la machine motrice destinée à la propulsion, ce qui ne peut se faire sans augmenter son poids, on est fatalement réduit à augmenter également le volume du ballon; d'où il résulte que l'accroissement de la résistance que l'air oppose à la marche de l'appareil détruit en grande partie le surcroît de force motrice ainsi obtenu; on se trouve donc renfermé dans un cercle vicieux, d'où il n'est possible de sortir que par l'invention d'un nouveau et très léger moteur.

Toute la question de la direction des ballons consiste donc à trouver un moteur développant une grande puissance sous un poids relativement très faible. Mais nous croyons que, comme appareils dirigeables, les ballons seront toujours inférieurs aux appareils volants plus lourds que l'air, qui semblent présenter un bien plus grand avenir.

Les appareils à voler sont de beaucoup plus anciens que les ballons et il faut retourner jusqu'aux époques mythologiques pour en trouver les premières idées; depuis, de bien nombreux essais se succédèrent, procurant à leurs malheureux auteurs de multiples déboires et accidents; Besnier, Dante, Bacon, Desforges, de Bacqueville, Léonard de Vinci lui-même étudièrent, naturellement sans succès, cette passionnante question; de nombreux et téméraires chercheurs payèrent de leur vie leurs trop audacieuses expériences et l'année 1896 fut encore marquée par la mort d'un savant aéronaute, M. Lilienthal, qui s'était adonné depuis de longues années, avec une remarquable persévérance, à cette ingrate question.

Les expériences de M. Lilienthal, les seules qui valent la peine d'être retenues, sont encore bien improductives en résultats pratiques, puisque ses essais les plus réussis consistèrent simplement à s'élancer d'une colline de 80 mètres de haut, de s'élever de quelques mètres, puis de retomber lentement dans la plaine à quelques centaines de mètres de son point de départ. Pour nous d'ailleurs, M. Lilienthal, tout comme ses prédécesseurs, faisait fausse route et nous ne croyons pas que l'on pourra jamais arriver à des résultats vraiment pratiques en agitant par la seule force musculaire des ailes artificielles; l'homme n'est nullement conformé en vue du vol et tout ce que l'on pourra obtenir dans ce sens ne consistera guère qu'en tours de force exécutés par d'habiles acrobates.

La véritable voie, celle qui pourra conduire à un rapide et complet succès, réside dans les appareils plus lourds que l'air mus par un puissant et léger moteur mécanique qui est d'ailleurs encore à trouver et dont la seule découverte fera plus pour la solution du problème de la navigation aérienne que toutes les expériences antérieures.

Les appareils plus lourds que l'air peuvent se maintenir dans l'atmosphère, soit comme les jouets que tout le monde connaît sous les différents noms d'hélicoptère, strophéore, etc., c'est-à-dire par la rotation d'une hélice à axe vertical, soit lorsque l'appareil se meut suivant une trajectoire horizontale par l'action de l'air sur des plans inclinés, soit enfin par ces deux moyens, le premier étant utilisé lorsque l'appareil est immobile et le second étant employé dès qu'il a pris une vitesse horizontale suffisante.

Un des premiers appareils construits sur ce principe est celui de M. Thomas Moy, qui était composé de deux grandes hélices à six branches actionnées par un moteur à vapeur et servant simplement à la propulsion horizontale de l'aéroplane; des plans inclinés superposés devaient produire l'ascension par frottement sur l'air dès que la vitesse devenait suffisante; pour acquérir cette vitesse nécessaire à l'ascension, tout l'ensemble était monté sur des roues et commençait à se déplacer sur terre. Soit que cet appareil fût mal étudié, soit plutôt que la puissance du moteur fût insuffisante, il refusa toujours avec un remarquable entêtement de se soulever de terre ou il se contenta de rouler à l'instar d'une toute simple voiture; l'oiseau n'était qu'un simple manchot aux ailes atrophiées, ne pouvant que se mouvoir très gauchement sur la terre ferme.

En revanche, on vit jaillir de toutes parts, pendant ces dernières années, de prodigieux canards dont l'énorme envergure leur permit surtout une rapide et complète disparition (1).

M. Tatin, en 1879, dans ses expériences faites à l'atelier militaire aéronautique de Chalais-Meudon, fut un peu plus heureux, puisque son appareil put s'élever à une très faible hauteur dans l'air.

Plus récemment, en 1894, M. Hiram Maxim construisit un aéroplane très remarquable, surtout par ses grandes proportions; le poids de cet appareil, représenté par la figure 790, atteignait en effet, équipage et combustible compris, près de 3,500 kilogrammes; il était construit en tubes et fils d'acier, possédait une série de plans inclinés pouvant se replier en partie et présenter ainsi une surface plus ou moins considérable et était muni de deux hélices actionnées chacune par un moteur à vapeur Compound recevant la vapeur d'une chaudière spéciale très légère et chauffée à la gazoline; les deux machines pouvaient développer en marchant ensemble une puissance effective de 363 chevaux capables de donner, suivant l'inventeur, une puissance ascensionnelle de 4,100 kilogrammes; enfin, l'aéroplane était muni de roues et devait prendre sur des rails une vitesse suffisante avant de s'élever dans l'air. Le premier essai fut malheureux et, lorsque l'appareil eut pris une certaine vitesse, il commença à se soulever, ses roues se dégagèrent des rails et il alla s'abîmer contre un support en fonte;

(1) Tout dernièrement encore, il nous est venu d'Amérique de fantastiques nouvelles; c'était d'abord un merveilleux navire aérien qui parcourait en tous sens les États-Unis et volait si bien qu'il ne put jamais toucher terre; puis ce fut un fameux professeur qui prétendait avoir trouvé le difficile problème de la navigation aérienne en créant un ballon filiforme actionné par une hélice mue par les passagers au moyen de pédales, ce qui était, en somme, simplement retourner aux premières expériences de Dupuy de Lôme. Ces fanfaronnades ne signifient évidemment rien et il est malheureux de les voir prendre au sérieux par tant de personnes.

soit que cet accident ait découragé l'inventeur ou que les frais de réparations lui aient semblé trop coûteux, les expériences ne furent pas reprises.

Enfin, le 26 mai 1896, M. Langley communiqua à l'Académie des Sciences le compte rendu d'expériences exécutées à l'aide d'un aéroplane de son invention dans la baie de Potomac, à quelque distance en aval de Washington ; il appuyait ses dires du témoignage de M. Graham Bell, l'inventeur du téléphone. Dans ces expériences, le nouvel aéroplane put rester plus d'une minute et demie en l'air et parcourir à une vitesse moyenne de 10 mètres à la seconde une distance d'environ 900 mètres. Voici quelques détails complémentaires donnés par M. Langley lui-même. L'aérodrome, c'est ainsi qu'il nomme son appareil, était en majeure partie en acier ; néanmoins il entrait dans sa construction assez de matériaux plus légers pour que la densité de l'ensemble fût réduite jusqu'à un peu au-dessus de l'unité, de sorte que le poids total était légèrement moindre que mille fois celui du volume d'air déplacé.

Fig. 353. — Aéroplane a vapeur de M. Hiram Maxim.

Il n'entrait dans la structure de la machine aucun gaz pour l'alléger et le poids absolu, non compris celui du combustible et de l'eau, était de 11 kilogrammes environ ; l'envergure des surfaces de soutien dépassait tant soit peu 4 mètres carrés. La force motrice était fournie par une machine à vapeur extrêmement légère, d'une puissance approximative de 1 cheval-vapeur. Il n'y avait naturellement pas de timonier et les moyens qui devaient diriger la machine automatiquement en ligne droite horizontale étaient imparfaits. La machine n'était soutenue par aucun autre agent que l'action de ses hélices mues par la vapeur et la réaction de l'air sur ses surfaces légèrement courbées.

Ces expériences, contrôlées par un homme de la valeur de Graham Bell, sont certainement très remarquables et malgré leur faible durée elles montrent d'une manière absolue la possibilité de la navigation aérienne à l'aide d'appareils plus denses que l'air, ce qui, d'ailleurs, ne pouvait faire aucun doute pour personne, les oiseaux s'étant chargés depuis bien longtemps de la démonstration expérimentale de ce fait.

Comme dans le cas de la direction des ballons, toute la question réside dans la découverte d'un moteur léger relativement très puissant ; ce qui nous étonne, c'est que dans ces intéressants essais les inventeurs aient employé des moteurs à vapeur au lieu de moteurs à pétrole qui, à puissance égale, peuvent être d'un poids bien inférieur et qui surtout utilisent mieux le combustible emporté; nous croyons que c'est plutôt de ce côté que doivent se diriger les recherches des inventeurs.

Les moteurs électriques constituent certainement et de beaucoup les producteurs de force motrice les plus légers, mais les appareils à produire ou emmagasiner l'électricité, piles ou accumulateurs sont, en revanche, très lourds et d'un poids absolument prohibitif en la matière. Toutefois, une expérience qui nous semble bien intéressante à tenter et que nous sommes très étonné de ne pas avoir vu déjà réaliser consisterait à employer un appareil volant muni d'un puissant et léger moteur électrique recevant le courant électrique d'une dynamo génératrice placée sur terre par un fil que l'emploi d'un courant à haute tension pourrait rendre très mince et par suite très souple et très léger ; le moteur actionnerait une hélice, l'élévation se produirait par l'action de l'air sur des plans inclinés et un gouvernail donnerait à l'ensemble un mouvement circulaire qui l'empêcherait de s'éloigner par trop de la source d'électricité ; l'élévation pourrait encore être produite par une seconde hélice se mouvant dans un plan horizontal, la première servant à donner l'impulsion horizontale ; une seule hélice pourrait même suffire, une inclinaison variable plus ou moins grande obtenue par le déplacement du centre de gravité de l'appareil lui permettant de produire à la fois le mouvement d'ascension et de translation. Un tel appareil aurait évidemment peu d'intérêt pratique, sa jonction nécessaire avec la terre rendant tout déplacement notable impossible, à moins que sa source d'électricité ne se déplace en même temps que lui ; mais il permettrait, et c'est là un point non négligeable, de créer un instrument d'expérience pratique auquel il ne manquerait qu'un moteur léger pour devenir indépendant ; avec lui, les expériences pourraient durer non plus quelques minutes au maximum, mais aussi longtemps que l'on pourrait le désirer. Ces recherches sont tellement tentantes que nous ne doutons pas de les voir bientôt réalisées par un inventeur disposant des moyens d'action nécessaires.

Pour terminer cette rapide étude, disons en peu de mots quels sont les avantages et inconvénients respectifs des appareils de navigation aérienne plus légers ou plus lourds que l'air. Comme nous l'avons déjà vu au début de ce chapitre, tous ces appareils, quels qu'ils soient, demandent toujours, lorsqu'il s'agit de les diriger, une dépense de force supplémentaire pour vaincre la résistance de l'air. Dans les ballons, cette résistance est toujours considérable et croît proportionnellement à leur vitesse propre dans un air calme et à la somme de cette vitesse et de celle du vent lorsqu'il s'agit de marcher contre ce vent ; cette résistance ne tarde pas à annuler complètement tous les efforts du moteur. Avec un aéroplane, au contraire, lorsque la vitesse propre de l'appareil ou la vitesse du vent qu'il surmonte augmente, il faut, pour le maintenir en l'air, diminuer l'inclinaison des plans inclinés et par suite la surface de prise et la résistance de l'air ; cette résistance croît donc d'une façon beaucoup moins rapide et l'appareil peut surmonter des vitesses de vent bien plus considérables et prendre des vitesses propres bien plus importantes. C'est principalement là que réside toute la supériorité, et pour nous elle est énorme et décisive, des aéroplanes sur les ballons.

En revanche, les ballons présentent une sécurité bien plus grande, et, si les moteurs qui servent à leur donner une direction approximative viennent, pour une cause ou une autre, à s'arrêter brusquement, l'équipage ne risque qu'une chose peu grave, c'est de se voir aller à la dérive au gré du vent, ce qui, d'ailleurs, ne le changerait pas beaucoup. Dans un aéroplane, ce même accident produirait un changement plus grand et une chose plus grave ; en effet, l'appareil ne se maintenant dans l'atmosphère que par l'action de l'air sur ses plans inclinés sous l'influence de la vitesse, un arrêt du moteur précipiterait véhicule et équipage sur le sol au grand détriment du mécanisme de l'appareil et aussi de celui des passagers.

Dans les débuts, il est évident que des accidents semblables ont toutes les chances de se produire et la liste des victimes de la navigation aérienne n'est certainement pas close; toute nouvelle chose, tout nouveau progrès a d'ailleurs ses victimes et la sécurité ne s'obtient que par la pratique; aussi, sommes-nous convaincu qu'un jour on voyagera avec autant de sécurité dans les véhicules aériens qu'aujourd'hui dans les véhicules terrestres.

Le principal avantage des véhicules aériens serait évidemment de pouvoir se diriger partout en ligne droite sans besoin de routes tracées ou de canaux percés; mais, en revanche, ils présenteraient, par suite de la direction et de la force des vents, une grande irrégularité de marche et leurs voyageurs risqueraient fort de supporter des retards bien plus considérables que ceux de nos trains qui déjà provoquent tant de plaintes et de réclamations; quant à la vitesse qu'ils pourraient prendre, elle est certainement très grande, comme le prouve la rapidité du vol de certains oiseaux, et ne serait guère limitée que par la puissance du moteur et la légèreté de l'ensemble; enfin, au point de vue de la force nécessaire à la traction, il serait bon de savoir si la diminution des frottements et résistances, chaque jour atténués, des voitures sur leurs essieux ou le sol et des navires sur l'eau ne sera pas et au delà compensée par la force dépensée pour maintenir en l'air véhicule et équipage; ceci est bien difficile, impossible même, à déterminer d'une façon précise avant de posséder des données sérieuses sur la construction pratique des aéroplanes; mais, à priori, il nous semble que les véhicules terrestres garderont toujours l'avantage pour les faibles vitesses et les lourds fardeaux, tandis que les véhicules aériens l'emporteront pour les très grandes vitesses et les faibles poids.

Nous espérons dans notre Revue de l'année prochaine avoir à enregistrer plusieurs et réels progrès dans cette voie si intéressante et présentant une si grande importance.

TABLE DES MATIÈRES

TABLE DES GRAVURES

Arcis-sur-Aube. — Imprimerie Léon FRÉMONT, Place du Marché-Couvert.

La Revue scientifique et industrielle de l'Année

PAR

J.-L. BRETON

Année 1897

Le premier Volume de l'Année 1897 de « La Revue scientifique et industrielle de l'Année », par J.-L. BRETON, comporte un gros volume grand in-4° (23 × 28 centimètres) de 650 pages, illustré de 790 gravures et 4 planches hors texte, et du prix de **15** francs.

SOMMAIRE

Première Partie : **LES RAYONS X.** — Chapitre Premier : Historique. — Chapitre II : Les rayons X. — Chapitre III : La radiographie. La fluoroscopie. — Chapitre IV : Différentes sources d'énergie électrique utilisées pour la production des rayons X. Emploi des générateurs et transformateurs à courant continu, des appareils de grande fréquence, des courants alternatifs simples et polyphasés. — Chapitre V : Les ampoules radiographiques. — Chapitre VI : Les appareils à faire le vide. — Chapitre VII : Les applications des rayons X.

Deuxième Partie : **L'ACÉTYLÈNE.** — Chapitre Premier : Un nouvel éclairage. Le carbure de calcium. L'acétylène. — Chapitre II : Lampes portatives. — Chapitre III : Petites usines domestiques. — Chapitre IV : Acétylène comprimé et liquéfié. — Chapitre V : Les becs brûleurs à acétylène. — Chapitre VI : Applications de l'acétylène. Emploi de l'acétylène pour les synthèses chimiques.

Troisième Partie : **LA CHRONOPHOTOGRAPHIE.** — Chapitre Premier : La photographie animée. La chronophotographie. — Chapitre II : Les nouveaux appareils. — Chapitre III : Machines à couper et à perforer les pellicules. — Chapitre IV : L'avenir de la chronophotographie.

Quatrième Partie : **LES MACHINES MOTRICES.** — Chapitre Premier : Moteurs à vent. — Chapitre II : Moteurs à eau. — Chapitre III : Machines à vapeur. Chaudière à vapeur. Moteurs à vapeur. — Chapitre IV : Moteurs à air chaud. Moteurs à air comprimé. — Chapitre V : Moteurs à explosion. Moteurs à gaz de ville et essence de pétrole. Moteurs à pétrole lampant. Moteurs à gaz pauvre.

Cinquième Partie : **LA TRACTION MÉCANIQUE.** — Chapitre Premier : Traction des chemins de fer. Chemins de fer de montagnes. Chemins de fer funiculaires. — Chemins de fer métropolitains. — Chapitre II : Traction des tramways. Tramways à vapeur. Tramways à air comprimé. Tramways à gaz et à pétrole. Tramways électriques. Tramways à canalisation aérienne. Tramways à courants alternatifs. Tramways à canalisation souterraine en caniveau. Tramways à prise de courant sur contacts séparés au niveau du sol. Tramways à accumulateurs. Tramways mixtes. — Chapitre III : Traction mécanique des voitures. Automobiles à vapeur. Automobiles à pétrole. Automobiles électriques. — Chapitre IV : Propulsion et traction des bateaux. Bateaux à pétrole. Propulsion électrique des bateaux. Navire rouleur E. Bazin. — Chapitre V : Propulsion des véhicules aériens.